ESTATÍSTICA EXPERIMENTAL E OBSERVACIONAL
uma nova abordagem sobre os métodos clássicos

André Mundstock Xavier de Carvalho

Copyright © by autor, 2024.

Capa e diagramação: o autor (andre.carvalho@ufv.br)
Revisão técnica: conforme requisitos do Conselho Editorial da Navegando Publicações.
Impressão (1ª): clubedeautores.com.br; kdp.amazon.com/pt_BR
ISBN (impresso): 978-65-6070-042-0
DOI: http://dx.doi.org/10.29388/978-65-60-70-042-0

Ficha catalográfica preparada por
Crislene Silva de Sousa - CRB 6/2539

C331e
2024
	Carvalho, André Mundstock Xavier de, 1984-
	    Estatística experimental e observacional: uma nova
	abordagem sobre os métodos clássicos / André Mundstock
	Xavier de Carvalho. – Uberlândia: Navegando Publicações,
	2024.
	    282 p. : il. ; 23 cm.
	
	    ISBN: 978-65-6070-042-0
	
	    1. Estatística aplicada. 2. Métodos estatísticos
	quantitativos. 3. Experimentação agrícola. I. Título.
	
	CDD 630.2195

AGRADECIMENTOS

Meus agradecimentos às discussões e colaborações imprescindíveis da professora e D.Sc. Fabrícia Queiroz Mendes. Agradeço também às colaborações diversas do engenheiro químico Felipe Queiroz Mendes. Agradeço também às dúvidas e sugestões dos estudantes das disciplinas AGR601 e AGR726 da UFV que leram as primeiras versões deste texto. Agradeço ainda aos esforços, ainda incipientes, de parte da comunidade acadêmica brasileira em valorizar e viabilizar a ciência aberta, inclusive para a publicação de livros técnicos e didáticos. Por fim, em tempos de ataque à democracia e às instituições públicas brasileiras, faz-se necessário agradecer aos constituintes da constituição cidadã de 1988 e à Universidade Federal de Viçosa pela liberdade de cátedra e por viabilizar o tempo necessário à elaboração desta obra gratuita.

PREFÁCIO

Este livro foi idealizado para apoiar profissionais e estudantes ligados às ciências agrárias que, rotineiramente, planejam e conduzem experimentos e estudos observacionais ou que apenas necessitam interpretar e avaliar criticamente artigos publicados. Diante de tantos livros sobre o tema, buscou-se uma abordagem com linguagem simples e menor ênfase nos cálculos ou nas formalidades matemáticas envolvidas. Optou-se por discutir os princípios e motivações para a realização de cada procedimento, apontando as qualidades e limitações de cada procedimento estatístico abordado. Buscou-se ainda uma abordagem moderna sobre os métodos estatísticos clássicos, discutindo os principais pontos envolvidos na construção de novas recomendações e entendimentos.

Apesar de ser útil para uma ampla gama de estudantes e profissionais envolvidos com experimentação, este livro dá ênfase nos procedimentos mais comumente empregados nas ciências agrárias, em especial na área de solos. Almeja-se, dessa forma, melhor explorar, exemplificar e avançar nas discussões relativas às situações experimentais comuns desta área do conhecimento. Por fim, o livro apresenta, de forma objetiva, alguns passos para realizar análises estatísticas no SPEED Stat (speedstatsoftware.wordpress.com), no Excel e em alguns outros aplicativos simples, intuitivos e especialmente desenvolvidos para não-estatísticos. Embora estes softwares simples sejam menos abrangentes que os poderosos R e SAS, eles frequentemente possuem uma curva de aprendizagem que permite um mais rápido domínio dos procedimentos clássicos.

Frequentemente pesquisadores recorrem à experimentação para demonstrar fatos e buscar respostas que auxiliem na compreensão destes. Considerando a importância que a experimentação assumiu nas ciências agrárias, a capacidade das ferramentas ou "redes" dos cientistas "pescarem suas verdades científicas" com sensibilidade e segurança tornou-se muito dependente dos procedimentos estatísticos empregados. No entanto, seja pela sua aparente complexidade ou por dificuldades didáticas ligadas à excessiva ênfase nos cálculos ou nos aplicativos, a estatística experimental tornou-se, para muitos iniciantes, um complexo emaranhado de cálculos e regras exigidas para que uma pesquisa tenha "validade científica". Além disso, as divergências de opiniões, entre pesquisadores e mesmo entre estatísticos, em relação aos procedimentos mais apropriados para cada caso, podem alimentar incertezas e dúvidas quanto à capacidade destes procedimentos em realmente facilitar e subsidiar uma interpretação confiável e mais imparcial dos resultados.

A estatística não deve ser encarada como peça central nos negados "dogmas" do método científico. O estatístico não tem por objetivo, nem a ciência estatística, padronizar "regras inquisitórias" sobre como se conduzir e analisar experimentos, pelo simples fato desta ciência também ser dinâmica e, portanto, "provisória". Ela está aberta ao desenvolvimento de novos procedimentos e aberta à revisão permanente de suas recomendações e entendimentos. No entanto, isso não tira da ciência estatística seu mérito na tentativa, sempre limitada pelos conhecimentos do seu tempo, de oferecer métodos de análise mais seguros para dados quase sempre carregados de oscilações.

Os procedimentos estatísticos são, portanto, aliados do cientista e não barreiras a serem superadas. A desconfiança é essencial para o pesquisador, não apenas sobre o que se lê ou crê, mas também sobre os seus próprios dados experimentais. Vale lembrar que, com certa frequência, pesquisadores apaixonam-se por suas hipóteses, o que pode levar à uma redução perigosa da cautela e do senso crítico. A confiança em cada novo conhecimento gerado depende de uma série de conhecimentos prévios, cujas bases precisam ser sólidas para evitar mudanças desnecessárias ou que possam implicar em grandes riscos. Às vezes os procedimentos estatísticos são matematicamente complexos e exigirão um pouco da nossa confiança nas centenas de cientistas que os desenvolveram e validaram. Esta confiança nos faz refletir sobre a problemática enfrentada por todos os pesquisadores, de que estão sempre limitados pelos contextos, paradigmas e conhecimentos da sua época.

Este livro também foi motivado pela necessidade de uma nova abordagem sobre os métodos estatísticos clássicos, compreendendo que estes também têm seu dinamismo e passam por processos de aprimoramento que resultam em novas recomendações e entendimentos. Sem a pretensão de esgotar o tema, o presente livro oferece, portanto, uma crítica moderna sobre a estatística experimental clássica, buscando valorizar os métodos estatísticos simples e confiáveis. Afinal, sem simplicidade, a estatística continuará distante, não apenas dos pesquisadores não-estatísticos, mas da perspectiva de ampliação e democratização dos ambientes de construção do conhecimento científico.

Por fim, mas não menos importante, este livro foi motivado pela preocupante situação da pesquisa agrícola atual. Além dos velhos problemas relacionados à falta de abordagens mais holísticas na definição dos objetivos dos projetos, acumulam-se exemplos de conflitos de interesse entre pesquisadores, financiadores e outros interferentes. Com frequência, as situações conflituosas são "resolvidas" apoiando-se em artifícios de uma infinidade de opções de análises estatísticas, que pela sua complexidade e ares de erudição, podem ensombrar e alimentar inferências questionáveis. Preenche ainda este quadro crítico, a recorrência de trabalhos com mau uso dos procedimentos estatísticos, sejam eles procedimentos clássicos ou modernos.

SUMÁRIO

1. PRINCÍPIOS BÁSICOS DA EXPERIMENTAÇÃO

1.1. A estatística e o modelo dominante de ciência: uma breve reflexão

O modelo de ciência dominante é o da "racionalidade científica". De certa forma, este modelo nega o senso comum e estabelece que somente a partir de seus métodos e preceitos se obterão conhecimentos válidos. Além disso, o modelo dominante apresenta-se como impessoal, rigoroso, descomprometido e pouco subjetivo. Mas, contraditoriamente, é fortemente influenciado por interferências políticas e econômicas que definem as prioridades da ciência (BERTOTTI, 2014).

Se por um lado, os métodos estatísticos quantitativos podem ser vistos como peça central neste conjunto de preceitos do modelo atual de ciência dominante, por outro eles não se restringem a isso e estão abertos à novas concepções, inclusive epistemológicas. Os atores do modelo de ciência dominante precisam reconhecer as limitações do modelo atual e buscar uma transição para um modelo que melhor dialogue com outras formas de geração de conhecimentos e reconhecer a importância de um "caráter de intencionalidade", ao menos em parte dos ramos da ciência. O reconhecimento deste caráter depende de uma maior interação com as ciências humanas e sociais para que os objetivos das pesquisas não desprezem, nas palavras de Santos (2010), *"qual o agente ou qual o fim das coisas"*. Em outras palavras, a ciência precisa transicionar para uma forma menos totalitária, mais democrática e não desconectada da ideia de "ciência para quê e para quem?".

Mesmo neste novo paradigma, os métodos estatísticos quantitativos seguem cumprindo um papel muito importante nas pesquisas, auxiliando uma interpretação menos subjetiva de dados quase sempre carregados de oscilação aleatória. Entre outras aplicações, os métodos estatísticos são muito interessantes para informar ao pesquisador a probabilidade de uma determinada correlação ou de uma determinada diferença ter ocorrido por acaso. Muitas vezes associa-se os testes estatísticos ao caráter totalitário e pouco acessível da ciência, desconsiderando-se alguns pontos importantes: *i.* a não confirmação de uma hipótese H_1 por um teste estatístico geralmente não é um resultado conclusivo; *ii.* a maioria das pesquisas possui grande carga de efeitos fixos ("condições específicas"), o que quase sempre restringe conclusões aplicáveis à outras condições; *iii.* há um conjunto de métodos relativamente pequeno que pode ser considerado simples e acessível à uma ampla gama de pesquisas (este livro buscou abordar apenas estes métodos).

Por fim, é importante considerar que a máxima "ciência para quê e para quem?" depende de uma visão mais multidisciplinar e precisa ser lembrada, mais especificamente, na definição dos objetivos das pesquisas. No entanto, uma visão mais multidisciplinar geralmente depende de experiências/vivências ou de uma formação mais multidisciplinar. E uma formação mais multidisciplinar depende, entre outras coisas, de um esforço pedagógico de síntese objetiva em cada área do conhecimento. Nesse sentido, este livro buscou apresentar uma síntese objetiva sobre os principais métodos estatísticos quantitativos.

1.2. Alguns conceitos úteis

1.2.1. Tipos de variáveis aleatórias

Uma variável aleatória é uma variável cujo resultado ou valor depende de fatores aleatórios. Embora dependa também de outros fatores, o valor final exato depende de sorte ou de algo que não se possa controlar. Em estatística, o oposto de aleatório é "fixo". Uma "variável com efeitos fixos" existe quando não há oscilação devido ao acaso entre os diferentes valores dessa variável. Ou seja, uma variável "fixa" tem valores variáveis de acordo com a escolha do pesquisador ou simplesmente não tem interferência do acaso. Entre os tipos de variáveis aleatórias quantitativas (onde os "valores" correspondem à quantidades enumeráveis), dois conceitos são especialmente importantes: o de variável aleatória quantitativa *discreta* e o de variável aleatória quantitativa *contínua*.

Uma variável aleatória quantitativa é considerada discreta quando assume ou pode assumir valores contáveis. Ou seja, uma variável discreta é uma variável quantitativa que pode assumir um conjunto finito ou "infinito contável" de valores. Exemplos comuns de variáveis aleatórias discretas são *dados de contagens* (número de grãos por vagem, número de nódulos por planta, número de folhas por planta, número de minhocas por kg de solo, número de esporos, insetos, plantas, estruturas, etc.) ou dados de frequência derivados de contagens (% de folhas infectadas, % de plantas mortas, % de germinação, etc.). É comum as variáveis discretas serem expressas em números inteiros, ainda que um valor médio obtido a partir de várias medidas discretas possa ser um número não inteiro (e ainda assim será discreto).

Algumas contagens podem ser entendidas como contagens de n eventos binários. Por exemplo, quanto contamos o número de dias chuvosos de um ano, estamos contando 365 eventos binários (do tipo "sim" ou "não" ou 0 e 1). Quando se conta o número de sementes que germinaram também estamos contando n eventos binários (do tipo "germinou" ou "não germinou"). No entanto, quando o número n de eventos for de apenas um (1) não se deve dizer que a variável é do tipo contagem, pois nesse caso ela é uma variável binária simples. Na prática, o número de eventos binários possíveis precisa ser minimamente grande (maior que ~6) para ser razoável considerarmos essa variável como sendo do "tipo contagem". Caso contrário ela será considerada como uma variável binária simples.

É importante não confundir dados "numéricos" com dados "quantitativos". Geralmente dados numéricos são dados quantitativos, mas nem sempre. Um caso que merece destaque nas ciências agrárias e biológicas nesse sentido são os dados de notas ou escores de avaliação (escores de incidência de doenças, escores de um teste de degustação, etc.) obtidos de maneira aproximada ou em intervalos de valores ou obtidos de maneira parcialmente subjetiva. Nestes casos, os dados podem ser considerados como "semiquantitativos". Em geral, dados assim podem ser analisados com métodos estatísticos quantitativos, mas deve-se ter em mente que eles não devem ser assumidos como dados contínuos, nem mesmo como aproximadamente contínuos.

Uma variável contínua é aquela que assume ou pode assumir qualquer valor real, num *continuum* entre dois valores ou sem limitação de intervalo. Ou seja, uma variável contínua é uma variável quantitativa que pode assumir um conjunto infinito não enumerável de valores. Exemplos comuns de variáveis aleatórias contínuas são medidas de massa, volume, distância, altura, tempo, concentração de nutrientes, % de área ocupada, % de saturação por bases, etc. São variáveis que, pelo menos teoricamente, podem assumir qualquer valor real. Uma variável contínua como "massa de plantas de feijão", por exemplo, pode assumir qualquer valor entre 0 e 100 g ou outro intervalo, incluindo não apenas as possibilidades 25.6; 25.7 ou 25.8 g, mas infinitas possibilidades como 25.7395625184..., 25.7414736... g, etc. Uma variável aleatória contínua como "teor de fósforo", por exemplo, também pode assumir infinitas possibilidades de valores reais, como 2.00001... ou 2.0000001... g/kg. Não há como enumerar (contar) o número de possibilidades (ainda que se saiba que os teores em questão estejam sempre entre 1 e 4, por exemplo), pois existem infinitas possibilidades de números reais entre 1 e 4, a depender do número de casas decimais consideradas.

Apesar de ser aparentemente simples, esse conceito ainda gera dúvidas, pois existem situações em que uma variável discreta, como uma contagem, assume características de contínua. O inverso também ocorre, considerando que na prática todas as variáveis contínuas são mensuradas de "forma discreta" por nossos instrumentos (GOTELLI & ELLISON, 2011).

Por exemplo, considere um experimento em que a unidade experimental seja composta por um frasco contendo vinte insetos e esses insetos são expostos a diferentes extratos vegetais com ação inseticida (tratamentos aplicados a diferentes unidades experimentais, obviamente). Se a variável resposta for a simples contagem de insetos mortos após um determinado tempo (ou a frequência de mortalidade) é simples compreender que se trata de uma variável discreta. Considerando que o número médio de insetos mortos esteja em torno de 15 (em um total de 20 insetos), o intervalo "não-contínuo" é de 1/15 (um valor que corresponde a quase 7% do valor médio e, portanto, não desprezível).

15

Considere agora um segundo exemplo, cuja unidade experimental seja uma parcela no campo com 20 plantas úteis de milho. Imagine uma situação qualquer em que os tratamentos sejam, por exemplo, níveis crescentes de adubação. Se uma variável resposta for, por exemplo, "número de grãos por espiga" é simples perceber que, embora se trate de uma contagem, trata-se de uma contagem bastante extensa e o valor obtido não irá assumir um valor inteiro pois a unidade experimental receberá um número médio obtido a partir da contagem do número de grãos de cada espiga das 20 plantas que compunham a unidade experimental. Considerando que o número médio de grãos por espiga esteja em torno de 40 e que, portanto, cerca de 800 grãos (40 x 20) serão contados em cada unidade experimental, o intervalo não-contínuo é de 1/800 (um valor desprezível, o que vai tornar a variável, na prática, mais próxima de uma variável contínua).

Abordando uma variável discreta dessa forma, ou seja, planejando para que o número de contagens em cada unidade experimental seja alto, fica mais plausível assumir essa variável como "praticamente contínua" ou como "descontinuidade desprezível". De maneira análoga, economistas assumem que contagens volumosas de dinheiro possam ser consideradas como variáveis aleatórias contínuas (MANN, 2015). Em situações como essas, portanto, é rotineiro aceitar que variáveis teoricamente discretas sejam consideradas como contínuas para fins de análise estatística paramétrica (GOTELLI & ELLISON, 2011), desde que os testes para verificar as demais condições (normalidade, homocedasticidade, etc.) corroborem. Quando, no entanto, as contagens em questão não são numerosas o suficiente para serem assumidas como contínuas, uma opção simples é tratar os dados apenas com estatísticas descritivas simples ou com box-plots (veja item 4.5) ou proceder à análises não-paramétricas simples, ou recorrer à métodos baseados em modelos generalizados (GLzM), entre outras opções.

Uma outra forma de abordar essa questão é compreendendo que o conceito de variável contínua, como aquela que pode assumir incontáveis valores dentro de um intervalo, é um conceito apenas teórico. Na prática, variáveis de natureza contínua são mensuradas por instrumentos, como balanças, réguas, paquímetros, tensiômetros, fotômetros, entre outros, e todos eles limitam-se a fornecer valores dentro de um intervalo restrito de sensibilidade ou legibilidade. Ou seja, quando usamos uma balança com sensibilidade de 0.01 g (ou 2 casas decimais) para pesar objetos entre 0 e 100 g existe um número contável de opções de valores (no intervalo entre 0.00 e 99.99 existem apenas 10 mil números reais e não infinitos números reais). Significa dizer que na realidade a mensuração dessa variável torna-se discreta.

O mesmo raciocínio pode ser aplicado para uma medida de altura de plantas. Se for usado uma trena com sensibilidade de 1 mm existirão, dentro de um intervalo de plantas com 0 a 200 cm de altura, 2000 opções de valores. Não serão, portanto, incontáveis opções. Todo e qualquer valor será um dentre as 2000 opções possíveis, como se fosse uma contagem de vários comprimentos unitários de 1 mm. Abordando dessa forma, relativiza-se o conceito de variável aleatória contínua. Essa abordagem deixa claro também como é perigoso obter medidas "teoricamente contínuas" com instrumentos de baixa precisão. Imagine por exemplo um pesquisador pesando plantas num intervalo de 0 a 10 g com uma balança de precisão de apenas um grama (1 g). Os intervalos de 1 em 1 g das leituras da balança representam 1/10 (10 %!) do peso máximo das plantas. Uma pesagem dessas deveria ser analisada como uma variável discreta!

Outro exemplo relativamente frequente é o que ocorre com medidas de pH, uma vez que a sensibilidade dos pHmetros é, comumente, de 0.1 a 0.01. Considerando que pH's de solo, por exemplo, geralmente se enquadram em uma estreita faixa entre 4 e 7, usando-se um instrumento com sensibilidade de apenas 0.1 teremos apenas 30 possibilidades de medida (de 4.1 a 7.0). O caráter "discreto" de medidas como essa pode dificultar a avaliação do padrão de distribuição dos resíduos. Em medidas assim o ruído de leitura, típico das variáveis contínuas, pode ser minimizado de tal forma que podem aparecer valores iguais para as leituras de todas as repetições de um determinado tratamento. Por problemas desta natureza, esses dados podem não passar nos testes de normalidade ou homocedasticidade.

Com base no exposto compreende-se porquê variáveis discretas como contagens, com muita frequência, acabam sendo tratadas como contínuas em diversos estudos científicos. No entanto, alguns cuidados precisam ser observados. O primeiro é o fato de que esta condição deveria ser assumida apenas quando se tratar de uma contagem minimamente numerosa em cada unidade experimental (contagens cujo número de possibilidades seja menor que ~20 tendem a ter um forte caráter discreto). O segundo é que a variável não deve ser derivada de uma variável originalmente qualitativa. Ou seja, se a variável era qualitativa ou semi-quantitativa e foi transformada em uma escala de notas (valores inteiros de 0 a 10, por exemplo) não teremos segurança de que a diferença entre as notas 9 e 10 seja exatamente de mesma magnitude que a diferença entre as notas 3 e 4. Sem um instrumento de medida, ainda que se atribuam notas ou contagens, os valores sempre estarão influenciados pela subjetividade. Apesar disso, por razões de tradição acadêmica, em algumas áreas do conhecimento são aceitas análises de dados de "notas" como contínuos. O problema, nesse caso, pode ser minimizado de forma simples, se os pesquisadores verificarem com mais atenção o atendimento às demais pressuposições da ANOVA e buscarem opções adequadas quando alguma pequena suspeita de violação for observada. Idealmente, no entanto, dados tipicamente ordinais deveriam ser tratados com métodos não-paramétricos.

1.2.2. Variável dependente e variável independente

Uma variável independente ou "planejada" ou "preditora" é aquela que se pretende "avaliar seu efeito", como níveis quantitativos de um fertilizante qualquer (diferentes doses) ou níveis qualitativos de diferentes fertilizantes. Ou seja, os *n* tratamentos (ou os *níveis* dos tratamentos) são uma variável (pois são sempre mais de um nível) cujo valor independe das respostas e independe dos instrumentos usados para avaliar as respostas. Já uma variável dependente (ou variável resposta) é aquela cuja medida vai depender do tratamento aplicado.

O pesquisador manipula ou controla perfeitamente os níveis da variável independente e mede a resposta da variável dependente. Em um estudo observacional, no entanto, o pesquisador apenas tenta separar a variação natural da variável independente (posições na paisagem, históricos de manejo, por exemplo) para saber se a variação na variável resposta é relacionada com a da variável independente.

Em geral, optamos por variáveis resposta que possam ser mensuradas por uma escala numérica contínua, ou sensível o suficiente para assumirmos como contínua. Buscamos, para isso, instrumentos de medida. Na impossibilidade desta, podemos recorrer à uma escala discreta, como contagens. Quando, no entanto, não é possível mensurar precisamente uma variável resposta pode-se recorrer à uma análise semi-quantitativa ou então à uma análise qualitativa. Uma variável resposta qualitativa pode ter como resultados "bom, regular ou ruim", "alto, médio ou baixo", etc. Em algumas situações estas categorias podem ser ordenadas e convertidas em notas (escala discreta) para facilitar alguns procedimentos de análises, tal como ocorre, frequentemente, em avaliações de incidência de pragas, doenças e plantas daninhas. Quando todas ou a maior parte dos dados (variáveis resposta) de um estudo são de natureza qualitativa, o estudo em questão é tratado como "pesquisa qualitativa", cujos métodos de análise são bastante distintos da pesquisa quantitativa.

A pesquisa qualitativa é muito utilizada nas ciências humanas e sociais, mas não se restringe a elas. Embora envolva mais interferentes subjetivos, sua principal vantagem em relação à pesquisa quantitativa é captar informações importantes que não são bem expressas ou mensuradas em fenômenos complexos. A pesquisa qualitativa capta, com maior facilidade, informações transversais que facilitam uma avaliação mais ampla ou eclética do fenômeno em estudo ou dos resultados da variável independente em estudo.

1.2.3. Variável independente qualitativa e quantitativa

Uma variável independente quantitativa, comumente referida como "tratamentos de natureza quantitativa" é uma variável cujo tipo de variação se restringe às quantidades (números) de uma mesma variável base. Por exemplo, se a variável independente quantitativa for "distância", "doses", "tempos", esta variável pode incluir variações definidas por números em uma determinada escala.

Uma variável independente qualitativa (ou categórica), comumente referida como "tratamentos ou níveis de natureza qualitativa" é uma variável cujas diferenças entre si não podem ser definidas apenas por números numa determinada escala. São tratamentos frequentemente definidos como "tipos", "formas", "fontes", "origens" ou "qualidades" distintos. Incluem também os níveis em escalas imprecisas como "perto e longe", "sol e sombra", "alto e baixo" e ainda variáveis quantitativas com apenas três ou menos níveis (com poucos níveis estes tratamentos não podem ser analisados por análise de regressão e podem ser considerados como qualitativos desde que sejam referidos como tal). É importante frisar que os tratamentos de natureza qualitativa também são referidos na estatística como "níveis" qualitativos, ainda que a palavra "níveis" dê a ideia de doses ou quantidades.

Entre as variáveis categóricas pode-se distinguir aquelas que permitem ser ordenadas (baixo, médio e alto, por exemplo) e aquelas que não são ordenáveis (macho e fêmea, por exemplo). Quando é possível ordenar as categorias pode-se também atribuir um escore ou nota aos níveis ordenados, gerando uma escala aparentemente discreta. Exemplos comuns seriam níveis de cobertura do solo (onde poderiam ser atribuídos escores de 0 a 5 para percentagens de cobertura variando de 0 a 100%, por exemplo), níveis de incidência de doenças, níveis de insolação, etc. Esse ordenamento transformado para escores (escala discreta) pode ser especialmente útil em estudos observacionais permitindo, inclusive, que métodos de análise estatística para variáveis independentes quantitativas sejam utilizadas (GOTELLI & ELLISON, 2011).

Uma dúvida comum na definição ou distinção dos tipos de variáveis está em um tipo de variável categórica relativamente comum em estudos observacionais: a variável do tipo "antes e depois". Nesse tipo de variável é difícil estabelecer relação de causa e efeito, já que múltiplas outras variáveis podem afetar a resposta final. Dessa forma, em estudos observacionais deve-se evitar ao máximo a inclusão deste tipo de variável entre as variáveis preditoras. E mesmo em estudos experimentais, a resposta no tempo, quando estritamente necessária, deve ser estudada com maior número de níveis (evitando os dois níveis do "antes e depois") para poder ganhar segurança na associação de causa e efeito. Na maioria das vezes, um simples tratamento controle dispensa a comparação "antes x depois".

1.2.4. Efeitos fixos e efeitos aleatórios

Efeitos fixos e aleatórios podem ser entendidos de várias formas a depender da abordagem. De forma geral pode ser entendido como um conceito teórico, pois na prática um efeito fixo (ou uma variável fixa) raramente é

19

"totalmente fixo" já que quase sempre carrega algum nível de variação aleatória consigo. Na experimentação agrícola, uma distinção é especialmente importante: efeitos fixos *versus* efeitos aleatórios dos tratamentos.

Simplificadamente, diz-se que um determinado tratamento é de efeito fixo quando o tratamento é escolhido pelo pesquisador, não representando uma amostra aleatória de níveis do fator estudado. Em outras palavras, os níveis ou tratamentos não são uma variável aleatória e não representam toda uma "população" de tratamentos semelhantes, pois foram tratamentos específicos escolhidos pelo pesquisador. Assim, se os tratamentos forem doses de um fertilizante qualquer, as repetições desse tratamento recebem precisamente a mesma dose, sob exatamente o mesmo procedimento de aplicação e o fertilizante é proveniente de um mesmo lote (afinal, nem o fertilizante testado e nem as doses testadas foram definidas aleatoriamente a partir de uma "população" de fertilizantes e doses). Dessa forma, o efeito do tratamento é dito fixo e o erro experimental não pode ser atribuído a possíveis diferenças ou variações no tratamento aplicado ou nos detalhes de aplicação desse tratamento entre as diferentes repetições.

Outro exemplo. Suponha que os tratamentos fossem formas de manejo do solo e que um dos tratamentos correspondesse ao manejo "com revolvimento no plantio". Esse tratamento será dito "fixo" se for escolhido pelo pesquisador e não representar uma amostra aleatória dentre diferentes variações do que poderia ser nomeado de "com revolvimento". Assim, para este tratamento ser "fixo" deverá ser precisamente definido e deve existir um especial cuidado na padronização deste revolvimento de plantio entre as diferentes repetições experimentais que receberão este tratamento (padronização quanto ao número de passadas do implemento, que deverá ser realizado com o mesmo operador e o mesmo implemento, sob a mesma velocidade de trabalho e a mesma condição de umidade do solo, etc.).

É simples perceber que ao fixar tratamentos há uma tendência de se reduzir o erro experimental. A variabilidade nas respostas mensuradas, ao final do experimento, entre as repetições de um mesmo tratamento será atribuída a outras causas, posteriores à aplicação dos tratamentos. Com isso é simples também perceber que os resultados serão, a rigor, válidos apenas para as condições padronizadas daquele tratamento "fixo". Se o experimento todo for um dia repetido, qualquer modificação na maneira como o tratamento foi aplicado poderá resultar em mudança no resultado. Se o desempenho do tratamento tiver potencial de originar uma recomendação aos agricultores, deve-se ter em mente que qualquer modificação no tratamento (tal qual ele foi feito no experimento) poderá comprometer seu desempenho nos talhões dos agricultores. É importante frisar: pode, mas não necessariamente irá. Mas qualquer modificação? Até mesmo o lote do fertilizante ou o modelo do implemento? Teoricamente sim. Na prática, no entanto, isso só deverá ocorrer com as mudanças mais significativas (lotes diferentes provavelmente não trarão problemas, assim como atividades de revolvimento realizados por operadores diferentes também não devem resultar em grandes mudanças). Mas, sempre será desafiador opinar sobre quais mudanças não irão comprometer o desempenho do tratamento em outras condições.

À rigor o conceito de efeito fixo é apenas teórico. Isso porque fixar o efeito dos tratamentos, embora seja a recomendação mais usual na experimentação agrícola, não é perfeitamente possível na maioria dos casos. Quase sempre haverá alguma oscilação nas pesagens das quantidades a serem aplicadas, nos procedimentos de aplicação e condução dos tratamentos, etc. e estas oscilações serão consideradas como oscilações das variáveis-resposta e incorporadas ao erro experimental. É interessante refletir que nem sempre é desejável reduzir ao máximo essa oscilação dentro da variável "tratamentos" por meio de uma extrema padronização de todas as etapas envolvidas na implantação/aplicação dos tratamentos. Isso porque essa padronização poderá levar, em alguns casos, à uma "super" redução do erro experimental que dará ao experimento sensibilidade para detectar diferenças entre os tratamentos que não serão observados na prática dos agricultores, onde a variabilidade nas formas de aplicar o tal tratamento será maior. Em outras palavras, na prática dos agricultores o efeito do tratamento que fazia sucesso na área experimental poderá desaparecer no meio da maior oscilação devido a outras causas.

Por esse motivo, pode ser interessante, quando se almeja resultados que possam ser aplicados de imediato, "aleatorizar" um pouco os níveis dos tratamentos entre as diferentes repetições (ou inserir variação aleatória no tratamento). O que pode ser conseguido, por exemplo, aplicando-se, em cada repetição de um determinado tratamento, lotes diferentes do adubo que está sendo testado, com suas pequenas diferenças de teores, impurezas, granulometria, etc. Outra opção seria incluir solos levemente distintos aleatoriamente entre as diferentes repetições de um experimento. Embora não-consensual e ainda pouco utilizada, essa é uma estratégia interessante quando se trabalha com tratamentos em que há expectativa de maior heterogeneidade do tratamento em si, como tipos de fertilizantes orgânicos, formas de manejo, práticas manuais, etc. Apesar disso, a esmagadora maioria dos experimentos são conduzidos considerando-se efeitos fixos para tratamentos, algo que em geral é desejável sob a perspectiva de redução do erro experimental e justificável sob a perspectiva de que o pesquisador escolhe tratamentos representativos para um contexto/condição de interesse dos agricultores, mesmo que específicos.

Com o conceito de efeitos fixos de tratamentos em mente, é fácil deduzir os conceitos de efeitos fixos ou de efeitos aleatórios que podem estar associados aos demais componentes dos modelos envolvidos num experimento, como blocos com poucos ou muitos efeitos aleatórios, parcelas, faixas, etc. Com alguma frequência os blocos possuem uma carga adicional de efeitos aleatórios e é mais difícil assumi-los como de efeito fixo. Quando todos ou muitos componentes do modelo possuem, claramente, muitos efeitos aleatórios pode-se realizar uma ANOVA para efeitos aleatórios ou uma ANOVA para efeitos mistos, em substituição à tradicional ANOVA de efeitos fixos. Na quase totalidade dos casos se utiliza, nas ciências agrárias, apenas a ANOVA de efeitos fixos, mesmo quando alguma fonte de variação aleatória é "propositalmente" adicionada aos tratamentos como abordado no parágrafo anterior e mesmo quando os blocos não podem ser considerados como de efeito perfeitamente fixo. Ao proceder dessa forma, atribui-se toda essa variação ao componente "erro experimental", sem grande prejuízo à confiabilidade das conclusões estatísticas.

Além da concepção de efeitos fixos e aleatórios, que são componentes do modelo, é preciso lembrar que o termo "efeitos fixos" pode ser aplicado também para se referir a tudo que não era variável num determinado experimento como um todo. Quanto maior a carga de efeitos fixos nos tratamentos e nos blocos (menor a presença de variação aleatória nesses componentes) menor a capacidade de extrapolação dos resultados deste estudo. É muito comum, por exemplo, num experimento com adubação de milho, concluir-se que o milho é (muito ou pouco) responsivo ao adubo x, y ou z. Embora a extrapolação seja desejável, ela sempre deve ser cuidadosa, pois as conclusões de todo trabalho restringem-se, a rigor, apenas às condições experimentais fixas daquele trabalho. Ou seja, só há certeza de que os resultados experimentais serão igualmente reproduzidos na prática dos agricultores se as condições forem exatamente as mesmas (mesma variedade, tipo de solo, clima, época de plantio, manejo, e todos os demais aspectos que estavam "fixos" no experimento, ou seja, que não variaram entre nenhum dos tratamentos ou entre as repetições).

Quanto mais componentes aleatórios um experimento tiver, maior será a segurança na extrapolação das conclusões. Significa dizer que se um experimento com adubação de milho tivesse sido conduzido com "x" repetições e cada repetição do mesmo tratamento fosse realizada (de modo não sistemático) com uma variedade diferente, num espaçamento um pouco diferente, semeado com auxílio de um trabalhador diferente, em solos diferentes, etc., as conclusões seriam mais seguramente extrapoláveis (um experimento assim teria menos efeitos fixos). O erro experimental, por outro lado, certamente seria maior.

Por fim, os conceitos de efeitos fixos e aleatórios de um experimento são muito úteis para compreendermos a origem de parte da frequente discordância ou contradição entre resultados de pesquisas que são, aparentemente, semelhantes ou sobre um mesmo tema. Em sua maior parte, as diferenças entre as cultivares usadas nos experimentos, tipos de solo, clima, época, condições de histórico e manejo (que geralmente são fixas dentro de cada experimento) é que estão determinando as legítimas "contradições" nos resultados. Esse conceito também justifica a recomendação usual de se repetir os experimentos agronômicos em outro ano agrícola ou em outra área experimental, preferencialmente com condições edafoclimáticas um pouco distintas.

1.3. Experimento e unidade experimental

Um experimento é um teste controlado onde se manipula ou controla certas condições de interesse (variáveis independentes ou tratamentos) sobre um objeto ou ser vivo (unidade experimental) e se observa certas variáveis resposta. Com a devida presença de controles e/ou tratamentos distintos de acordo com cada objetivo, a comparação entre estes tratamentos poderá responder às perguntas de interesse do pesquisador. Para que estas comparações sejam mais justas e seguras, no entanto, deve haver o respeito à duas condições básicas: i. *repetições* verdadeiras e independentes e ii. *casualização* ou aleatorização na disposição e na avaliação das unidades experimentais e dos tratamentos. Todo experimento, por definição, deve respeitar estes dois princípios básicos. Em alguns casos, no entanto, certos tipos de experimentos podem ter fortes restrições tanto no número de repetições quanto na perfeita ou completa casualização. Em outros casos, a presença conhecida de outras fontes de variação pode ser controlada por um terceiro princípio, o princípio do *controle local*, o que será discutido no item 1.6.

Os experimentos são uma forma muito comum de investigação científica. Não são, no entanto, a única forma. Estudos científicos podem ser baseados em observações de indivíduos ou ambientes na natureza onde não haja repetições verdadeiras ou casualização ou nem mesmo tratamentos controlados e pré-definidos. Estudos de caso ou pesquisas observacionais são amplamente utilizadas nas mais diversas áreas da ciência e elas podem empregar métodos de análise estatística bem mais complexos ou até métodos comuns à estatística experimental. Alguns exemplos de pesquisa observacional serão detalhados mais adiante, no item 1.7.

Num experimento controlado, a menor unidade independente que recebe um tratamento é definida como a *unidade experimental* (UE). Em experimentos sem plantas, por exemplo, a unidade experimental pode ser um frasco contendo uma certa quantidade de solo. Na experimentação vegetal esta unidade pode ser um simples vaso (um bem pequeno ou um com 200 L de capacidade) ou um grupo de plantas contidas numa determinada área no campo. Em casa de vegetação é comum a existência de mais de uma planta por vaso, assim como em experimentos de campo é comum, inclusive, mais de uma linha ou fileira de plantas em cada unidade experimental. Com frequência o termo unidade experimental é considerado como sinônimo de parcela experimental, o que gera alguma confusão quando se emprega um desenho experimental chamado "parcelas subdivididas" (que será visto no item 6.2). Por isso é recomendável o uso do termo "unidade experimental" em detrimento do termo "parcela experimental".

A dúvida mais comum quando o assunto é unidade experimental é: qual o tamanho ideal da unidade experimental? Em geral, quanto menor a UE, menor será o custo do experimento, especialmente em experimentos em condições de campo. Por outro lado, UEs excessivamente pequenas podem estar relacionadas à maior heterogeneidade nas respostas e, consequentemente, menor sensibilidade do experimento. Além disso, UEs excessivamente pequenas tendem a apresentar maior dependência das unidades vizinhas, ou seja, podem ser afetadas pelo desempenho das unidades vizinhas. Em casa de vegetação ou em experimentos de incubação em laboratório esse problema da dependência pode ser contornado aleatorizando-se novamente a distribuição das UEs ao longo do período experimental. Em campo, no entanto, não é possível re-casualizar. E pior, em condições de campo, o solo é um continuo que conecta todas as UEs. Por isso e outros motivos, a famosa bordadura consolidou-se como quase obrigatória em experimentos em campo.

As bordaduras são usadas em experimentos com UEs de 2 m^2 ou até em UEs com 120 m^2. Quanto maior o porte da planta, mais caro torna-se inserir plantas de borda em cada UE. Num experimento com frutíferas, por exemplo, onde o espaçamento entre plantas pode ser de 3 x 3 m, uma UE com bordas terá, no mínimo nove plantas, sendo oito nas bordas e apenas uma planta central (planta útil). Se optar-se por duas plantas úteis a UE já passaria a ter 12 árvores, totalizando 108 m^2 para cada UE. Num experimento com café, por exemplo, onde tradicionalmente se utilizam no mínimo quatro plantas úteis, a presença de bordas, tanto na linha quanto na entre linha, implicaria num total de 24 plantas.

Embora as bordaduras não sejam exatamente obrigatórias, nem sempre é simples para o pesquisador avaliar se pode ou não existir possíveis interferências de UEs vizinhas. Na dúvida deve-se optar pela bordadura. Quando o espaçamento entre plantas é muito menor que o espaçamento entre linhas, fica muito evidente que, ao menos na linha, deve haver uma borda com plantas a serem descartadas para se evitar dependência entre UEs vizinhas. Além disso, a depender da natureza dos tratamentos, uma mesma cultura agrícola pode ter experimentos planejados hora com um grande efeito de borda e hora com nenhum ou reduzido efeito de borda.

Por exemplo, se os tratamentos são "presença ou não de irrigação" num solo argiloso, certamente o efeito de borda será maior que num experimento com tratamentos como "presença ou não de adubação fosfatada" (um nutriente "pouco móvel" no solo). Se a duração do experimento é na escala de anos, certamente o efeito de borda será maior que num experimento de curto prazo. Por fim, se o experimento envolver soltura de agentes de controle biológico em certas UEs e em outras não, o tamanho ideal da UE poderia ser tão grande que seria inviável. Nesse último caso, provavelmente será mais viável definir uma faixa de isolamento entre UEs. Essa faixa de isolamento, diferentemente da borda, não receberá nenhum tratamento.

O efeito de borda sugere que UEs quadradas sejam, de modo geral, preferíveis em relação às UEs muito alongadas (retangulares). Afinal, quando mais próximo de um quadrado menor será a relação perímetro/área de um quadrilátero. Essa recomendação deve ser distorcida na medida em que as diferenças no espaçamento entre linhas e entre plantas aumentam.

Em experimentos a campo, é comum que a unidade experimental seja de tamanho proporcional à densidade de plantas usual da cultura, como entre 2 e 40 m^2 para olerícolas e culturas anuais ou até 500 m^2 para espécies de maior porte. Para a cultura da salsinha, por exemplo, uma UE de 2 m^2 talvez seja até grande demais a depender da natureza dos tratamentos. O tamanho ideal também pode variar com os objetivos da pesquisa, uma vez que variáveis resposta diferentes podem ter, evidentemente, variações naturais diferentes dentro de cada UE. Dessa forma, a experiência do pesquisador no tema e os tamanhos mais recorrentes em artigos de qualidade na área podem ser bons balizadores dessa decisão. Em geral, experimentos sobre fertilizantes exigem UEs maiores que experimentos de comparação de cultivares. Experimentos sobre manejo de irrigação ou práticas de preparo do solo exigem UEs ainda maiores (FERREIRA, 2000). Não há, no entanto, uma regra fixa para cada cultura ou área da experimentação.

Em condições de laboratório, em experimentos com incubação de solo, por exemplo, é comum que as UEs tenham entre 100 e 2000 g de solo. Em experimentos em colunas de lixiviação, é comum que elas possuam pelo menos 75 mm de diâmetro e 30 cm de altura. Em casa de vegetação, é comum que os vasos tenham de 4 a 12 L de capacidade. Essas tradições de área, no entanto, não são regras rígidas. A depender da planta-teste e do tempo do experimento, por exemplo, um vaso com apenas 2 L de solo pode ser um bom ambiente experimental. Enquanto em outra situação, mesmo um vaso com 20 L pode resultar em raízes intensamente enoveladas e, consequentemente, plantas estressadas. Na maioria dos casos envolvendo avaliação de crescimento em culturas anuais, vasos com 8 a 12 L de capacidade são suficientes.

1.3.1. Estudo sensível, confiável e extrapolável

Os conceitos de sensível, confiável e extrapolável são frequentemente usados para qualificar estudos científicos. Eles têm um significado estatístico muito útil. Um experimento é dito "sensível" quando, a partir de seus dados, é possível detectar diferenças significativas entre os tratamentos, mesmo entre médias que diferem em pequena magnitude entre si. Ser sensível é extremamente importante, portanto, para poder detectar pequenas, porém verdadeiras, diferenças entre tratamentos. Vale lembrar que geralmente o todo pode ser decomposto em uma soma de pequenos e significativos efeitos, ainda que esta seja uma visão cartesiana bastante simplificada da realidade. Resumidamente, para um experimento ser sensível ele precisa ter um erro pequeno e um n grande.

Um reduzido erro é conseguido com um número de repetições não muito pequeno, réplicas analíticas e um objeto ou organismo de estudo de baixa variabilidade. Além disso, a redução do erro experimental está associada a uma série de outros fatores, como a qualidade da condução experimental, o delineamento, a qualidade e precisão dos instrumentos utilizados, o tamanho da unidade experimental, etc. O fenômeno, técnica ou objeto em estudo, bem como as variáveis resposta analisadas podem, no entanto, aumentar sobremaneira o erro experimental. Nesses casos, um erro experimental relativamente grande pode ser uma condição normal e inerente ao que está sendo pesquisado.

Por fim, para se ter sensibilidade é preciso também que os métodos de análise estatística sejam sensíveis (ou poderosos). De forma geral, os métodos paramétricos são mais sensíveis que os não paramétricos. Dentre os delineamentos experimentais, os mais simples tendem a ser mais sensíveis que os mais complexos. Os diferentes testes disponíveis também variam bastante quanto à sensibilidade que possuem. Veja item 5.5 sobre as diferenças de sensibilidade ou poder dos principais testes de médias. Embora uma maior sensibilidade seja muito desejável, não é possível obter a maior sensibilidade possível e, simultaneamente, a maior confiança possível. A complementariedade entre poder e controle do erro tipo I será visto no capítulo 5.

Confiança, no entanto, é diferente de sensibilidade. A confiança tem relação com a segurança em se estabelecer relação de causa e efeito entre preditores e variáveis resposta. Essa confiança depende de se conseguir isolar perfeitamente os demais fatores não controláveis (o que, na realidade, é teoricamente impossível) ou de, pelo menos, distribuirmos perfeitamente ao acaso alguns poucos interferentes. A confiança, portanto, depende da casualização e tem relação com o desenho experimental/observacional. Estudos observacionais tendem a ter, de um modo geral, inferências sobre relações de causa e efeito muito menos confiáveis que estudos experimentais, já que os preditores sempre estão mais carregados de efeitos diversos (não se consegue isolar variáveis tão bem quanto numa condição experimental ideal) e sempre possuem restrições à perfeita casualização das unidades observacionais.

A confiança está relacionada também ao teste estatístico aplicado, principalmente no que se refere à adequabilidade de sua aplicação em cada caso e ao controle das taxas de erro dos testes. Nesse sentido, a confiança que temos nas comparações obtidas de um experimento pode ser entendida como sinônimo de segurança ou de controle das taxas reais de erro tipo I (veja discussão sobre os tipos de erros no item 5.2). As perguntas chave, portanto, são: o teste que vou utilizar é confiável considerando o erro α que estou disposto a aceitar? Outros cientistas e a sociedade em geral irão confiar nas conclusões obtidas apoiadas em um teste que não controla as taxas de erro do conjunto das comparações realizadas? É confiável para as condições experimentais do meu experimento? Seus pressupostos foram atendidos? É muito importante frisar que atualmente vem se consolidando uma mudança nos antigos critérios para se afirmar, com confiabilidade, que existe uma "diferença estatisticamente significativa" entre tratamentos. Basicamente, essa mudança consiste na construção de um novo consenso sobre qual taxa de erro deve ser controlada (CWE, FWER/EWER, FDR, PFER ou MFWER) para inspirar confiança nas novas descobertas. É preciso ter em mente que, infelizmente, sensibilidade e confiabilidade andam em sentidos opostos, de modo que geralmente não é possível maximizá-los simultaneamente. Veja mais detalhes sobre esse tema no item 5.2.

Capacidade de extrapolação dos resultados e das conclusões de um experimento é o terceiro ponto crítico. Idealmente, todos buscamos resultados que gerem conclusões com grande capacidade de extrapolação. Extrapolar é poder inferir algo para além das condições fixas existentes no nosso estudo. Todo trabalho é extrapolável em algum nível. Embora seja recomendável ser ousado nas conclusões científicas (VOLPATO, 2010), essa ousadia em fazer extrapolações amplas sempre implica em algum nível de risco. Será mesmo que o tratamento testado funcionaria em outras condições de solo, de planta ou clima? Funcionaria tão bem quanto? Será mesmo que, em outras condições, os preditores testados também poderão ser considerados como as causas principais dos efeitos observados? E ainda, será que preditores parecidos, mas não exatamente os mesmos testados, apresentariam resultados semelhantes?

Para poder entender melhor a capacidade de extrapolação de um estudo experimental ou de um estudo observacional podemos usar os conceitos de "grão" e "extensão". Na estatística observacional, é comum se referir a "grão" como sendo o tamanho de uma UE. Já "extensão" é a área total englobada por todas as UEs ou por todas as UAs (unidades observacionais ou amostrais), sejam elas distribuídas geograficamente de forma contínua ou não. O grão e a extensão podem ser grandes ou pequenos (Figura 1.1), não havendo uma combinação ideal (GOTELLI & ELLISON, 2011). Grãos pequenos demais podem resultar em maior variabilidade, enquanto grãos muito grandes podem ser muito caros.

A extensão espacial pode ser ampliada, por exemplo, pela adoção de blocos em locais, propriedades, estados ou até mesmo em países distintos (deve-se tomar cuidado com esta estratégia de blocar ambientes muito distintos conforme discussão no item 1.6). A extensão pode ser ampliada também pela repetição do experimento todo em ambientes muito distintos, o que é uma estratégia mais confiável que blocar. Se por um lado aumentar a extensão pode dar segurança às extrapolações, por outro pode evidenciar interações que, num primeiro momento, podem dificultar o entendimento de padrões. Simplificadamente, ambientes muito diferentes podem alterar completamente o desempenho dos preditores/tratamentos. Aumentar a extensão aumentará os efeitos aleatórios do estudo e, não havendo excessivo número de interações entre estes efeitos aleatórios e os preditores, isso permitirá mais generalizações e extrapolações.

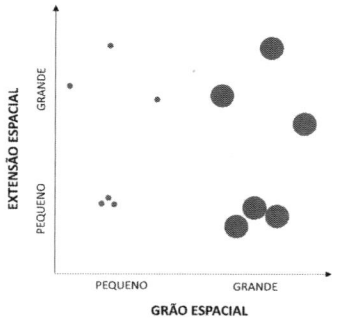

Figura 1.1 - Representação simplificada dos conceitos de "grão espacial" e "extensão espacial" de um estudo observacional.

1.3.2. Estudo exploratório vs estudo confirmatório

Uma pesquisa de caráter exploratório é uma pesquisa que busca apenas evidenciar padrões sem hipóteses específicas definidas *a priori* (NILSEN et al., 2020). As pesquisas exploratórias, sejam elas baseadas em experimentos ou estudos observacionais, estão abertas à descoberta de respostas ou padrões inesperados que suscitam novas hipóteses. As pesquisas exploratórias geralmente coincidem com as pesquisas que buscam as primeiras evidências sobre um determinado fato ou fenômeno, levantando hipóteses plausíveis que poderão ser testadas futuramente. Estas primeiras evidências precisarão ser confirmadas em estudos posteriores, onde neles serão utilizados procedimentos estatísticos mais confiáveis para uma evidência confirmatória forte. Uma pesquisa de caráter confirmatório, por outro lado, possui hipóteses específicas claramente definidas e explicitadas (NILSEN et al., 2020). Muitos órgãos reguladores de registro de novos fármacos, por exemplo, exigem evidências confirmatórias fortes das pesquisas que sustentam a eficácia e segurança dos produtos, não sendo considerados suficientes apenas evidências exploratórias.

Infelizmente, este nível de exigência nem sempre é requerido pelos órgãos de regulamentação de novos insumos ou tecnologias no setor agrícola.

Do ponto de vista estatístico, uma pesquisa confirmatória prevê que as hipóteses sejam testadas com um nível máximo conhecido de probabilidade de erro α no conjunto de todas as comparações realizadas em uma determinada variável-resposta (JAEGER & HALLIDAY, 1998) (chamado de erro α familiar (FWER) ou, no caso dos fatoriais, de erro α experimental (EWER), como será visto no capítulo 5. Pesquisas confirmatórias geralmente envolvem um número menor de tratamentos, com perguntas e hipóteses específicas e sempre estabelecidas previamente. Geralmente pesquisas que visam apenas triagem de um número muito grande de tratamentos não são pesquisas confirmatórias. Também não são estudos confirmatórios muitos estudos observacionais cujos objetivos se restringem apenas em levantar possíveis associações e assim levantar hipóteses a serem confirmadas em estudos futuros. No entanto, mesmo em pesquisas exploratórias algum cuidado com a segurança das inferências estatísticas é necessário, sendo muito recomendável que não se negligencie completamente o fenômeno da multiplicidade do erro quando se faz múltiplas inferências.

Embora a distinção conceitual entre pesquisa exploratória e confirmatória seja frequentemente negligenciada e escorregadia (CALIN-JAGEMAN & CUMMING, 2019), ela é muito importante tanto do ponto de vista estatístico quanto do ponto de vista das conclusões do trabalho de pesquisa (JAEGER & HALLIDAY, 1998). Para uma breve discussão sobre esse tema pode-se consultar Jaeger & Halliday (1998), ainda que estes autores argumentem sobre a necessidade de reduzir erro tipo II nas pesquisas exploratórias, o que não deveria ser uma exigência.

1.4. Repetição verdadeira e pseudorrepetição

O número de vezes que a unidade experimental de cada tratamento é repetida, de forma isolada ou independente, é o número de repetições verdadeiras. Dentro de cada unidade experimental, pode haver, no entanto, várias sub-repetições ou pseudorrepetições. Num experimento em casa de vegetação, por exemplo, é comum que cada vaso seja uma unidade experimental e que contenha mais de uma planta (cada planta dentro do vaso pode ser considerada como uma sub-repetição ou réplica analítica).

A sub-repetição pode aparecer também depois do início do experimento como, por exemplo, quando de uma única planta num vaso avalia-se a taxa fotossintética de duas folhas separadamente, obtendo-se dois dados. Em experimentos de campo, por exemplo, é altamente recomendável que se avalie mais de uma planta dentro de cada unidade experimental. Esses dados obtidos dentro de uma mesma unidade experimental não são repetições verdadeiras, devendo ser transformados em um valor médio antes de se proceder às análises estatísticas.

O uso de sub-repetições é uma estratégia muito importante para reduzir a variabilidade experimental, sendo geralmente mais simples e barato aumentar o número de sub-repetições do que aumentar o número de repetições verdadeiras. Se, no entanto, aumentar o número de sub-repetições representar o mesmo custo ou esforço que aumentar repetições verdadeiras, sem comprometer um tamanho mínimo aceitável para as UEs, deve-se optar pela última. O número de sub-repetições não deve também ser elevado de forma desordenada. Num experimento em vasos, por exemplo, o número de plantas dentro de cada vaso não pode, evidentemente, ser aumentado indefinidamente sem considerar o risco de estresse associado à limitação por espaço.

Em experimentos com avaliação de parâmetros de solo, uma discussão frequente é o número de sub-repetições ou sub-amostras de solo que devem ser tomadas para compor uma amostra composta (amostra composta esta que representará uma UE). É amplamente reconhecido que a variabilidade do solo é grande mesmo em curta distância. Significa dizer que existem variações importantes entre amostras coletadas à poucos centímetros de distância. No entanto, a heterogeneidade é maior para alguns parâmetros (como P e K disponível) e menor para outros (como pH e textura). Por este motivo é recomendável que, mesmo em experimentos de campo com UEs relativamente pequenas (menores que 10 m^2, por exemplo), deve-se proceder a coleta das tradicionais 15 amostras simples por UE. Esta recomendação pode ser flexibilizada quando os parâmetros a serem avaliados possuírem, conhecidamente, uma menor heterogeneidade no solo.

Segundo Tavares et al. (2016) a grande maioria dos experimentos na ciência do solo utilizam apenas três ou quatro repetições. Estes autores verificaram ainda que apenas 4.5 % dos estudos envolviam o uso de mais de oito repetições. A dominância dos experimentos de pequeno tamanho (considerando que o n de repetições tem relação direta com o total de UE's) está fortemente relacionada à economia de tempo e recursos (CASLER, 2015; ZIMMERMANN, 2004). No entanto, pode estar ligada também à compreensão da frequente melhor qualidade que estes experimentos proporcionam, principalmente no que se refere à melhor padronização das condições experimentais e das atividades de condução e avaliação (VIEIRA, 2006). No entanto, do ponto de vista do poder estatístico, um número reduzido de repetições pode ser um grave problema. O número de repetições de um experimento é extremamente importante, pois o erro experimental tende a ser inversamente proporcional ao número de repetições. Esta relação, no entanto, não é linear, havendo reduções nos erros experimentais cada vez menores à medida que se eleva o número de repetições.

Do ponto de vista puramente analítico, o número mínimo de repetições nos delineamentos mais comuns é 2 (dois), podendo ser até 1 (um) em delineamentos especiais, como nos DCCR (veja item 3.3). No entanto, não se recomenda o uso de duas repetições para uso generalizado. Os riscos podem ser muito grandes. Até mesmo o uso de três repetições pode ser arriscado, uma vez que três observações é muito pouco para se tentar caracterizar uma população ou subpopulação, especialmente se ela não tiver resíduos gaussianos. Lembre-se que o pesquisador somente poderá confirmar a normalidade dos resíduos após a obtenção dos dados. Portanto, se posteriormente descobrir que os dados terão que ser tratados apenas com estatísticas descritivas, a presença de apenas três repetições poderá comprometer as estimativas dos erros, medianas, quartis, etc. Box-plots nem são recomendados quando $n \leq 3$, por exemplo.

Mas afinal, qual o número de repetições ideal? Não há uma resposta única, uma vez que isso depende do delineamento, do número de tratamentos, da variabilidade do ambiente experimental, dos parâmetros que serão avaliados, da magnitude dos efeitos esperados e do nível de poder que aceitaremos trabalhar. Na estatística *"poder"* significa, simplificadamente, a capacidade dos testes de perceber uma diferença real existente. Sim, os testes nem sempre percebem que uma determinada diferença é real, e quando eles não percebem concluirão que a diferença é "não-significativa". Na literatura, pode-se consultar fórmulas para se estimar o número de repetições baseando-se no nível de poder almejado. Algumas destas fórmulas estão disponíveis *online* como calculadoras de poder (https://www.stat.ubc.ca/~rollin/stats/ssize/n2.html) e podem ser úteis para o planejamento experimental. Como limitação, quase sempre estão baseadas apenas em teste *t* (para comparação de duas médias apenas) ou em delineamentos poderosos como o DIC simples. Alternativamente, pode-se consultar tabelas ou gráficos de poder obtidos de forma empírica, por simulação de experimentos. A Figura 5.1, por exemplo, permite concluir facilmente que, se esperamos um incremento de 25 % no tratamento "x" em relação ao controle, mas também esperamos um coeficiente de variação (CV) de 25 %, somente teremos mais que 50% de poder pelo teste F da ANOVA se utilizarmos 8 ou mais repetições (considerando um experimento com apenas 3 tratamentos). Se, no entanto, temos expectativa de que o CV será correspondente à metade do incremento (25 / 2), o poder aumentará consideravelmente.

Uma análise atenta dos dados da Figura 5.1 nos permite concluir que o intervalo de 3 a 8 repetições (mais frequente na pesquisa agrícola) nem sempre é suficiente para atingir ao menos 50 % de poder quando o CV é relativamente alto. Significa dizer que frequentemente as pesquisas estão sendo erroneamente planejadas com número de repetições muito pequeno. Se o poder é menor que 50 %, a chance dos testes estatísticos não "perceberem" a presença de uma diferença real entre os tratamentos será maior que a chance de perceberem, restringindo qualquer tipo de conclusão sobre as diferenças "não-significativas". Como será visto no capítulo 5, se o poder está abaixo de 90 % (como geralmente ocorre), resultados "não-significativos" deveriam ser interpretados como "inconclusivos" pois não provam, com segurança, que a diferença não existe.

É importante lembrar que os dados empíricos da Figura 5.1 ou as calculadoras de poder podem subestimar um pouco o poder por diversos motivos: i. não consideram a existência de réplicas analíticas ou sub-repetições que podem reduzir o erro analítico; ii. não consideram estratégias adicionais de controle de variabilidade indesejada, como análise de covariância e blocagem; iii. não consideram que o pesquisador poderá utilizar (se tiver conhecimentos para tal) testes mais poderosos que o teste F se não considerar o critério de proteção da ANOVA; iv. não consideram que o pesquisador poderá utilizar transformações de dados com a finalidade de aumentar o poder dos testes posteriores. É importante esclarecer também que nem sempre é simples prever o CV que será alcançado para as variáveis respostas de um experimento e, menos ainda, prever com exatidão o tamanho do incremento que será alcançado com uma determinada inovação no ambiente experimental escolhido. Dessa forma, considerando o equilíbrio entre "custos vs poder" na definição do número de repetições, é altamente recomendável que se pesquise quais serão as condições (tipo de organismo teste, tipo de ambiente experimental, solo, manejo, etc) que tendem à aumentar o efeito dos tratamentos de interesse. Estas condições, evidentemente, precisarão estar bem detalhadas nos artigos ou relatórios de pesquisa e não podem ser condições não-representativas. Estas considerações possivelmente explicam porque, mesmo com níveis de poder relativamente baixos da ANOVA com poucas repetições, Banzatto & Kronka (2006) afirmam que uma precisão razoável em experimentos de campo pode ser conseguida com quatro a oito repetições. Trata-se de uma recomendação geral amplamente utilizada e com razoável sustentação prática.

Considerando que é muito desejável planejar experimentos com poder superior a 50% (muitos pesquisadores recomendam acima de 80%), os dados da Figura 5.1 permitem estabelecer ao menos três recomendações simples:

- utilizar apenas 2 ou 3 repetições resultará em poder muito limitado se o CV for maior que a metade do incremento esperado (em % de aumento, considerando que "incremento = 100 . (maior - menor)/menor");
- utilizar 4, 5 ou 6 repetições resultará em poder muito limitado se o CV for maior que ~0.75x a magnitude do incremento esperado;
- utilizar 8 ou mais repetições resultará em um poder aceitável quando o CV for igual ou inferior à magnitude do incremento esperado.

Segundo Pimentel-Gomes (1987) e Ferreira (2000) o número de repetições deve ser planejado de modo que o experimento possua, no mínimo,

20 UEs, o que é bastante impreciso para uma recomendação coerente com a expectativa de poder do pesquisador (veja Figura 5.1). Outros autores argumentam, no entanto, que o número de repetições e tratamentos deve ser planejado considerando que um número mínimo de 30 UEs é exigido para uma adequada verificação da função de distribuição de probabilidade dos erros. A maioria dos testes de normalidade tem baixo poder quando n é pequeno. Veja mais sobre normalidade no item 2.2. O teste de Jarque-Bera, por exemplo, em geral passa a ter mais que 50 % de acerto na detecção da não-normalidade apenas quando n é maior ou igual a 30 (TORMAN et al., 2012). Segundo Razali & Wah (2011) a maioria dos testes para normalidade não funcionam bem para variáveis com menos de 30 dados. Essa questão levaria à recomendação de que o número de repetições deve permitir que haja pelo menos 30 UE's. Fica claro, portanto, que a "regra" das 20 UE's mínimas, citada por Ferreira (2000) ou a "regra" das 30 UEs mínimas como proposto anteriormente, são úteis apenas do ponto de vista da sensibilidade dos testes de normalidade e homocedasticidade.

Uma outra estratégia prática bastante usual para se definir o número de repetições é baseando-se nos graus de liberdade (GL) do resíduo. Segundo Alvarez & Alvarez (2013) o número adequado de repetições deve permitir, no mínimo, 15 GL para o resíduo. Segundo Pimentel-Gomes (1987) e Ferreira (2000), no entanto, este número mínimo seria de apenas 10. Não há uma base teórica para tal número, apenas o entendimento de que a sensibilidade dos testes estatísticos poderia estar ligada aos GL do resíduo. Afinal, quanto maior o GL do resíduo, menor tende a ser o quadrado médio do resíduo (estimativa do erro experimental) e maior seria o poder dos testes estatísticos aplicados. Os dados da Figura 5.1, no entanto, evidenciam que este raciocínio é pouco preciso. Note que, mesmo com diferenças reais (% de incremento) correspondentes ao dobro do CV, um baixo poder pode ocorrer mesmo com GL do resíduo entre 30 e 90 (cenários com 30 tratamentos na Figura 5.1). Em comportamento contrário, um alto poder pode ser conseguido mesmo com GL do resíduo de apenas 9 se as diferenças reais forem de magnitude correspondente ao dobro do CV (cenários com 3 tratamentos). Os dados evidenciam, portanto, que o poder não aumenta diretamente em função do aumento dos GL do resíduo, mas apenas em função do aumento do número de repetições, da redução do CV e do aumento da relação "incremento/CV".

Então, pode-se realizar um experimento com, por exemplo, apenas 8 GL para o resíduo? A resposta é sim, mas é preciso conhecer os riscos envolvidos. Um GL do resíduo baixo pode indicar (mas nem sempre, como explicado anteriormente) que o número de repetições é muito pequeno e isso certamente irá dificultar muito que se consiga um CV baixo. Com um CV alto o poder tende a ser baixo. Se os testes não tiverem poder minimamente alto (>50%), a maior parte das diferenças não-significativas poderá ser "falsos não-significativos". Logo, se o pesquisador apoiar as conclusões do trabalho sobre uma "semelhança" entre tratamentos é muito provável que estará concluindo errado. Entretanto, se mesmo com poucas repetições as diferenças foram "estatisticamente significativas" e as conclusões se apoiam nessas diferenças, elas serão seguras e confiáveis (PIMENTEL-GOMES, 2009). Portanto, um experimento pode ser montado, por limitações técnicas e/ou econômicas, com GL para o resíduo inferior a 15 ou 10 e ainda assim ser válido do ponto de vista de suas conclusões, desde que essas se baseiem nas diferenças encontradas e não nas "semelhanças".

Em estudos observacionais, comuns na área de ecologia e nos estudos sobre uso e manejo do solo, a dificuldade de se assumir efeitos fixos para os tratamentos (associado à elevação da variabilidade) tende a exigir um número maior de repetições. Por este motivo na ecologia é comum o uso da "regra dos 10" como estimativa inicial do número de repetições verdadeiras a serem utilizadas em estudos observacionais (GOTELLI & ELLISSON, 2011). Esse número, no entanto, poderá ser muito elevado se o número de variáveis assumidas como preditoras for alto, podendo ser inviável. Além disso, dez repetições podem ser planejadas sem um maior cuidado com outros aspectos do planejamento, como o tamanho das parcelas, o afastamento das parcelas para melhorar a independência, a tomada de dados com réplicas analíticas, etc. Dessa forma, mesmo nos estudos observacionais, a regra das 30 UE's é razoável como estimativa do esforço amostral mínimo a ser realizado.

Por fim é importante considerar ainda que, idealmente, o número de repetições deve ser planejado para ser o mesmo entre todos os tratamentos (é o que os estatísticos chamam de "experimento balanceado"). Nos desenhos inteiramente casualizados as complicações serão poucas, mas nos demais desenhos o desbalanço gerado pela perda de uma ou mais unidades experimentais gerará complicações diversas de análise (ver capítulo 9).

Definir o número de repetições verdadeiras ideal não é tarefa fácil. Se por um lado é interessante aumentar a sensibilidade ou poder do experimento, por outro isso eleva os custos e pode gerar experimentos excessivamente trabalhosos. Dessa forma, considerando recursos escassos, em alguns casos pode ser mais interessante realizar um experimento com menos repetições (como 6 ou 8), mas repetir o experimento todo em dois ambientes ou duas situações distintas (MCCANN et al., 2012). Além disso, investir recursos para repetir experimentos em condições distintas, ao invés de investir recursos em experimentos com mais repetições, é mais interessante do ponto de vista da capacidade de extrapolação dos resultados (veja item 1.3.1).

1.5. Casualização à exaustão

Casualização ou randomização é a distribuição ao acaso dos tratamentos e das repetições no ambiente experimental. Ela é essencial para garantirmos que as diferenças entre as unidades experimentais não fiquem sistematicamente associadas a um ou outro tratamento (diferenças que vão existir mesmo que nenhum tratamento seja aplicado). Poderão existir variações entre suas unidades experimentais que independem da ação dos tratamentos. Você provavelmente já duvidou ou vai duvidar delas, uma vez que é difícil compreender como e por que isso acontece. O que chamamos de acaso são variações em efeitos físicos, químicos ou biológicos que não compreendemos o padrão, não previmos ou não temos como evitar. Embora não se possa controlar, essas variações podem, pelo menos, ser distribuídas entre os tratamentos de modo a reduzir a chance de algum deles ser injustamente beneficiado ou prejudicado por estas interferências.

A forma mais adequada de se casualizar os tratamentos e suas repetições é por sorteio. No entanto, nos estudos experimentais o número de repetições é frequentemente pequeno (≤ 8) e o simples sorteio dos tratamentos às UE's pode resultar em aglomerações ou proximidades indesejáveis. Portanto, é recomendável verificar a distribuição do sorteio das UE's e corrigir se necessário para melhor equilibrar a distância entre UE's de um mesmo tratamento (CASLER, 2015). Este procedimento é importante para melhorar a condição de independência entre as unidades experimentais. Assim, se após o sorteio houver muitas proximidades entre UEs de um mesmo tratamento, sorteie novamente algumas delas. Observe também a distribuição dos tratamentos na área, evitando que determinado tratamento fique claramente mais deslocado para um lado da área experimental. Em casa de vegetação, laboratório, BOD, etc, você deverá re-casualizar as UE's durante a condução do experimento (semanalmente, quinzenalmente ou mensalmente a depender da duração do experimento). Não se esqueça de que, mesmo num experimento em blocos, você deve casualizar as UE's dentro de cada bloco, na montagem e/ou na condução do experimento.

A casualização é um princípio importantíssimo na experimentação e sua utilidade se estende também para as etapas de avaliação e análises do experimento. Não raro, pesquisadores, auxiliares de pesquisa e até mesmo equipamentos de laboratório apresentam variações sistemáticas à medida que horas de trabalho repetitivo se acumulam. Operadores acabam variando a forma de realizar um trabalho, máquinas sofrem aquecimento, lâmpadas se desgastam, correntes elétricas que alimentam os equipamentos oscilam e assim por diante. Além disso, quando o tamanho experimental é grande, etapas de avaliação, como análises químicas de solo e planta, frequentemente são realizadas em baterias distintas e estas podem apresentar variações que também não podem ser controladas ou previstas. A forma mais simples e segura de evitar que estas variações interfiram sistematicamente em alguns tratamentos e não em outros é casualizar as amostras. Ou seja, até no laboratório deve-se "resistir à mania" de colocar as amostras em ordem. Também vale lembrar que no laboratório o ideal é trabalhar "às cegas", ou seja, sem verificar se os valores recém obtidos pertencem a este ou àquele tratamento. Isso evita a motivação tendenciosa de querer "medir novamente" baseando-se na expectativa sobre os valores.

1.6. Usos e abusos do controle local

Pequenas variações na topografia, histórico de uso/manejo, sombreamento, características químicas ou físicas do solo (cor, textura, estrutura) já justificam a adoção do controle local. Com ele, a área experimental (ou os indivíduos-teste ou outra condição experimental) será dividida em porções, as mais homogêneas possíveis, de modo que cada porção receba ao menos uma repetição de todos os tratamentos. Um uso comum do controle local se dá em experimentos de campo com declividade no terreno. Esta declividade impõe uma heterogeneidade natural na área a ser utilizada, heterogeneidade esta que pode ser controlada pela divisão em faixas menores (perpendiculares ao sentido da declividade). Note que o efeito da declividade somente pode ser controlado porque é possível subdividir a área em porções/blocos mais homogêneos, nesse exemplo blocos com pouco desnível.

Geralmente a blocagem é planejada de modo que cada bloco contenha todos os tratamentos, chamados "blocos completos". Geralmente a blocagem é planejada de modo que cada bloco contenha apenas uma repetição de cada tratamento, não apenas porque o *continuum* da heterogeneidade será mais bem controlado, mas também porque isso facilita os cálculos da ANOVA. Caso não haja necessidade de tantos blocos, um número menor pode ser usado (quatro repetições em apenas dois blocos, por exemplo), gerando um pequeno aumento nos GL do resíduo. No entanto, esse pequeno incremento geralmente não resulta em grande melhoria na sensibilidade do experimento, se comparado à situação em que esse experimento for considerado como possuidor de quatro blocos.

Em casa de vegetação o controle local pode ser usado, por exemplo, em função do tamanho das mudas inicialmente usadas, em função da posição em bancadas sob diferentes condições de temperatura (em estufas com sistema de exaustão/ventilação nas cabeceiras), em função de diferentes dias de cultivo para cada repetição (os chamados "blocos no tempo", comuns em situações em que as variáveis respostas não podem ser avaliadas em um único dia para todas as UEs). Em alguns casos, a depender do tipo de variável resposta avaliada, pode-se planejar "blocos operacionais" em que diferentes operadores/pesquisadores conduzem ou avaliam blocos específicos pois observou-se que é possível a influência do operador nos dados coletados. É importante lembrar que em casa de vegetação quase sempre é melhor recasualizar as UEs com mais frequência (semanalmente, por exemplo) do que blocar. Afinal, blocar implicará em maior perda de graus de liberdade para o resíduo. Para maiores detalhes sobre blocagem consulte o item 3.2.

Na maioria dos casos, os blocos são planejados desde a implantação do experimento. Mas, em algumas situações os blocos podem ser definidos na avaliação/desmontagem de experimentos. Um exemplo comum é quando a mão de obra disponível para as atividades de desmontagem não permite que todas as UE's sejam desmontadas no mesmo dia, hora ou num período que possa ser considerado desprezível em relação à duração total do experimento.

Outro exemplo de blocagem ocorre quando a tomada de dados é mais lenta que o esperado, como em casos de medições de parâmetros fisiológicos que possam ser afetados pela hora do dia. Nesse último caso, o pesquisador poderá ficar em dúvida se, por exemplo, duas horas de diferença entre a leitura da primeira e da última UE é desprezível. Diante deste tipo de dúvida, três opções são possíveis: i. obter as leituras de modo casualizado e assim distribuir as variações que ocorrerem em função da hora da leitura ao acaso entre os tratamentos; ii. blocar a sequência de leitura, ou seja, "ler" primeiro a repetição um de todos os tratamentos, depois a dois e assim sucessivamente; iii. descobrir e medir a variável interferente e corrigi-la através de uma Análise de Covariância. A segunda opção poderá resultar em um experimento blocado para um conjunto de variáveis resposta e não blocado para outras. É importante frisar que não se deve blocar ou desfazer os blocos depois de realizar a análise estatística.

É importante que o pesquisador tente listar quais são as prováveis características que diferem entre os blocos (raramente é apenas uma) e pesquise se estas características podem afetar especificamente um tratamento mais que o outro. Isso é importante para evitar uma possível e forte interação bloco x tratamento, interação essa, que se ocorrer, não poderá ser avaliada pela ANOVA. Quando isso ocorre a condição de aditividade é violada e poderão ocorrer estimativas absurdas de UEs perdidas pela estimativa de Yates (ver capítulo 9), entre outros problemas. Uma situação comum quando esta interação ocorre é aparecer efeito de bloco para alguns tratamentos e não existir efeito de bloco para outros. Note que essa listagem de possíveis diferenças entre os blocos será tanto mais complexa quanto maiores forem as diferenças entre os blocos, aumentando a participação de efeitos aleatórios dentro do efeito de blocos. E esta complexidade de efeitos, que vão sendo acumuladas sobre os blocos, ajuda a explicar porque devemos evitar ao máximo a montagem de experimentos em Quadrados Latinos, onde existem dois fatores sendo controlados no controle local.

A blocagem pode ser planejada como estratégia para facilitar a realização de experimentos em diversas áreas ou propriedades distintas (simultaneamente ou não), de modo que uma repetição de cada tratamento seja conduzida em cada local (CASLER, 2015). Essa estratégia pode não apenas facilitar a experimentação participativa com agricultores como também aproximar estudos de casos, comuns das áreas de ecologia e manejo de solos, das condições experimentais ideais. Em muitos casos, no entanto, um modelo de ANOVA em Nested poderá ser mais interessante e confiável que um modelo em DBC simples para experimentos participativos (o modelo em Nested será visto no capítulo 6).

Imaginemos, por exemplo, um estudo sobre o efeito do manejo sem revolvimento do solo sobre a qualidade física do solo em médio ou longo prazo. Um estudo como esse seria mais facilmente conduzido como um estudo observacional, já que dificilmente seria possível casualizar, numa mesma área experimental, porções sob manejo convencional e porções sob manejo sem revolvimento. A quase totalidade dos artigos publicados sobre esse exemplo é baseado em estudos observacionais (TAVARES et al., 2016).

Sendo um estudo observacional, as conclusões serão restritas apenas ao ambiente específico onde o estudo foi conduzido, reduzindo a segurança na extrapolação dos resultados (veja mais detalhes sobre estes estudos de caso no item 1.7). No entanto, se esse mesmo estudo, também conhecido como "experimento lado-a-lado", fosse repetido três ou mais vezes em áreas distintas que possuíssem estas duas situações de manejo, estas áreas distintas poderiam ser assumidas como blocos. Planejando desta maneira, ainda que continue não sendo um experimento ideal (pois os tratamentos não puderam ser sorteados às unidades experimentais/amostrais), a condição de independência é melhorada e as repetições podem ser consideradas como verdadeiras.

Um erro comum na concepção de blocagem de experimentos é a ideia de que os blocos devem estar necessariamente um ao lado do outro ("fazendo divisa"). Os blocos devem ser definidos buscando homogeneidade dentro do bloco e não entre blocos. Este entendimento tem sustentado o planejamento de experimentos com blocos em propriedades distintas, como os de Harris et al. (2007), Chimungu et al. (2015), entre outros. Embora esta estratégia amplie a capacidade de extrapolação dos resultados, é recomendável que não se exagere na carga de efeitos sobre os blocos, evitando, por exemplo, um experimento com um bloco sob Latossolo em uma área sob clima Aw e outro bloco sob Cambissolo em uma área sob clima Cwb. São solos e climas muito contrastantes! Quanto menor a carga de efeitos sobre os blocos, menores as chances de interação bloco x tratamento.

Outro erro comum no uso do controle local é a ideia de que experimentos em campo sempre devem ser conduzidos em blocos. Essa concepção errônea, embora muito difundida inclusive por editores de revistas científicas, não tem respaldo nem mesmo na frequência de artigos publicados com experimentos a campo e com delineamento inteiramente casualizado. Tavares et al. (2016) observou que quase 20 % dos artigos publicados na ciência do solo que continham experimentos em campo foram montados em DIC. Embora exista maior heterogeneidade no campo, se não for possível conhecer o sentido ou a direção dessa heterogeneidade não se pode controlá-la. Portanto, sob um relevo plano, com a mesma classe de solo e sob um histórico recente comum de uso é perfeitamente recomendável que se monte um experimento no campo em delineamento inteiramente casualizado.

1.7. Estudos observacionais

Estudos observacionais ou pesquisas observacionais são pesquisas não experimentais, uma vez que um dos princípios básicos da experimentação não é cumprido, exceto nos casos formalmente previstos e já validados (como experimentos com repetições somente no tratamento central ou experimentos com fortes restrições na casualização como os experimentos em faixas, ANOVA de medidas repetidas, etc.). Os estudos observacionais são estudos científicos úteis, ainda que eles não permitam estabelecer relação causal entre preditores e respostas com a mesma segurança dos experimentos. Além disso, ainda que se possa considerar um modelo estatístico semelhante à um estudo experimental, um estudo observacional sem casualização dos tratamentos poderá ter graves limitações por não permitir uma estimativa válida para o erro experimental.

Na área de solos, este tipo de pesquisa tem gerado polêmica entre editores e revisores de revistas científicas, especialmente na área de uso e manejo do solo. Um desenho amostral típico nessa área corresponde à talhões sob manejos/preditores distintos de onde são retiradas amostras correspondentes às repetições internas. Embora existam repetições dentro de cada área ou talhão amostrado, estes talhões não são repetidos, sendo as amostras internas consideradas como pseudorrepetições (FERREIRA et al., 2012; LIRA JÚNIOR et al., 2012). Embora esta questão seja tratada como um problema de pseudorrepetição (HURLBERT, 1984), o princípio básico da casualização entre tratamentos também não é respeitado. Este desrespeito é o ponto crítico, uma vez que pode não haver independência entre as "repetições" de cada tratamento e nem a garantia de que os efeitos não controláveis e não relacionados aos tratamentos estejam distribuídos aleatoriamente entre as unidades amostrais.

Os estudos observacionais também chamados de "estudos por amostragem" ou, algumas vezes, "estudos de caso" são, portanto, estudos científicos que não podem ser chamados de experimentos, no sentido restrito do termo. Até mesmo os "tratamentos", em muitos destes estudos, deveriam ser nomeados apenas como "preditores", já que nem sempre são implantados ou impostos/manipulados pelo pesquisador. Do mesmo modo, não seria adequado falar em "delineamento experimental" ou em "unidade experimental" nestes casos, apenas "esquema amostral ou observacional" e "unidade amostral" (GOTELLI & ELLISON, 2011).

Simplificadamente e informalmente, boa parte dos estudos observacionais podem ser separados em três grupos comuns:

39

i. *com poucas variáveis preditoras (≤ 3) em uma extensão espacial muito limitada, com cada nível do preditor em questão correspondente à uma única área ou talhão (apenas repetições internas, não-independentes).*

ii. *com poucas variáveis preditoras (≤ 3) em uma extensão espacial média ou grande, com cada nível do preditor em questão representado por mais de uma área independente e geralmente distantes entre si (repetições seguramente independentes).*

iii. *com muitas variáveis preditoras em uma extensão espacial média ou grande, com os níveis dos diversos preditores avaliados em áreas ou unidades amostrais independentes e geralmente distantes entre si.*

No grupo *i* se enquadram boa parte das pesquisas observacionais na área de uso e manejo do solo. Corresponde aos "estudos de caso" típicos, com extensão espacial limitada à áreas/talhões vizinhos ou muito próximos. Cada área geralmente corresponde à um nível do preditor em estudo, sem casualização correspondente à algum modelo estatístico experimental. As repetições, nestes casos, podem ser entendidas como repetições internas (não independentes e não casualizadas entre todas as demais unidades amostrais do estudo), o que sempre resulta em uma estimativa duvidosa do erro "experimental". Esta limitação torna a validade dos resultados restrita unicamente ao caso em questão, ou seja, aos talhões amostrados (extrapolação muito limitada). Nesses estudos do grupo *i*, como poucas variáveis preditoras são consideradas, geralmente utilizam-se modelos estatísticos simples, como ANOVAs de um, dois ou três fatores (em blocos ou não) em fatoriais simples ou aninhados (Nested). Estas mesmas técnicas podem ser usadas nos estudos do grupo *ii*. Nos grupos *i* e *ii*, geralmente as variáveis preditoras são categóricas ou, quando quantitativas, envolvem poucos níveis pré-definidos.

No grupo *ii* se enquadram pesquisas que também consideram modelos estatísticos relativamente simples por possuírem poucas variáveis preditoras, mas que possuem uma extensão espacial menos limitada, geralmente com unidades amostrais que são claramente independentes entre si (espacialmente separadas, geralmente por grandes distâncias). Embora também não possuam uma casualização adequada, as repetições podem ser consideradas como verdadeiras e independentes, diferentemente dos estudos do grupo *i*. Dessa forma, os resultados destes estudos são geralmente um pouco mais confiáveis e extrapoláveis que os estudos do grupo *i*. No entanto, como as repetições independentes geralmente implicam em maiores distâncias entre elas, há uma maior carga de interferentes não previstos no modelo estatístico considerado. Esses interferentes, embora sejam considerados como parte do erro aleatório no modelo considerado, não estão distribuídos "igualmente" entre os níveis dos preditores pois não há casualização adequada. Dessa forma, supostas diferenças encontradas entre os preditores testados podem, na realidade, não estar associadas diretamente aos preditores em si, mas à interferência sistemática de alguma outra variável não considerada. Esse risco diminui consideravelmente nos estudos do grupo *iii*, pois neles há sempre um maior número de variáveis preditoras consideradas. Importante frisar que "independente" não é sempre sinônimo de "distante". Uma dica simples é pensar sobre o uso e/ou manejo das áreas supostamente independentes: quando uma área é manejada a outra geralmente também é? São manejos/modificações semelhantes? Se sim, estas áreas são pouco independentes entre si.

No grupo *iii* se enquadram os estudos observacionais de "maior porte", tanto no que se refere ao número de unidades amostrais independentes quanto no que se refere ao número de variáveis preditoras consideradas. Como muitas variáveis preditoras estão presentes, geralmente o modelo estatístico geral corresponde à um modelo de regressão múltipla (com ou sem variáveis *Dummies*, como será visto no capítulo 7). Também podem ser incluídos neste grupo os estudos observacionais cujos objetivos incluem a identificação de agrupamentos de amostras/indivíduos com base em múltiplas variáveis (como será visto no capítulo 9).

Vejamos mais alguns detalhes sobre estes grupos, que representam uma separação didática interessante. No primeiro grupo, a casualização e o uso de repetições seguramente independentes não são adotados devido à clara inviabilidade econômica ou operacional, embora essa "clareza" seja um pouco subjetiva. Geralmente são estudos realizados sob uma mesma classe de solo, geralmente em talhões vizinhos ou em linhas vizinhas em culturas perenes ou em talhões que foram divididos em *n* partes de acordo com o número de "tratamentos". Estes "estudos de casos" possuem gravíssimas limitações quanto à possibilidade de extrapolar os resultados para outros talhões distintos daqueles estudados. Infelizmente são tratados por alguns autores como estudos "quase experimentais" ou até como "delineamentos sistemáticos" (CALZADA-BENZA, 1964), um termo impreciso que pode gerar a falsa impressão de que são delineamentos experimentais válidos e seguros. Apesar disso, eles têm alguma utilidade e conclusões menos limitadas podem ser obtidas a partir de um certo volume de estudos de casos semelhantes.

São exemplos comuns desses tipos de estudos: a maioria dos estudos que comparam sistemas de plantio direto, sistemas de integração lavoura-pecuária-floresta, sistemas agroflorestais, sistemas orgânicos de produção, etc. com seus respectivos controles sob manejo convencional (Figura 1.2). Isso porque, na maioria das vezes, os sistemas são implantados em áreas relativamente grandes e não seria viável estabelecer pequenas parcelas de um manejo casualizadas às parcelas sob outro manejo. Muitas vezes a inviabilidade experimental surge devido à própria exigência de independência entre parcelas, já que um sistema agroflorestal, por exemplo, tende a reduzir a incidência de algumas pragas nas parcelas vizinhas e assim, afeta a independência das parcelas vizinhas.

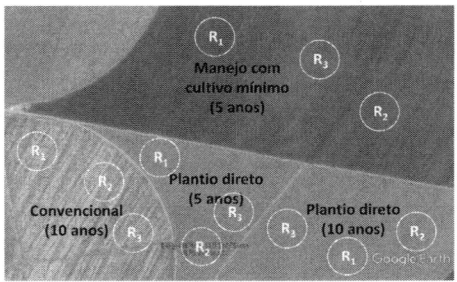

Figura 1.2 - Croqui das unidades amostrais num estudo observacional hipotético típico do grupo *i* na área agronômica. Basta observar a distribuição das unidades na área do estudo para perceber que o princípio da casualização não está sendo respeitado, o que impede enquadrar este tipo de estudo como "experimento". Neste exemplo hipotético há quatro níveis de apenas uma variável preditora ("manejo do solo"). Note que, devido à ausência de casualização entre os tratamentos, não há como garantir que um efeito observado no "Plantio direto 10 anos" não seja devido a pequenas variações no tipo de solo ou devido a variações no histórico anterior de uso da área. Fonte: o autor, sob imagem pública do Google Earth.

De acordo com a frequência dos estudos observacionais do grupo *i* e *ii* nas áreas de uso e manejo do solo, há uma tendência na aceitação destes trabalhos restrita às situações com clara inviabilidade técnica ou econômica de avaliação por experimentos. Por este motivo, eles são muito raros ou até inexistentes em algumas áreas (como na área de fertilizantes) e muito frequentes em outras (como na área de manejo de solos).

Importante lembrar que é possível montar experimentos adequadamente casualizados em lavouras comerciais ou ambientes reais de produção e não apenas nas áreas experimentais de instituições de pesquisa. A viabilidade dependerá do quanto os tratamentos em questão irão modificar ou dificultar as atividades usuais de implantação e manejo, do nível de interesse do agricultor pela pesquisa em questão, dos objetivos e da natureza dos tratamentos, entre outros aspectos. Por exemplo, num talhão agrícola comercial com manejo agroflorestal pode-se implantar um experimento, devidamente casualizado, com o objetivo de comparar a influência de diferentes plantas companheiras sob o crescimento de mudas de uma determinada espécie arbórea. Num talhão comercial cultivado com a cultura do milho, por exemplo, pode-se implantar um experimento para avaliar se a aplicação de um determinado produto em um determinado estagio fisiológico afeta o crescimento, a sanidade ou algum parâmetro fisiológico da cultura.

O grupo *i* inclui também diversos estudos de caso nas áreas de ecologia e pedologia. Na pedologia, inclui parte dos clássicos estudos onde os preditores são posições numa única topolitossequência ou num único *transecto* (Figura 1.3). Note que, nesses casos, há preditores com níveis bem definidos/caracterizados, ainda que eles não sejam exatamente "tratamentos manipuláveis" e possuem uma carga de efeitos diversos que podem ser confundidos ao erro ou aos efeitos dos preditores de interesse (afinal, ambientes diferentes são preditores que podem conter uma carga de outros efeitos como, por exemplo, litologia, microclima, posição em relação ao sol, proximidade de rios, vegetação, etc.). Esta carga de efeitos confundidos/misturados dificulta isolar ou identificar o(s) principal(is) responsável(is) pelos resultados observados, reduzindo a confiança do estudo (veja item 1.3.1).

No grupo *ii*, a extensão espacial aumenta em função da existência de áreas/talhões seguramente independentes para cada repetição. No caso da Figura 1.3, este mesmo estudo poderia ser enquadrado no grupo *ii* se mais de um *transecto* fosse considerado no plano amostral (localizado mais distante, ainda que na mesma bacia hidrográfica, se necessário). No grupo *ii*, cada *transecto* seguramente independente (afastado) seria considerado como uma repetição verdadeira. As repetições internas serviriam apenas para reduzir o erro analítico.

Boa parte das pesquisas observacionais nas áreas de ecologia, ciências ambientais, entre outras, se enquadram neste grupo *ii*. Na área de ecologia esse tipo de estudo representa cerca de 27 % dos trabalhos realizados em condições de campo (HURLBERT, 1984). No passado, eram frequentemente nomeados como "experimentos naturais". Geralmente contemplam a presença de repetições verdadeiramente independentes (áreas/talhões distintos para cada repetição de cada tratamento/preditor), ainda que a casualização seja

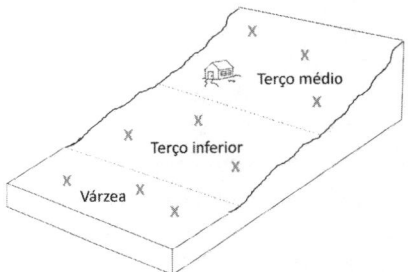

Figura 1.3 - Croqui amostral de um estudo observacional hipotético típico do "tipo i". O objetivo poderia ser, por exemplo, compreender a relação entre a variação do solo e a abundância de minhocas ao longo de uma única topopedossequência. Como todo estudo do "tipo i", o foco do plano amostral está nos poucos preditores de interesse. Aqui foi exemplificado uma variável preditora com três níveis (3 posições na encosta) com três repetições internas cada. Note que neste esquema, além do *n* bastante limitado, a extensão espacial é pequena.

43

No grupo *ii* podem também ser incluídos boa parte dos estudos sobre métodos de análise, como estudos que comparam ou propõe novos métodos de análises químicas, físicas ou biológicas de solo. Nestes casos, amostras independentes são tomadas em pontos contrastantes quaisquer e os resultados dos diferentes métodos de análise nestas diferentes amostras são correlacionados entre si. Pode-se usar medidas de concordância complementares aos coeficientes de correlação, como o índice de Willmott ou outros. Quanto mais distintas forem as amostras mais extrapoláveis serão as conclusões do estudo.

O grupo *iii* pode ser entendido como a ampliação do grupo *ii* para os estudos que preveem um maior número de variáveis preditoras. A inclusão de mais variáveis preditoras reduzirá o risco de alguma variável interferente não estar prevista no modelo estatístico considerado. No entanto, incluir mais variáveis preditoras exigirá um modelo estatístico um pouco mais complexo (como uma regressão linear múltipla, com diferentes possibilidades de seleção de variáveis, interação de variáveis e até relações não-lineares). Além disso, poderá exigir um maior número de repetições independentes (ao menos cinco amostras independentes por variável preditora). Nos itens 7.6 e 9.5.1 apresentaremos dois exemplos de estudos observacionais que se enquadram nesse grupo.

1.8. Síntese das principais recomendações e entendimentos

i. Na prática, dados discretos não são claramente distinguíveis de dados contínuos pois os instrumentos de medida sempre possuem um limite de sensibilidade. Portanto, é aceitável analisar dados de contagem como contínuos desde que estes sejam volumosos e desde que se possa verificar, com bom nível de segurança, se o nível de afastamento à distribuição normal é significativo, além de verificar outros requisitos do modelo estatístico utilizado. Tal recomendação não necessariamente se aplica para dados binários (respostas 0 ou 1), dados semi-quantitativos ou dados ordinais/escalas de notas.

ii. Variáveis independentes quantitativas poderão ser melhor analisadas e interpretadas por análise de regressão se totalizarem quatro ou mais níveis. Variáveis dependentes ou variáveis-resposta devem ser, preferencialmente, variáveis quantitativas, evitando-se a discretização das mesmas.

iii. Experimentos geralmente são planejados com grande carga de efeitos fixos uma vez que os modelos de análise para efeitos fixos são, geralmente, mais simples e poderosos que os modelos mistos. Embora as conclusões sejam menos extrapoláveis, o pesquisador contorna este problema dos modelos fixos elegendo condições fixas que sejam representativas para as condições de interesse ou para o público alvo da pesquisa.

iv. Do ponto de vista estatístico, um experimento precisa obrigatoriamente obedecer aos princípios básicos da experimentação, ainda que limitados dentro de um modelo estatístico formalmente previsto e validado. Portanto, estudos observacionais típicos não deveriam ser nomeados como experimentos, ainda que possam utilizar alguns métodos de análise comuns à experimentação.

v. Sempre que possível deve-se evitar a realização de estudos observacionais do grupo *i*. Estudos de caso desse tipo possuem limitada extensão espacial, casualização inadequada e repetições que não são seguramente independentes entre si. Dessa forma, não permitem uma estimativa válida para o erro "experimental". Ainda que estes estudos tenham alguma utilidade, os resultados e conclusões destes estudos são limitados às próprias áreas estudadas.

vi. O tamanho ideal de uma unidade experimental pode variar em função de diversos fatores, dentre eles: o nível de erro experimental tolerado; a natureza dos tratamentos; a natureza do objeto, ambiente ou organismo em teste; a duração do experimento; as variáveis que serão mensuradas; questões operacionais; custos, etc. Dessa forma, mesmo que o organismo teste seja o mesmo, não se pode definir um tamanho ideal para qualquer situação, ainda que se possa definir o tamanho que tende a minimizar o erro experimental para cada tipo de variável resposta naquele organismo.

vii. Um experimento ou estudo observacional será mais sensível quanto maior o *n* total, quanto menor o erro experimental ou amostral, quanto melhor os possíveis interferentes estiverem previstos no modelo estatístico e; quanto mais sensíveis forem os procedimentos estatísticos utilizados.

viii. Experimentos são mais confiáveis que estudos observacionais para permitir inferências sobre a causalidade de fenômenos. O nível de confiança nos dados de um experimento, no entanto, depende também de uma série de boas práticas experimentais e do uso de métodos estatísticos validados quanto ao adequado controle do erro tipo I.

ix. Experimentos confirmatórios são mais confiáveis que experimentos exploratórios quanto à inferência causal. No entanto, estudos confirmatórios dependem de hipóteses específicas claras, definidas *a priori*, e de métodos estatísticos com melhor controle do fenômeno da multiplicidade do erro tipo I. Este fenômeno será abordado no capítulo 5.

x. Como a maioria dos experimentos são conduzidos com grande carga de efeitos fixos, suas conclusões são limitadas às condições fixas existentes no ambiente experimental. A extrapolação, portanto, é sempre limitada. Em um mesmo estudo, não se pode maximizar simultaneamente o poder, a confiança e o nível de extrapolação.

xi. Planejar o número de repetições de uma pesquisa envolve definir um nível de poder aceitável, estimar o CV que se conseguirá obter para as variáveis principais de interesse e estimar o tamanho do incremento que se espera obter nas comparações de maior interesse. Resumidamente, utilizar 8 ou mais repetições resultará em um poder aceitável quando o CV for inferior à magnitude do incremento esperado (em %). Consultar calculadoras de poder ou simplesmente consultar a Figura 5.1 poderá permitir uma definição mais criteriosa do número de repetições necessário em cada caso.

xii. Não se deve confundir repetições verdadeiras e independentes com repetições analíticas (sub-repetições). Sub-repetições podem ser muito úteis para reduzir a variabilidade interna na unidade experimental ou para reduzir o erro analítico de certas mensurações. Portanto, obter a média das sub-repetições para cada repetição verdadeira é uma estratégia simples, e bastante eficaz, para se reduzir o erro experimental.

xiii. Experimentos em condições de campo não necessariamente precisam ser montados em blocos, pois a blocagem depende de se conhecer o sentido/direção do interferente sob controle. Logo, se não se consegue separar o ambiente experimental em porções mais homogêneas, não faz sentido blocar, por mais heterogêneo que o ambiente experimental seja.

xiv. Os GL do resíduo não possuem, necessariamente, relação com o poder estatístico. Não há razões para se desqualificar experimentos que foram conduzidos com pequeno número de GL do resíduo desde que as conclusões obtidas estejam apoiadas sobre as diferenças significativas encontradas e não sobre as "diferenças não-significativas".

2. PRÉ-REQUISITOS DO MODELO ESTATÍSTICO

2.1. Modelo estatístico

Simplificadamente, modelo estatístico é uma função que permite decompor os valores mensurados em partes associadas a cada um dos efeitos previstos ou em cada um dos componentes previstos no modelo. Por exemplo, em um experimento simples com dois tratamentos e três repetições, qualquer um dos seis resultados (para uma determinada variável resposta qualquer, como altura das plantas) pode ser decomposto em um "efeito de base" (ou seja, independente de qual tratamento seria aplicado, as plantas já cresceriam em algum nível), um "efeito do tratamento" (ou seja, um efeito médio associado ao fato da UE pertencer especificamente ao tratamento 1 ou 2) e um "efeito de erro" (que inclui todos os efeitos aleatórios não previstos). Note que esse "modelo" será válido se esse experimento assumir que todos os demais interferentes são iguais ou distribuídos ao acaso. Matematicamente podemos representar isso como $Y_{ij} = m + t_i + e_{ij}$; em que Y_{ij} é o valor observado numa UE pertencente ao tratamento i, repetição j; m é a média geral ou efeito de base; t_i é o efeito do tratamento i; e_{ij} é o efeito estimado do erro nesta UE que pertence ao tratamento i e repetição j. Para estimar o erro, portanto, basta isolar o termo e_{ij} na equação. Note que a soma $m + t_i$ corresponde à média do tratamento i e, portanto, o erro (ou desvio ou resíduo) pode ser estimado por $e_{ij} = Y_{ij} - m - t_i$ ou $e_{ij} = Y_{ij} - média\ de\ i$. Embora os termos "desvio" e "resíduo" possuam uma distinção formal, trataremos aqui como semelhantes.

No entanto, se o ambiente experimental desse experimento apresentasse alguma heterogeneidade passível de ser controlada (por exemplo, no início do experimento já era possível distinguir que as plantas que seriam usadas tinham tamanhos variáveis (pequenas, médias e grandes)) é intuitivo notar que para ser justo, cada tratamento deveria receber uma planta de cada tamanho. Ao fazer isso, estamos intuitivamente blocando o experimento. Nesse caso, seria recomendável utilizar um modelo que pudesse prever essa fonte inicial de variação, por exemplo: $Y_{ij} = m + t_i + b_j + e_{ij}$; em que b_j corresponderia ao efeito do bloco j. Este é o "modelo estatístico" de um experimento em blocos. O cálculo do erro agora se torna um pouco mais complexo, pois corresponderia a $e_{ij} = Y_{ij} - m - t_i - b_j$. Note, portanto, que a parte aleatória da variabilidade na variável-resposta (o erro) seria provavelmente reduzida já que seria possível descontar também a influência do bloco.

Conhecer a magnitude média dos erros, a frequência de erros de grande e pequena magnitude e comparar a magnitude dos erros nas UEs dos diferentes tratamentos são aspectos importantes na maioria das análises estatísticas. Na realidade, a maioria dos requisitos que os testes estatísticos possuem são requisitos sobre esses erros e não exatamente requisitos sobre os dados brutos em si. No entanto, o cálculo destes erros torna-se cada vez mais complexo quanto mais parâmetros o modelo estatístico prevê. Por outro lado, ao menos teoricamente, quanto mais parâmetros o modelo prevê menor será o erro, pois as variações não explicadas tendem a ser menores. Mais adiante, no entanto, veremos que nem sempre usar modelos estatísticos maiores será vantajoso.

2.2. Normalidade dos erros

Toda população possui variabilidade e esta variabilidade possui um padrão de distribuição. Esse padrão de distribuição dos desvios, em termos de frequência dos desvios de diferentes magnitudes, é conhecido como função densidade de probabilidade dos erros. Ou seja, uma função que explica ou modela a frequência das diferentes magnitudes de desvios ou erros. Muitos padrões já foram identificados em populações de diversas naturezas, como a distribuição Gaussiana ou normal, a distribuição binomial, a distribuição Poisson, Gama, Weibull, Beta, exponencial, log-normal, entre muitas outras, além de distribuições mistas de complexidades diversas. Veja as probabilidades de ocorrência de desvios de diferentes magnitudes da distribuição Gaussiana na Figura 8.1.

Embora seja difícil estabelecer com precisão quais são os padrões de distribuição dos desvios para os mais diversos fenômenos, algumas tendências muito gerais são frequentemente citadas, como por exemplo, a tendência (não é exatamente uma regra) de que dados oriundos de contagens possuam distribuição Poisson, ou de que dados de frequência de eventos binários possuam distribuição binominal, etc. Na realidade, há centenas de distribuições possíveis, com transições que podem ser contínuas ou discretas entre elas. A distribuição normal é muito frequente e suas propriedades simétricas facilitaram o desenvolvimento de métodos de análise estatística relativamente simples e com grande poder ou sensibilidade. Estes métodos foram batizados, posteriormente, como métodos paramétricos de análise estatística.

Fazem parte da estatística paramétrica os famosos testes F (da ANOVA), *t*, Tukey, Student-Newman-Keuls, Dunnett, Bonferroni, Holm, Scheffé, Scott-Knott, entre outros. Estes testes foram concebidos para dados que atendem aos quatro parâmetros básicos mencionados. A validade e a aplicabilidade destes procedimentos são bem conhecidas para dados que atendam estas condições, seja em sua escala original, seja em uma escala transformada. Quando os dados apresentam violação significativa de um ou mais parâmetros os testes paramétricos podem perder suas características e gerar resultados falsos.

A capacidade que um teste tem de manter suas qualidades (por exemplo, preservar as taxas reais de erro tipo I) mesmo quando os dados apresentam algum nível de violação paramétrica é chamada de *robustez* do teste. Apesar da imprecisão e da complexidade de se avaliar a robustez de um teste, é frequente a afirmação de que os testes F e Tukey são relativamente robustos (SCHMIDER et al., 2010). Isso significa dizer que é razoável aceitar que eles toleram bem algum nível de violação ou de distorção em relação à normalidade. Esta afirmativa é corroborada pelos resultados dos estudos por simulação de dados, como os da Tabela 2.1 e 2.2. Não significa, no entanto, que todas as demais pressuposições da ANOVA possam ser negligenciadas ou que não seja preciso verificar o atendimento a elas. Diversos testes estatísticos foram desenvolvidos para verificar se os dados violam significativamente a normalidade. Os mais conhecidos são o χ^2, Kolmogorov-Smirnov, Shapiro-Wilk, Jarque-Bera, Anderson-Darling, D'Agostino's, Lilliefors, Cramér-von Mises, Kuiper, Shapiro-Francia e Ryan-Joiner.

Tabela 2.1. Frequência de experimentos com teste Tukey, teste F (aplicado com dados não-transformados, medianas ou ranks), teste de Levene e teste de Jarque-Bera significativos sob cenários com nulidade total (para comparação do erro tipo I) ou nulidade parcial (para comparação do poder) em duas distribuições simétricas de erros.

Distribuição	Frequência empírica (%) de experimentos (n=1000) com teste significativo ($p < 0.05$)	Nulidade total (sem efeito de trat)			Nulidade parcial[1] (dif. real em um trat)		
		5 trat	10 trat	30 trat	5 trat	10 trat	30 trat
Normal[2]	Teste F (ANOVA)	5.7	5.2	5.4	44.9	35.7	22.6
	Teste Tukey (taxa por família)	5.7	4.7	6.3	45.2	40.7	37.3
	Teste de Levene (não-homogeneidade)	7.7*	9.4*	13.8*	8.0*	9.4*	13.0*
	Teste de Jarque-Bera (não-normalidade)	5.5	5.7	4.5	4.1	4.3	4.3
	ANOVA não-paramétrica (ranks)	6.0	5.2	5.8	42.1	31.7	17.9
	ANOVA das medianas (QMRes corrig.)	2.0	1.1	0.7	21.7	13.8	3.4
Uniforme[2] (não-normal simétrica)	Teste F (ANOVA)	5.2	5.0	4.7	42.0	34.1	22.8
	Teste Tukey (taxa por família)	5.1	4.7	4.9	42.9	38.2	34.2
	Teste de Levene (não-homogeneidade)	7.9*	8.8*	11.5*	7.4	8.6	11.8
	Teste de Jarque-Bera (não-normalidade)	0.1	1.0	91.1	0.0	1.2	90.9
	ANOVA não-paramétrica (ranks)	5.2	4.6	4.9	36.2	26.4	16.8
	ANOVA das medianas (QMRes corrig.)	8.5*	11.4*	22.0*	32.8	32.7	36.5

Resultados obtidos por simulação de dados considerando experimentos em DIC com 5, 10 ou 30 tratamentos com 8 repetições cada tratamento. *Taxas de erro tipo I (%) dos testes F (com média, mediana ou ranks), Tukey ou Levene estatisticamente superiores a 5 % pelo teste Binomial ($p < 0.05$, n=1000). [1]estimativa de poder considerando uma diferença real correspondente a 1 desvio padrão experimental. [2]as distribuições "normal" e "uniforme" são distribuições simétricas. Fonte: dados do autor.

Tabela 2.2. Frequência de experimentos com teste Tukey, teste F (aplicado com dados não-transformados, medianas ou ranks), teste de Levene e teste de Jarque-Bera significativos sob cenários com nulidade total (para comparação do erro tipo I) ou nulidade parcial (para comparação do poder) em diferentes distribuições assimétricas de erros.

Distribuição	Frequência empírica (%) de experimentos (n=1000) com teste significativo ($p < 0.05$)	Nulidade total (sem efeito de trat)			Nulidade parcial[1] (dif. real em um trat)		
		5 trat	10 trat	30 trat	5 trat	10 trat	30 trat
Lognormal ($\mu=1; s=0.33$)	Teste F (ANOVA)	4.9	4.4	4.9	43.3	34.2	22.7
	Teste Tukey (taxa por família)	4.9	5.0	7.5*	43.2	35.9	29.0
	Teste de Levene (não-homogeneidade)	13.3	20.5	38.8	13.0	18.4	37.8
	Teste de Jarque-Bera (não-normalidade)	34.9	61.4	98.9	37.2	63.5	98.9
	ANOVA não-paramétrica (ranks)	5.3	4.9	4.9	46.8	34.6	20.8
	ANOVA das medianas (QMRes corrigido)	1.8	0.9	0.3	18.0	9.6	1.1
Binomial ($t=25; ps=0.1$)	Teste F (ANOVA)	5.0	5.1	5.4	43.8	34.7	21.9
	Teste Tukey (taxa por família)	5.1	5.4	6.3	44.1	40.1	32.3
	Teste de Levene (não-homogeneidade)	8.6	11.6	20.9	9.5	12.0	21.2
	Teste de Jarque-Bera (não-normalidade)	11.2	21.4	61.6	11.1	19.5	62.4
	ANOVA não-paramétrica (ranks)	5.6	5.6	5.3	44.0	33.2	18.9
	ANOVA das medianas (QMRes corrigido)	3.3	2.7	1.6	22.4	15.3	7.0
Poisson aprox. ($t=1000; ps=0.003; \lambda=3$)	Teste F (ANOVA)	4.7	5.8	5.2	43.2	34.1	21.3
	Teste Tukey (taxa por família)	4.5	5.1	5.9	43.1	36.6	31.4
	Teste de Levene (não-homogeneidade)	8.9	11.3	20.3	8.3	11.6	19.6
	Teste de Jarque-Bera (não-normalidade)	14.3	24.7	69.2	15.0	25.3	69.9
	ANOVA não-paramétrica (ranks)	4.8	5.5	5.0	35.5	26.5	15.2
	ANOVA das medianas (QMRes corrigido)	2.4	2.4	1.1	22.1	13.6	5.2

Resultados obtidos por simulação de dados considerando experimentos em DIC com 5, 10 ou 30 tratamentos com 8 repetições cada tratamento. *Taxas de erro tipo I (%) dos testes F (com média, mediana ou ranks) ou teste Tukey estatisticamente superiores a 5 % pelo teste Binomial ($p < 0.05$, n=1000). [1]estimativa de poder considerando uma diferença real correspondente a 1 desvio padrão experimental. Embora a média frequentemente esteja correlacionada à variância nas distribuições assimétricas, nesta simulação considerou-se o efeito real sob nulidade parcial pela soma de uma constante. Fonte: dados do autor.

Antes de discutir as diferenças entre estes procedimentos é preciso explicar a estratégia básica para se avaliar os resíduos de um experimento. Num experimento para comparar o desempenho de diferentes fertilizantes sobre o crescimento de plantas, por exemplo, entende-se que cada tratamento é uma subpopulação própria, ainda que estas subpopulações tenham semelhanças como serem de uma mesma idade e variedade, estarem sob um mesmo solo, clima e, principalmente, tratar-se da mesma variável resposta. Como uma subpopulação própria, os desvios devem ser estimados em relação à média de cada tratamento (ou, mais precisamente, de acordo com o modelo estatístico considerado, veja item 2.1) e não apenas em relação à média geral de todo o experimento. Esta concepção é equivalente a compreender que os resíduos ou erros devem ser calculados pelo modelo estatístico geral. No entanto, o número de estimativas para estes desvios em cada tratamento é quase sempre limitado. Considerando que a grande maioria dos experimentos agronômicos tem somente até oito repetições, estas oito estimativas não permitem compreender a qual função densidade de probabilidade de erros pertence cada subpopulação.

Por este motivo, embora os desvios sejam estimados dentro de cada subpopulação, o ajuste deles à função Gaussiana de probabilidade de erro é avaliado conjuntamente, com todos os desvios dos demais tratamentos/preditores. Portanto, para cada experimento, cada uma das variáveis resposta avaliadas precisa ser testada quanto à sua função densidade de probabilidade dos erros. A rigor, portanto, não se deve afirmar que "os tratamentos possuem erros com distribuição normal" e sim afirmar que "a variável resposta em questão possui, neste experimento e neste modelo estatístico considerado, erros com distribuição normal".

Os diferentes testes de normalidade foram concebidos, na realidade, para detectar a "não-normalidade". Ou seja, quando a estatística destes testes é "significativa" ($p < 0.05$), conclui-se que a não-normalidade foi detectada. Afinal, nestes testes, H_1 = erros com distribuição não-normal Todos eles, portanto, geram estimativas de probabilidade de erro para o caso de concluírem que os erros são "não-normais" quando na realidade eles são "normais" (p-valor ou probabilidade nominal do erro tipo I). Por isso, a interpretação de seus p-valores é: se $p > 0.05$ não há evidência suficiente de não-normalidade, ou seja, os erros possuem distribuição de frequência normal ou aproximadamente normal. Como estes testes se baseiam em "não-normalidade" é importante frisar que a probabilidade de errarem ao confirmarem H_0 é geralmente alta (erro tipo II), o que evidencia a necessidade dos testes paramétricos serem relativamente robustos. Veja detalhes sobre os conceitos de erro tipo I e II no capítulo 5.

Os testes para normalidade diferem entre si quanto à capacidade ou poder de detectarem a não-normalidade (YAZICI & YOLACAN, 2007; RAZALI et al., 2011; TORMAN et al., 2012). Essas diferenças de poder, no entanto, são gradativamente minimizadas com o aumento de número de observações (n total). Segundo Torman et al. (2012), quando o número de unidades experimentais é maior que 50, as diferenças entre os testes Anderson-Darling, Lilliefors, Shapiro-Wilk, Shapiro-Francia, Cramér-von Mises e Jarque-Bera tornam-se pequenas. Com frequência o teste de Kolmogorov-Smirnov é apontado como o menos poderoso deles, não sendo recomendado para uso generalizado. O teste de Shapiro-Wilk comumente é apontado como sendo o mais poderoso em detectar a não-normalidade, embora seu uso seja questionável para amostras grandes (n>300). No entanto, para várias distribuições não-normais assimétricas, os testes de Anderson-Darling e Jarque-Bera possuem poder semelhante ao Shapiro-Wilk, embora esse poder seja variável em função da distribuição dos resíduos e do tamanho amostral (YAZICI & YOLACAN, 2007; RAZALI & WAH, 2011).

A simetria da distribuição normal permite que ela seja também avaliada pelos momentos curtose e assimetria. A qualidade e a facilidade de avaliação destes parâmetros trazem vantagens de cálculo evidentes para os testes baseados nesses momentos em relação aos demais, uma vez que estes baseiam-se simplesmente num teste conjunto para assimetria e curtose. Os testes baseados em assimetria e curtose (como o teste de Jarque-Bera), no entanto, podem não detectar não-normalidade em desvios que possuem distribuições simétricas distintas da normal. Este aparente problema, no entanto, evita que pequenos desvios da normalidade sejam tratados com transformação, uma vez que os testes paramétricos mais comuns apresentam razoável robustez em relação a pequenos desvios na distribuição dos erros, especialmente quando esse desvio é em direção a uma distribuição também simétrica. Dessa forma, os testes validados baseados em assimetria e curtose podem ser usados como procedimento de rotina para avaliação da normalidade dos resíduos (SANTOS & FERREIRA, 2003; KIM, 2013). Nesse mesmo sentido, Yazici & Yolacan (2007) são enfáticos em recomendar o teste de Jarque-Bera para uso generalizado.

Uma limitação muito importante dos testes de normalidade é a sua inadequabilidade para experimentos ou estudos muito pequenos, com poucas UEs. Na área médica, por exemplo, é comum se afirmar que para experimentos pequenos ($n < 10$ ou $n < 15$) o pesquisador não deveria utilizar testes paramétricos, uma vez que não é possível afirmar com segurança que os erros possuem distribuição normal (TORMAN et al., 2012). Embora essa recomendação não seja consensual, de fato o poder de detecção da não-normalidade para quase todos os testes é muito pequeno quando n total é menor que 15 (TORMAN et al., 2012; RAZALI & WAH, 2011). Mas, com 30 ou mais UEs o teste de Jarque-Bera, por exemplo, já possui um percentual de acerto maior que 50 % (TORMAN et al., 2012).

Enfim, mesmo diante das graves consequências desta limitação dos testes para normalidade e de alguma imprecisão em se definir qual o n mínimo, é razoável assumir que 15 é o "menor dos números", o n mínimo para poder se pleitear o uso de um procedimento paramétrico de análise. No entanto, para maior confiabilidade no uso dos procedimentos paramétricos, e também para se elevar o poder dos procedimentos, o mais recomendável é elevar o n para 30.

O problema do baixo poder dos testes em detectar a não-normalidade, quando o $n < 30$, poderia ser minimizado com uma mudança do *p-valor* crítico nesses casos. Ou seja, quando o n total estiver entre 15 e 30, os testes de normalidade deveriam ser aplicados à 10 ou 25 % de probabilidade ao invés dos tradicionais 5 % de probabilidade de erro α (elevando-se o erro α reduz-se o erro β). Afinal, é mais grave analisar dados não-normais com testes paramétricos do que analisar dados normais com testes não-paramétricos. Para estudos com n < 15, no entanto, o mais recomendável é utilizar testes não-paramétricos. Na realidade, aplicar um teste de normalidade considerando um α de 10 ou 25% é um procedimento mais seguro também para dados em que haja uma suspeita prévia de não-normalidade, como dados de contagens (CARVALHO et al., 2023c).

É preciso considerar ainda que quando o número de unidades experimentais é muito grande, alguns testes podem se tornar extremamente sensíveis à não-normalidade e acabam detectando desvios em relação à distribuição normal sem nenhum significado prático. Este problema tem levado alguns pesquisadores a adotar p-valores mais baixos (como < 0.01) como críticos para considerar a não-normalidade detectada pelos testes mais poderosos (como Anderson-Darling, Jarque-Bera e Shapiro-Wilk) em experimentos muito grandes. Apesar disso, a validade da adoção deste critério não é consensual, tampouco a definição de "experimento grande".

As diferenças de poder, robustez e adequabilidade à natureza dos dados dos diferentes testes para normalidade podem implicar em algum nível de subjetividade na escolha destes testes. Nesse contexto, muitos pesquisadores defendem o uso apenas de ferramentas gráficas para análise da distribuição, como histogramas e Q-Q plots. É consensual que estas ferramentas podem ser úteis e permitir decisões acertadas em muitos casos. Mas interpretá-los também envolve algum nível de subjetividade. Portanto, para muitos estatísticos, gráficos são apenas acessórios aos imprescindíveis procedimentos formais, já que os testes claramente possuem um menor nível de subjetividade (RAZALI & WAH, 2011).

Uma análise atenta dos dados das Tabelas 2.1 e 2.2 permitem ainda evidenciar que o teste Tukey pode apresentar taxas reais de erro tipo I (FWER) um pouco superiores ao nível nominal estipulado quando o número de tratamentos é elevado em alguns tipos de distribuição de erros. Além disso, pode-se perceber que o teste de Jarque-Bera possui poder limitado para detectar distribuições não-normais simétricas. Distribuições não-normais simétricas, no entanto, tendem a não resultar em problemas na ANOVA tradicional e possuem a média como bom estimador de posição (e não a mediana, como ocorre com as amostras com erros assimétricos).

2.2.1. O teste de Jarque-Bera

Como discutido até agora, o teste de normalidade de Jarque-Bera possui um bom poder, mesmo em amostras relativamente pequenas, e é relativamente simples de ser calculado. A estatística do teste é obtida, segundo Jarque & Bera (1980) pela equação:

$$JB = n \left[\frac{assimetria^2}{6} + \frac{(curtose - 3)^2}{24} \right]$$

Vejamos um exemplo. Considere os dados de um estudo observacional cujo objetivo era avaliar a influência de diferentes espécies arbóreas, em áreas de pastagem, sob atributos químicos do solo. Os dados de teor de carbono (C) orgânico do solo deste estudo são apresentados na Tabela 2.3.

No Excel, o teste de Jarque-Bera pode ser facilmente programado para os 64 dados da Tabela 2.3. com os seguintes passos:

i. calcule os desvios puros (–desvios calculados de acordo com o modelo considerado) numa coluna D, por exemplo considerando que seus desvios serão calculados no intervalo D2:D65;

ii. em uma célula E2 calcule o índice de assimetria dos desvios puros usando a função: =IMABS(DISTORÇÃO(D2:D65)), resultando em 0.028;

iii. em F2 calcule a curtose dos desvios puros usando a função: =IMABS(CURT(D2:D65)), resultando em 0.194;

iv. em G2 calcule a estatística Jarque-Bera usando a função: =64*(((E2^2)/6)+(((F2)^2)/24)), sendo "64" o número de observações (n), resultando no valor da estatística JB = 0.109.

v. o valor crítico é sempre 6.00 para 5% de probabilidade de erro, mas pode-se consultar a significância exata dessa estatística usando: =DIST.QUI(G2;2), ou seja, =DIST.QUI(0.109;2), que resulta em um p-valor = 0.947. Como o teste é para a não-normalidade, a não-normalidade não foi significativa (pois $p > 0.05$). Logo é razoável assumir que a distribuição dos erros para essa variável é normal.

Note que no Excel a curtose é, na realidade, o "coeficiente de excesso de curtose", ou seja, "curtose – 3", de modo que a curtose do Excel tende a zero quando a distribuição é normal. Já para o teste Jarque-Bera, a curtose é o quociente entre o quarto momento central da média e o quadrado do segundo momento central, situação em que a curtose da distribuição normal tende ao valor 3. Por isso, na programação em Excel do teste não é necessário descontar o valor 3 na fórmula da estatística JB.

54

Tabela 2.3 - Teores de C orgânico no solo (0 a 5 cm) de um estudo observacional com estrutura 4 x 2, sendo 4 espécies de árvores nativas do cerrado que ocorriam isoladamente em áreas de pastagem em 2 posições de amostragem (b1: perto da copa das árvores; b2: longe das árvores), com 8 repetições.

Preditores	C (dag/kg)	$\bar{y}$	desvios puros	Preditores	C (dag/kg)	$\bar{y}$	desvios puros
a1b1	2.826		-0.71	a3b1	2.911		-0.05
a1b1	2.321		-1.21	a3b1	2.735		-0.23
a1b1	2.967		-0.57	a3b1	3.278		0.32
a1b1	3.985		0.45	a3b1	3.549		0.59
a1b1	4.117		0.58	a3b1	2.461		-0.50
a1b1	4.196		0.66	a3b1	2.871		-0.09
a1b1	3.557		0.02	a3b1	3.152		0.19
a1b1	4.316	3.54	0.78	a3b1	2.737	2.96	-0.22
a1b2	2.941		-0.01	a3b2	1.970		-0.64
a1b2	2.976		0.03	a3b2	2.771		0.16
a1b2	3.816		0.87	a3b2	3.540		0.93
a1b2	2.624		-0.33	a3b2	3.172		0.56
a1b2	2.677		-0.27	a3b2	2.154		-0.46
a1b2	2.877		-0.07	a3b2	2.422		-0.19
a1b2	2.600		-0.35	a3b2	2.418		-0.19
a1b2	3.089	2.95	0.14	a3b2	2.441	2.61	-0.17
a2b1	3.247		-0.08	a4b1	3.931		0.57
a2b1	2.995		-0.33	a4b1	3.900		0.54
a2b1	3.019		-0.30	a4b1	2.782		-0.58
a2b1	2.899		-0.42	a4b1	3.083		-0.27
a2b1	3.984		0.66	a4b1	3.144		-0.21
a2b1	3.078		-0.24	a4b1	3.898		0.54
a2b1	3.876		0.55	a4b1	2.828		-0.53
a2b1	3.480	3.32	0.16	a4b1	3.290	3.36	-0.07
a2b2	2.682		-0.10	a4b2	3.480		0.53
a2b2	2.416		-0.36	a4b2	2.706		-0.25
a2b2	2.566		-0.21	a4b2	3.768		0.81
a2b2	2.819		0.04	a4b2	2.010		-0.94
a2b2	3.066		0.29	a4b2	3.035		0.08
a2b2	3.024		0.24	a4b2	2.995		0.04
a2b2	2.983		0.20	a4b2	3.108		0.15
a2b2	2.674	2.78	-0.10	a4b2	2.532	2.95	-0.42

Dados do autor. "Perto" foi considerado a 1 m do tronco das árvores e "longe" foi considerada a distância equivalente a 2.5 vezes o diâmetro da copa. Em cada repetição foi retirada uma amostra composta de solo. Em cada árvore, retirou-se uma amostra composta de "perto" e uma amostra composta de "longe". Assim, houve uma restrição à perfeita casualização, o que poderia justificar a análise como sendo em esquema de parcelas subdivididas ou mesmo no modelo "medidas repetidas". Além disso, como "perto" e "longe" são preditores e, em cada repetição, eles foram amostrados próximos de uma mesma árvore, existe um risco maior de violação da condição de independência, ainda que isso seja muito variável em função da natureza da variável resposta. Nos cálculos abaixo ignoraremos, à título de simplificação do exemplo no contexto deste capítulo, estas restrições.

2.3. Homogeneidade das variâncias

A homocedasticidade é a condição de homogeneidade ("semelhança") entre as variâncias dos erros dos tratamentos de um experimento. Como os desvios podem ser calculados pela raiz quadrada da variância, se as variâncias forem homogêneas os desvios ou resíduos também o serão. Quando os resíduos médios dos tratamentos são próximos entre si, diz-se que os resíduos são homogêneos (ou homocedásticos) e quando há pelo menos um resíduo médio de tratamento discrepante diz-se, que os resíduos são heterogêneos (ou heterocedásticos). Se a homocedasticidade não estiver presente não será possível assumir um erro experimental único para o experimento. E sem um quadrado médio do resíduo único, o teste F da ANOVA ou os testes de médias podem ser inviáveis, trabalhosos ou mais complexos.

A heterocedasticidade pode estar associada a diversos fatores, e não pode ser considerada como sinônimo de "má qualidade" dos dados ou de que "algo deu errado" com a pesquisa. A heterocedasticidade pode estar associada à não-normalidade, visto que na maioria das distribuições não-gaussianas a variância dos erros de um tratamento se altera em função da média do tratamento. Afinal, com alguma frequência e naturalidade, média e variância podem estar fortemente correlacionadas (heterocedasticidade regular). É simples imaginar que tratamentos com médias maiores tenderão a ter desvios maiores que médias muito pequenas.

Entre os procedimentos comumente usados para detectar a heterocedasticidade estão os testes de Hartley, Bartlett, Cochran, Levene tradicional e Levene-Brown-Forsythe (ou Levene(Med)). Entre os menos usuais estão, para citar alguns, os testes de Box-Andersen, Jackknife, Han, Shukla e versões Bootstrap de alguns destes. O teste de Hartley, também conhecido como teste do F máximo, é o mais simples deles, pois baseia-se apenas no quociente entre a maior e a menor variância dos erros dos tratamentos. Não tolera, portanto, variâncias iguais a zero. O quociente é comparado a um valor tabelado variável em função do número de repetições e do número de tratamentos. Inicialmente os valores críticos foram definidos apenas para experimentos balanceados com até 12 tratamentos, o que dificulta seu uso mais generalizado. O poder ou sua sensibilidade em detectar a presença de variâncias distintas é bastante reduzido quando o número de tratamentos é grande e o número de repetições é pequeno. No caso do exemplo da Tabela 2.3, a maior variância é 0.555 e a menor é 0.054. A relação entre elas é, portanto, 10.15. O valor tabelado para este caso é de 12.7. Como valor tabelado > valor calculado, a não-homogeneidade não é significativa ao nível de 5 % de probabilidade de erro pelo teste de Hartley.

O teste de Cochran compara a maior variância com a soma de todas as demais variâncias dos erros, comparando esta relação a um valor crítico tabelado (que varia de forma análoga ao teste de Hartley). O teste de Bartlett, de cálculo mais complexo que os anteriores, baseia-se na distribuição qui-quadrado (χ^2) e é bastante sensível às condições de não-normalidade e de não-independência. Além disso, com frequência o teste apresenta problemas quando algum tratamento possui variância do erro igual a zero. Em geral, os testes de homocedasticidade são bastante sensíveis à violação de normalidade, exceto o Levene(Med). Em geral, quanto mais os dados se afastam da normalidade maior a probabilidade destes testes detectarem heterocedasticidade.

O teste de Levene consiste em submeter os resíduos calculados à uma análise de variância comum (teste F). Se o F para tratamentos da ANOVA dos resíduos for significativo, há pelo menos um tratamento cujo resíduo é, em média, diferente dos demais. Este teste foi posteriormente adaptado por Brown & Forsythe (1974), que substituíram os resíduos calculados com as médias por aqueles calculados com as medianas dos tratamentos. Propuseram também uma pequena alteração na distribuição de F a ser utilizada no teste (frequentemente ignorada). Esta adaptação tornou-se até mais popular que o método original, sendo incorporada nos procedimentos de rotina de vários softwares, muitas vezes mantendo-se o nome original (ou alterando apenas para Levene (Med ou Mediana)) e gerando alguma confusão por este motivo.

Apesar da boa fundamentação teórica, as evidências empíricas demonstraram que o teste de Levene tradicional apresenta falsos heterocedásticos em níveis superiores ao nível nominal de 5% mesmo em distribuições simétricas e homocedásticas (Tabela 2.1). Analisando-se as Tabelas 2.1, 2.2, 2.4 e 2.5 pode-se notar também que dados não normais tendem a apresentar heterocedasticidade e dados heterocedásticos tendem a apresentar não-normalidade (algo esperado sob nulidade parcial considerando-se que nas distribuições assimétricas a variância dos erros tende a estar correlacionada à média).

Em geral, o teste de Levene é mais poderoso que o teste de Bartlett, mas apresenta excessivo nível de falsos positivos quando em condição de homocedasticidade (Tabela 2.5). O teste de Levene(Med), por outro lado, é o que apresenta o menor poder em detectar a heterocedasticidade. Considerando que os casos mais problemáticos correspondem àqueles com presença de um tratamento com variância muito superior aos demais (e não com variância muito inferior, veja Tabela 2.4), o teste de Cochran é o mais recomendável dentre os avaliados, já que combina elevado poder com baixo erro tipo I (Tabela 2.5).

Os dados das Tabelas 2.4 e 2.5 também permitem concluir que, em alguns casos, o uso combinado dos testes de Cochran e Jarque-Bera permite aumentar o poder de detecção da heterocedasticidade sem elevar sobremaneira os falsos positivos quando em condição de homocedasticidade. No entanto, mesmo utilizando os testes de Cochran e Jarque-Bera combinados, o poder de detecção da heterocedasticidade poderá ser muito baixo quando n < 20.

Tabela 2.4. Frequência de experimentos com teste Tukey e teste F (aplicado sobre os dados originais, medianas ou ranks) significativos sob cenários com nulidade total com três níveis de heterocedasticidade.

Frequência empírica (%) de experimentos (n=1000) com teste significativo (p < 0.05)	.... 4 repetições			.... 8 repetições		
	5 trat	10 trat	30 trat	5 trat	10 trat	30 trat
Homocedástico (s ≈ 10)						
Teste F (ANOVA)	4.3	5.0	5.0	5.9	5.9	5.7
Teste Tukey (taxa por família)	4.0	5.0	4.7	5.0	5.5	6.2
Teste de Jarque-Bera (não-normalidade)	3.4	4.5	4.3	4.9	4.8	4.7
ANOVA das medianas (QMRes corrig.)	0.6	0.3	0.1	1.7	1.2	0.3
ANOVA não-paramétrica (ranks)	5.4	5.0	5.8	5.4	5.0	5.5
Heterocedástico (um trat com s ≈ 0.5)						
Teste F (ANOVA)	6.1	5.6	5.7	7.2*	5.8	4.9
Teste Tukey (taxa por família)	6.8*	5.7	6.4*	8.0*	6.6*	6.0
Teste de Jarque-Bera (não-normalidade)	11.2	7.7	7.4	16.7	10.5	6.9
ANOVA das medianas (QMRes corrig.)	1.2	0.8	0.3	2.7	1.8	0.7
ANOVA não-paramétrica (ranks)	7.0*	6.2	6.4*	8.3*	6.4*	4.8
Heterocedástico (um trat com s ≈ 20)						
Teste F (ANOVA)	7.5*	7.0*	6.8*	7.0*	7.6*	6.5*
Teste Tukey (taxa por família)	7.1*	9.1*	10.1*	7.7*	8.5*	11.1*
Teste de Jarque-Bera (não-normalidade)	18.0	22.9	22.7	31.9	36.9	34.8
ANOVA das medianas (QMRes corrig.)	2.5	1.5	0.5	3.0	2.8	1.2
ANOVA não-paramétrica (ranks)	6.7*	5.7	5.2	5.7	5.8	4.9
Heterocedástico (um trat com s ≈ 32)						
Teste F (ANOVA)	11.0*	12.3*	12.3*	10.0*	11.3*	11.9*
Teste Tukey (taxa por família)	11.5*	16.4*	21.1*	9.6*	14.7*	23.0*
Teste de Jarque-Bera (não-normalidade)	47.1	57.0	58.9	75.3	83.5	84.5
ANOVA das medianas (QMRes corrig.)	4.3	4.1	2.0	6.3	6.2	5.1
ANOVA não-paramétrica (ranks)	7.8*	6.5*	5.2	6.9*	5.8	6.0

Resultados obtidos por simulação de dados considerando experimentos em DIC sob nulidade total (ou seja, não havia diferença real entre as médias dos tratamentos). s = desvio padrão. A simulação considerou erros normais dentro de cada tratamento, ainda que em seu conjunto um s variável em um tratamento possa alterar significativamente o padrão da distribuição dos erros (distribuição "contaminada"). *Taxas de erro tipo I estatisticamente superiores a 5 % pelo teste Binomial (p < 0.05, n=1000). Fonte: dados do autor.

Por fim, os dados da Tabela 2.4 permitem concluir que a ANOVA paramétrica tradicional não é robusta à violação de homocedasticidade, apresentando taxas de erro tipo I real acima do valor nominal (5%) em quase todos os cenários testados. Quando maior a variância dos erros de um dos tratamentos em relação aos demais, maiores são as taxas de erro tipo I da ANOVA tradicional. Curiosamente, a presença de um tratamento com desvio padrão (s) muito inferior aos demais é menos problemática que a presença de um tratamento com desvio muito superior aos demais (Tabela 2.4). Tal fato corrobora com a recomendação de, diante de uma violação da homocedasticidade causada por um tratamento com variância muito baixa, é válido estimar a variância experimental refazendo a ANOVA removendo este tratamento de variância muito baixa (veja item 2.6.7). O mesmo, no entanto, não se aplica para um tratamento de variância muito alta.

Tabela 2.5. Poder (%) e erro tipo I (%) de testes de homogeneidade de variâncias dos erros sob cenários com nulidade total em três níveis de heterocedasticidade.

Frequência empírica (%) de experimentos (n=1000) com teste significativo ($p < 0.05$)		.... 4 repetições			.... 8 repetições		
		5 trat	10 trat	30 trat	5 trat	10 trat	30 trat
Homocedástico (todos com s ≈ 10)	Teste de Levene	10.3*	15.1*	34.5*	6.5*	8.0*	13.3*
	Teste de Hartley[1]	4.3	5.4	5.1	4.5	5.4	8.2*
	Teste de Bartlett	4.5	4.6	4.8	4.2	5.1	5.2
	Teste de Cochran	5.0	5.0	5.0	4.3	4.9	5.4
	Teste de Levene(Med)[2]	6.0	5.5	4.8	2.4	2.0	1.4
	Bartlett ou Jarque-Bera com p<0.05	6.6*	7.8*	7.9*	8.2*	8.9*	8.8*
	Cochran ou Jarque-Bera com p<0.05	6.0	6.9*	7.2*	7.6*	8.0*	8.7*
Heterocedástico (um trat com s ≈ 0.5)	Teste de Levene	49.7	46.6	55.0	94.6	79.9	55.3
	Teste de Hartley[1]	100.0	100.0	99.1	100.0	100.0	100.0
	Teste de Bartlett	99.6	88.7	44.8	100.0	100.0	99.7
	Teste de Cochran	14.4	8.3	6.9	17.9	9.5	6.6
	Teste de Levene(Med)[2]	26.1	17.6	8.1	71.9	40.5	12.2
	Bartlett ou Jarque-Bera com p<0.05	99.6	88.7	45.7	100.0	100.0	99.7
	Cochran ou Jarque-Bera com p<0.05	18.2	11.3	10.7	28.1	16.8	11.4
Heterocedástico (um trat com s ≈ 20)	Teste de Levene	25.2	34.1	49.9	45.7	47.8	48.8
	Teste de Hartley[1]	13.5	11.0	8.2	38.1	33.2	35.9
	Teste de Bartlett	19.1	18.9	14.5	46.0	44.0	35.2
	Teste de Cochran	29.0	30.3	29.4	57.6	58.8	55.8
	Teste de Levene(Med)[2]	16.2	16.0	14.3	29.4	29.5	20.1
	Bartlett ou Jarque-Bera com p<0.05	26.2	29.1	27.1	52.7	51.5	45.7
	Cochran ou Jarque-Bera com p<0.05	30.5	32.7	31.9	60.5	61.0	58.9
Heterocedástico (um trat com s ≈ 32)	Teste de Levene	48.9	59.2	73.1	83.8	86.1	87.1
	Teste de Hartley[1]	33.7	27.3	22.7	83.4	81.2	83.5
	Teste de Bartlett	50.4	50.6	44.6	90.0	89.4	83.6
	Teste de Cochran	63.9	67.0	66.2	94.2	94.5	94.2
	Teste de Levene(Med)[2]	29.6	34.6	34.5	71.4	74.9	69.2
	Bartlett ou Jarque-Bera com p<0.05	59.2	62.6	62.4	91.7	91.4	88.4
	Cochran ou Jarque-Bera com p<0.05	65.7	68.4	67.7	94.7	94.7	94.4

Resultados obtidos por simulação de dados considerando experimentos em DIC sob nulidade total (ou seja, não havia diferença real entre as médias dos tratamentos). s = desvio padrão. A simulação considerou erros normais dentro de cada tratamento, ainda que em seu conjunto um s variável em um tratamento possa alterar significativamente o padrão da distribuição (distribuição "contaminada"). *Taxas de erro tipo I (cenário com homocedasticidade) dos testes estatisticamente superiores a 5 % pelo teste Binomial ($p <$

0.05, n=1000). [1]Para 30 tratamentos, considerou-se como valor tabelado do teste a projeção linear dos dois últimos valores tabelados (os valores tabelados originais preveem apenas até 12 tratamentos). [2]Teste de Levene realizado com os resíduos das medianas e não das médias. Fonte: dados do autor.

Por envolver medianas, o método de Brown-Forsythe (Levene (Med)) é resistente à presença de dados discrepantes e bastante robusto à violação de normalidade, principalmente para pequenas amostras. No entanto, teve seu poder muito reduzido em relação ao método original. Em alguns casos, inclusive, o poder é muito inferior a todos os demais testes, especialmente quando o número de repetições é pequeno e ímpar (HINES; O'HARA HINES, 2000). Para contornar esses casos em que o teste se apresentou como excessivamente permissivo, outros autores propuseram novas mudanças no teste de Brown-Forsythe, buscando eliminar erros como o associado a presença de zeros estruturais. Zeros estruturais são os valores nulos que sempre irão existir para desvios de medianas em amostras de tamanho ímpar. A simples remoção destes zeros já resulta em um teste de Levene modificado com uma pequena sensibilidade adicional (HINES; O'HARA HINES, 2000).

Considerando o efeito problemático dos zeros estruturais sobre a redução do poder do teste de Levene(Med) para experimentos com poucas repetições, parece razoável não recomendar o uso deste teste para experimentos com apenas três repetições. Para duas repetições há outro problema, o de que os desvios dentro de cada tratamento serão sempre iguais (em módulo), gerando um QMRes igual a zero na "ANOVA-Levene". Para cinco repetições, embora um zero estrutural apareça sistematicamente nos resíduos de todos os tratamentos, ele terá um efeito menor, já que é apenas um em cinco. Resumidamente, para experimentos com três ou duas repetições o teste de Levene(Med) não é indicado, devendo ser usado o teste original ou outro teste. Estas complicações do teste de Levene(Med), somadas às qualidades dos testes de Cochran e Bartlett, nos conduzem a recomendação destes últimos em detrimento aos demais testes. Na realidade, esta é uma recomendação geral uma vez que o teste ideal para homocedasticidade pode variar com o modelo estatístico adotado.

2.4. Aditividade do modelo

Como visto no item 2.1, todo desenho experimental assume um modelo, uma função que teoricamente modela ou "explica" a magnitude de uma determinada variável resposta observada. Simplificadamente, no delineamento mais simples, o DIC, o modelo é $Y = m + t_i + e_{ij}$, em que m é a média geral de todos os tratamentos do experimento, somado com o efeito de cada tratamento (t_i) e somado ao efeito de um erro aleatório (e_{ij}). Note que o modelo é aditivo (efeitos que se somam) e não multiplicativo ou exponencial (Tabela 2.6). Cada

60

UE de um experimento pode ter seu valor decomposto de forma aditiva nestes componentes e, portanto, pode ser estimada. Quando os dados de um experimento não podem ser decompostos em equações aditivas, diz-se que os dados possuem um modelo não-aditivo.

O teste de aditividade mais comum é o "teste F para não-aditividade" proposto por Tukey (1949). O teste é relativamente simples para os desenhos experimentais em DBC simples e fatorial em DBC simples (NUNES, 1998). Alguns procedimentos estatísticos paramétricos são bastante sensíveis à violação da aditividade, como por exemplo o valor F para interação em experimentos fatoriais e os valores da estimativa de Yates para dados perdidos em DBC (ver item 8.2). Nesse último caso, as estimativas geradas podem ser completamente absurdas diante de uma forte violação da aditividade, devendo ser desconsideradas. A violação da aditividade em experimentos em blocos pode ser entendida como sinônimo da existência de interação entre blocos e tratamentos.

Testes para verificar a aditividade, infelizmente, são pouco utilizados. Em parte, isso tem sido justificado pelo argumento de que, tal como para a independência dos erros, a aditividade possa ser assumida se as condições experimentais estiverem sendo cumpridas. Outros justificam que os testes paramétricos são robustos para esta condição. A validade destes argumentos, no entanto, tem sido pouco investigada em estudos por simulação. Outra razão para a não popularidade de uso de testes para aditividade pode estar associada à quase ausência de adaptações dos testes para desenhos experimentais mais complexos. Entretanto, isso não deveria justificar a não verificação para a aditividade de parte dos efeitos do modelo (como tratamentos e blocos, cuja não aditividade entre eles é mais problemática) ainda que houvesse mais componentes ou que estes componentes sejam desdobrados em efeitos de subparcelas, faixas, linhas, colunas, etc. Afinal, mesmo num modelo complexo, verificar se os macro-componentes (tratamentos e blocos) do modelo são aditivos é uma simplificação melhor que ignorar completamente a presença de efeitos não-aditivos.

Enquanto as informações e as discussões não avançam nesse sentido, a verificação da condição de aditividade dos efeitos admitidos no modelo continuará sendo negligenciada por pesquisadores e revisores de revistas científicas. A mesma tendência já não ocorre para as condições de normalidade e homocedasticidade, cuja atenção tem sido crescente no meio acadêmico.

Quando a não-aditividade do modelo é significativa pelo "teste de Tukey para aditividade" a opção mais simples é buscar uma transformação capaz de tornar o modelo aditivo. A Tabela 2.6 exemplifica esta situação, em que a transformação logarítmica permitiu a conversão de dados de um modelo multiplicativo para um modelo aditivo.

Tabela 2.6 - Exemplo hipotético de um experimento com dois tratamentos e dois blocos considerando um modelo aditivo, um modelo multiplicativo e uma transformação logarítmica sobre os dados do modelo multiplicativo.

Tratamentos(T) + Blocos(B)		**Y (modelo aditivo)**[*1]	**Y (modelo multiplicativo)**[*2]	**Log de Y multiplicativo**[*3]
T1 B1	20 + 5	25	20 x 5 = 100	2.00 (2.00+0.00)
T1 B2	20 + 10	30	20 x 10 = 200	2.30 (2.00+0.30)
T2 B1	60 + 5	65	60 x 5 = 300	2.48 (2.48+0.00)
T2 B2	60 + 10	70	60 x 10 = 600	2.78 (2.48+0.30)

[*1] Dados hipotéticos considerando um modelo aditivo (efeito de T1 = 20, efeito de T2 = 60, efeito de B1 = 5 e de B2 = 10). [*2] Dados hipotéticos considerando efeitos multiplicativos (violação do pressuposto de aditividade). [*3] Dados obtidos após uma transformação logarítmica da coluna anterior.

2.4.1. Teste Tukey para aditividade

A partir do exemplo da Tabela 2.3., se considerarmos hipoteticamente que os dados foram provenientes de um estudo em blocos, as etapas do teste podem ser esquematizadas conforme a Figura 2.1. Após estes procedimentos faz-se uma análise de variância usual, mas decompondo-se o resíduo em duas partes: uma com o componente "Não-aditividade" e outra com o restante do resíduo, atribuindo-se 1 (um) GL para o componente não-aditividade (Tabela 2.7). Conclui-se que a não-aditividade foi não-significativa.

Preditores	rep 1	rep 2	rep 3	rep 4	rep 5	rep 6	rep 7	rep 8	soma x_i	média x_i	desvio d_i	$wi = \Sigma(X_i . d_j)$
a1b1	2,83	2,32	2,97	3,98	4,12	4,20	3,56	4,32	28,28	3,54	0,48	0,28
a1b2	2,94	2,98	3,82	2,62	2,68	2,88	2,60	3,09	23,60	2,95	-0,11	0,13
a2b1	3,25	2,99	3,02	2,90	3,98	3,08	3,88	3,48	26,58	3,32	0,26	0,03
a2b2	2,68	2,42	2,57	2,82	3,07	3,02	2,98	2,67	22,23	2,78	-0,28	0,08
a3b1	2,91	2,73	3,28	3,55	2,46	2,87	3,15	2,74	23,69	2,96	-0,10	0,05
a3b2	1,97	2,77	3,54	3,17	2,15	2,42	2,42	2,44	20,89	2,61	-0,45	0,10
a4b1	3,93	3,90	2,78	3,08	3,14	3,90	2,83	3,29	26,86	3,36	0,30	-0,17
a4b2	3,48	2,71	3,77	2,01	3,04	2,99	3,11	2,53	23,63	2,95	-0,10	0,19
soma x_j	23,9	22,8	25,7	24,1	24,6	25,4	24,5	24,6			Σ(wi)=	0,69
média x_j	3,00	2,85	3,22	3,02	3,08	3,17	3,07	3,07		**3,059**		
desvio d_j	-0,06	-0,21	0,16	-0,04	0,02	0,11	0,01	0,01				

Média geral x_j

w_1 = (2,83 . -0,06)+(2,32 . -0,21)+(2,97 . 0,16)+ ... = 0,28

w_2 = (2,94 . -0,06)+(2,98 . -0,21)+(3,82 . 0,16)+ ... = 0,13

w_3 = ...

w_8 = (3,48 . -0,06)+(2,71 . -0,21)+(3,77 . 0,16)+ ... = 0,19

(a1b1 r1 x d_{j1}) + (a1b1 r2 x d_{j2}) + ($a_n b_n$ x d_{jn}) ...

Calcule ainda:

a. **N** = $\Sigma\, w_i d_i$ = (0,28 . 0,48)+(0,13 . -0,11)+...+(0,19 . -0,10)= -0,01481

b. $\Sigma\, d_i^2$ = 0,6966

c. $\Sigma\, d_j^2$ = 0,0858

d. **D** = $(\Sigma\, d_i^2).(\Sigma\, d_j^2)$ = 0,0598

e. SQ(não-aditividade) = N^2/D = 0,003668, com 1 GL.

Valor que será usado no teste F para não-aditividade

Figura 2.1 - Diagrama esquemático para o cálculo do teste para aditividade para os dados da Tabela 2.3. Desvios "d_i" e "d_j" calculados em relação à média global 3.059.

Tabela 2.7 - Quadro de análise de variância (ANOVA) simplificado para os dados da Tabela 2.3 mostrando a decomposição de 1 GL do resíduo em um componente de "não-aditividade".

F.V.	GL	SQ	QM	F		p-valor
Tratamentos	7	5.573	0.796	3.406	**	0.004
Não-aditividade	1	0.00367	0.00367	0.014	ns	0.906
Bloco	7	0.687				
Resíduo	48	12.398	0.258			
Total	63	18.661				

Apenas para exemplificar a aplicação do teste, considerou-se que os dados da Tabela 2.3 eram provenientes de um estudo em blocos. A presença de estrutura fatorial nos tratamentos não altera o teste. A presença de partições no resíduo (como nos esquemas em parcelas subdivididas, faixas, entre outros), no entanto, resulta em pequenas alterações neste quadro de ANOVA, podendo-se testar o QM da não-aditividade contra o QM do resíduo com maior GL ou, simplificadamente, ignorando-se o esquema.

2.5. Independência dos erros

A não-independência dos erros ocorre quando os dados obtidos de UEs vizinhas são mais semelhantes entre si que os obtidos de parcelas não adjacentes (NUNES, 1998). Há também quem defina independência como a simples ausência de influência de UEs vizinhas. Situações comuns associadas à falta de independência são: desrespeito à casualização, UE's excessivamente pequenas ou sem bordadura em experimentos de campo e tomada de dados sucessivamente (no tempo ou no espaço) em um mesmo indivíduo ou área (CARVALHO et al., 2023b).

Em estudos observacionais é relativamente comum a independência ser violada pela excessiva proximidade dos pontos amostrais, especialmente quando estes não podem ser perfeitamente casualizados. Mesmo que alguns softwares possam estimar e testar modelos com diversos tipos de estruturas de covariância do erro residual, os padrões reais podem não ser conhecidos. Dessa forma, independentemente do que se possa testar em termos de possíveis correlações entre os erros, um estudo observacional sempre estará associado à um maior nível de incertezas pela simples ausência da casualização. O importante, portanto, é ter clareza de que inferências sobre relações causais não são seguras em estudos observacionais.

Embora a independência seja um requisito da ANOVA, existem variações da ANOVA que permitem analisar dados com algum nível de dependência. A mais conhecida delas é a ANOVA para medidas repetidas (veja item 6.3.2), ainda que não se aplique a qualquer tipo de estrutura de correlação entre os erros. Além desta, em alguns tipos de estudos a correlação espacial pode ser parcialmente corrigida com um modelo específico de ANCOVA conhecido como método Papadakis (veja item 6.5.1). Outros casos de violação de independência podem ser parcialmente corrigidos utilizando modelos mistos complexos, tema que não será abordado neste livro.

Ainda que o teste de Durbin-Watson possa ser útil em algumas situações, não há um teste estatístico de uso consagrado para avaliar todos os possíveis padrões de violação de independência. Dessa forma, a independência é o único requisito que pode ser assumido após uma avaliação "teórica" das condições do estudo (distribuição da UEs e forma como as avaliações foram realizadas de modo a não haver dependência entre as medidas de uma UE e de outra UE). Apesar da falta de um teste formal específico, uma forma simples de avaliar parcialmente a independência é por meio de uma correlação linear simples entre os desvios de grupos de tratamentos, como por exemplo, a correlação entre os resíduos dos níveis sucessivos em um fatorial. Para os dados da Tabela 2.3, por exemplo, a correlação entre os resíduos dos níveis sucessivos do fator B não pode ser adequadamente calculada (pois há somente dois níveis de B). Mas, em fatoriais com 3 ou mais níveis, espera-se que esta correlação seja pequena e não significativa se as UEs forem independentes entre si. No software SPEED Stat (CARVALHO et al., 2020; CARVALHO et al., 2024) essa informação é apresentada na célula "T48" da subplanilha de "Entrada".

Além disso, uma possível violação de independência e de homocedasticidade pode ser evidenciada através da correlação entre as médias e os desvios (relação μ x σ). Se esta correlação for pequena (R de Pearson < 0.7) ou for não significativa é indício de que a dependência, se existir, é pouco importante. Para os dados da Tabela 2.3 a relação μ x σ apresenta um R de Pearson de 0.519 (ou R^2 de 0.27), com *p-valor* = 0.187. Ou seja, não-significativa. A relação μ x σ é informada no SPEED Stat na célula "T50" da subplanilha "Entrada". É importante frisar que este tipo de correlação não é garantia de que os dados foram obtidos de forma independente, sendo uma informação apenas complementar.

Nas ciências agrárias em geral, duas situações comuns merecem destaque a respeito da violação do critério de independência. A primeira delas é quando os tratamentos envolvem horas, anos ou ciclos de produção sucessivos de avaliação. Isso porque geralmente estas avaliações são feitas sob as mesmas unidades experimentais, sendo impossível assumir que os dados da segunda hora ou do segundo ciclo independem dos dados que foram obtidos na primeira hora ou no segundo ciclo, por exemplo (FERREIRA, 2019). A segunda situação é quando os tratamentos envolvem camadas, profundidades ou posições de amostragem sucessivas/vizinhas. Logo, em estudos cujos tratamentos incluem profundidades distintas em um mesmo perfil (0-10, 10-20 cm, por exemplo) ou tratamentos como "linha" e "entrelinha" (quando amostragem de um ponto na linha está condicionada à amostragem do seu correspondente na entrelinha) será sempre mais difícil assumir independência já que as respostas têm grande probabilidade de estarem associadas umas às outras (ALVAREZ & ALVAREZ, 2013; FERREIRA, 2019).

Uma forma simples de contornar esse problema é planejar para que os tempos distintos de avaliação ou as camadas distintas amostradas sejam apenas variáveis resposta distintas e não tratamentos distintos. Outra opção é garantir que cada tempo ou cada camada/posição seja avaliada em unidades experimentais realmente distintas, o que é justo considerando que os GL's não podem ser artificialmente inflacionados. Este tema será novamente abordado no item 6.2.3 e 6.3.1.

Em situações em que valores de taxas de crescimento ou pontos de máximo ou mínimo (ao longo do tempo) precisarem ser comparados, o que poderia justificar a inclusão do fator tempo como tratamentos, estes poderiam, simplesmente, ser obtidos para cada repetição (ao longo do tempo) e comparados como uma nova variável resposta (VIVALDI, 1999; GOTELLI & ELLISON, 2011; QUINN & KEOUGH, 2002). Em boa parte dos casos, esta opção (informar uma taxa de crescimento/decrescimento e/ou um valor de estabilização, ambos definidos por uma equação de regressão ajustada com os dados de cada repetição isoladamente) é satisfatória para evitar que n tempos sejam tratados como preditores diferentes.

2.6. Transformação de dados

2.6.1. Considerações iniciais

A maioria dos trabalhos científicos publicados na área de ciências agrárias não menciona a verificação das pressuposições da análise de variância (TAVARES et al., 2016; LÚCIO, 2003). Este fato é preocupante uma vez que conclusões erradas podem ser mais frequentes caso essas condições não sejam atendidas. De fato, não havendo o atendimento a estas condições, especialmente a homocedasticidade, os testes paramétricos podem, mas não necessariamente irão, apresentar resultados diferentes daqueles que seriam gerados caso os dados fossem transformados ou caso os dados fossem submetidos a testes não-paramétricos. Resumidamente, dados heterocedásticos resultam em inflação nas taxas de erro tipo I da ANOVA e de testes de médias usuais (Tabela 2.4) e dados não-normais assimétricos podem resultar em redução no poder da ANOVA e nos testes de médias usuais em relação às opções não paramétricas.

A relativa robustez da ANOVA encoraja alguns pesquisadores à não verificarem a distribuição dos resíduos e outros pressupostos, como evidenciado por diversos autores (TAVARES et al., 2016; POSSATTO JÚNIOR et al., 2019). Ao menos quatro aspectos, no entanto, devem ser lembrados antes de se negligenciar a normalidade:

i. embora a ANOVA seja relativamente robusta à violação de normalidade, alguns testes posteriores podem não ser, especialmente quando há um grande número de tratamentos a serem comparados diretamente entre si (BORGES & FERREIRA, 2003) ou quando algum teste posterior monocaudal for aplicado;

ii. distribuições assimétricas podem reduzir o poder da ANOVA paramétrica em comparação com algumas técnicas não paramétricas, pois o erro poderá ficar superestimado em função da cauda pesada da distribuição;

iii. havendo discrepâncias entre as médias dos tratamentos, distribuições assimétricas dos resíduos geralmente estão também associadas à violações importantes na homocedasticidade (e como visto na Tabela 2.4 é importante nunca ignorar o teste de homocedasticidade);

iv. a ANOVA tradicional apoia-se no pressuposto de que a média caracteriza adequadamente uma amostra de uma população, o que pode não ser adequado para distribuições fortemente assimétricas. Afinal, o QMRes na ANOVA é a estimativa da variância em torno das médias e as conclusões da ANOVA e dos testes de médias serão realizadas sobre as médias.

A média é um estimador de posição amplamente utilizado e que caracteriza adequadamente uma amostra, desde que a população amostrada possua uma distribuição aproximadamente simétrica de erros, como a Gaussiana. Se a distribuição for assimétrica, a mediana passa a ser um caracterizador mais confiável e seguro (KRZYWINSKI & ALTMAN, 2014). Significa dizer que toda vez que temos uma distribuição fortemente assimétrica de resíduos é recomendável caracterizar ou fazer inferências sobre essa variável utilizando-se a mediana, exceto se o tipo específico de distribuição puder ser identificado, o que permitirá utilizar uma transformação de ligação apropriada (via GLzM, técnica não abordada neste livro). Dessa forma, quando usamos métodos não paramétricos de distribuição livre é recomendável apresentar medianas (ou então médias de postos) e fazer inferências sobre as medianas e não sobre as médias. Portanto, um problema importante associado ao uso da ANOVA paramétrica tradicional para dados com resíduos não-normais assimétricos, mesmo que a heterocedasticidade não seja significativa, é que dessa forma serão obtidas conclusões estatísticas sobre o parâmetro errado, a média.

Nesse sentido, pareceria óbvio que na presença de uma distribuição assimétrica de erros, seria interessante realizar uma ANOVA com as medianas. No entanto, o problema evidente seria estimar a variância experimental (o QMRes) usando medianas. Evidências empíricas de estudos por simulação deixam claro que a ANOVA de medianas com QMRes das médias (sem correção) ou com QMRes das medianas (sem correção) inflacionam o erro tipo I. Esse problema pode ser contornado usando as médias para estimar o QMRes e as medianas para estimar os demais componentes da ANOVA, mas corrigindo o QMRes das médias por um fator de eficiência (f), de modo que o QMRes $_{aj.}$ = QMRes / f (KENNEY & KEEPING, 1962). A ANOVA com medianas apresenta taxas de erro tipo I adequadas nas distribuições assimétricas de erros quando o QMRes é corrigido pela "eficiência da mediana (f)", definido na literatura por $f = 2/\pi$ (KENNEY & KEEPING, 1962). No entanto, ao menos para erros não-normais ou para variâncias com nível de heterogeneidade não extremas esse procedimento tende a ser excessivamente conservador. Dessa forma, pesquisas futuras poderão definir um fator f variável em função do nível de heterocedasticidade para a obtenção de um estimador robusto mais poderoso para a variância experimental.

A ANOVA com medianas com o QMRes corrigido representa, portanto, uma alternativa válida de análise não-paramétrica para distribuições assimétricas (Tabelas 2.2 e 2.4). No entanto, seu uso somente é vantajoso em relação à ANOVA com *ranks* (que é claramente mais poderosa) em alguns casos de análise de regressão não-paramétrica, ainda que também existam outros métodos para tal (veja item 7.3). Importante enfatizar também que esta opção não-paramétrica não é de distribuição livre, sendo uma opção válida apenas para as distribuições assimétricas e para níveis não extremos de violação de heterocedasticidade. É difícil definir um limite exato, mas baseando-se em estudos por simulação, somente quando a estatística de Bartlett apresentar $p < 0.0000000001$ poderá ocorrer taxas de erro tipo I superiores a 5%. A estatística de Bartlett para definir este limite pode não ser interessante quando há um ou dois tratamentos com variância zero, já que o teste poderá resultar em um erro de cálculo. Nesse caso, pode-se repetir o teste de Bartlett sem o(s) tratamento(s) com variância zero para julgar se a heterocedasticidade é, ou não, extrema.

2.6.2. Porque as transformações funcionam

Uma concepção errônea relativamente comum entre estudantes e pesquisadores é a de que dados que violam alguma pressuposição da ANOVA são indicativos de estudos ou experimentos malconduzidos ou com problemas. A violação dos pressupostos pode ser uma condição perfeitamente "natural" de algumas variáveis resposta ou de alguns tipos de experimentos e, portanto, não deve ser tratada como um problema.

As transformações na escala dos dados visando atender às pressuposições da ANOVA são técnicas eficazes e amplamente utilizadas em diversas áreas de pesquisa. Essa, no entanto, não é a única utilidade válida das transformações de escala. Embora seja menos comum, pode-se também utilizar transformações para facilitar a interpretação dos dados (MANIKANDAN, 2010) ou para aumentar o tamanho dos efeitos (proporcionalmente ao efeito do erro), mesmo quando não há uma aparente violação da normalidade (OSBORNE, 2010). A possibilidade de utilizar uma transformação para simplesmente aumentar a relação entre a amplitude das médias e o erro experimental (H/s) é ainda pouco explorada pelos pesquisadores. Esta alternativa pode resultar em um pequeno ganho de poder sem descontrole significativo nas taxas reais de erro tipo I, exceto para dados com forte caráter discreto. A varredura pela transformação que otimiza a relação H/s (desde que esta transformação também cumpra os requisitos do modelo) está disponível no SPEED stat para dados que não possuam forte caráter discreto.

No passado, em função da dificuldade do cálculo manual dos testes ou de cálculo dos parâmetros de curvas de regressão não-lineares, as transformações eram recomendadas para certos tipos de variáveis antes mesmo de estas variáveis serem obtidas e analisadas. Hoje, é crescente o entendimento de que uma transformação pode ser sugerida pelos próprios dados e não apenas pela natureza teórica destes dados. Além disso, é bastante usual verificar se há diferenças nos resultados estatísticos obtidos entre os dados transformados e os não-transformados. Se não houver nenhuma diferença nas conclusões estatísticas é comum optar-se pela escala original (ZIMMERMANN, 2004), embora isso não seja consensual.

Entre as transformações de dados mais usuais estão as transformações logarítmica, raiz quadrada e a transformação Box-Cox. Além destas, são utilizadas com alguma frequência as transformações arco seno da raiz quadrada, inversa ou recíproca e a ordinal ou rank. Muitas outras, no entanto, foram propostas e, ocasionalmente, são utilizadas em trabalhos acadêmicos, como a transformação exponencial de Manly, a transformação log-log, a log rank, a raiz cúbica, a transformação Johnson e até mesmo outras combinações de duas transformações. Nem sempre a frequência de uso destas transformações é reflexo de suas qualidades estatísticas, pois algumas transformações interessantes ainda são pouco utilizadas. Algumas destas transformações têm sua origem na necessidade de linearizar padrões de resposta curvilíneos (log, logit, exponencial, entre outras), pois até a década de 1990 o acesso aos softwares estatísticos, capazes de obter modelos de regressão não-lineares, era restrito.

E por que estas transformações são eficazes? Geralmente as transformações simples funcionam para os casos de heterocedasticidade regular e, consequentemente, para as distribuições não-normais associadas a elas. Embora seja uma expectativa óbvia, vale lembrar que uma transformação somente será capaz de normalizar os erros, estabilizar as variâncias ou tornar o modelo aditivo se for capaz de distorcer a relação linear entre os dados originais e a nova escala (Figura 2.2). Dessa forma, é fácil perceber que apenas operações isoladas simples como adição, subtração, multiplicação e divisão não são suficientes para gerar esta distorção. Apesar do reconhecido valor das transformações, esta distorção evidencia que elas também exigem algum cuidado na utilização. A distorção/curvatura que geralmente "funciona" é aquela que "estica" as diferenças entre os menores valores e "compacta" as diferenças entre os maiores valores (Figura 2.2).

As transformações usuais fazem, geralmente, o mesmo tipo de distorção, mas em intensidades diferentes. Compreendendo a natureza desta distorção é simples perceber que as transformações usuais podem alterar os resultados estatísticos em dois sentidos. O primeiro é no sentido de "sensibilizar" (apontar diferenças significativas com mais facilidade) as diferenças entre as médias menores, uma vez que "esticam" as diferenças entre elas. O segundo é no sentido de dar maior rigor (apontarem diferenças significativas com mais dificuldade) para as diferenças entre as médias maiores, uma vez que "achatam" as diferenças entre elas. O que faz sentido se considerarmos que nas distribuições não-normais, com frequência, a média de cada tratamento está correlacionada à magnitude do erro de cada tratamento. Raramente pode ocorrer o comportamento inverso, neste caso a transformação que normaliza os erros está associada a uma curvatura côncava, na qual as diferenças entre as médias maiores são "esticadas" mais que proporcionalmente (é o que ocorre quando lambda > 1.0 na transformação Box-Cox).

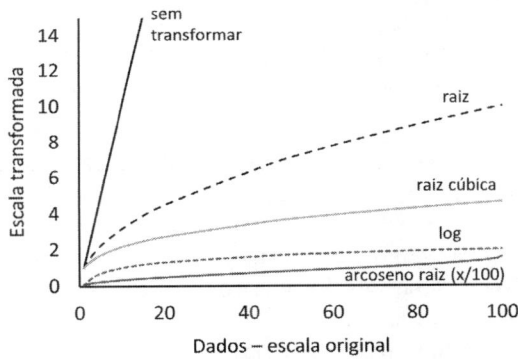

Figura 2.2 - Representação gráfica da "distorção" ou curvatura promovida pelas transformações raiz quadrada, raiz cúbica, logarítmica simples e arco seno da raiz (x/100). Note que todas elas reduzem a escala de forma não-linear (são "convexas" considerando a escala original no eixo das abcissas) uma vez que os dados da escala original estão entre 0 e 100.

Esse entendimento tem levado alguns pesquisadores a recorrerem à transformação somente em último caso, às vezes preferindo uma análise não-paramétrica. No entanto, é importante considerar que, por maior que seja a "distorção" de escala introduzida por uma transformação usual, ela pode ser uma opção melhor que os procedimentos não-paramétricos (baseados em postos) do ponto de vista da distorção de escala. O mesmo é valido para o nível de sensibilidade ou poder dos testes, que será menor nos procedimentos não-paramétricos em relação aos procedimentos paramétricos. Além disso, o nível de "distorção" das transformações utilizadas como "funções de ligação" nos GLzM é também bastante variável. Entretanto, a distorção de escala sugere que a melhor transformação nem sempre é aquela que mais aproxima os dados da normal teórica ou da perfeita homogeneidade das variâncias. Em alguns casos, a melhor transformação pode ser aquela que deforma a escala o mínimo possível, apenas o suficiente para que os dados passem com alguma segurança nos testes de normalidade, homocedasticidade e aditividade. Em outros casos, pode-se argumentar que a melhor transformação será aquela que maximizar a relação entre a amplitude das médias e o erro experimental.

E como avaliar o nível de distorção promovido por uma transformação? Uma maneira simples é pelo nível de correlação linear entre a escala original e a escala transformada. Quanto maior o coeficiente de correlação linear, menos distorção/curvatura a transformação promoveu para aquele conjunto de dados. No software SPEED Stat esta forma simples de estimar a deformação é apresentada (sob o nome de "índice de deformação – ID", que varia de 0 a 10) junto à análise de resíduos na subplanilha "Entrada". Um índice paramétrico (IP, que também varia de 0 a 10) e o ID são apresentados também junto às transformações sugeridas pelo SPEED Stat quando ocorre violação de algum pressuposto da ANOVA. Estes índices podem ser usados para auxiliar na escolha por transformações que conciliem um IP alto e um ID baixo.

Apesar da popularidade e do entendimento quase consensual de que as transformações de dados representam um artifício "menos pior" do que a violação dos pressupostos, algumas críticas ainda persistem. É preciso frisar que as transformações não são "injustas" do ponto de vista matemático. Afinal, todas as observações vão passar exatamente pela mesma transformação matemática, sendo os valores deslocados todos para cima ou todos para baixo. Além disso, é importante lembrar que mesmo nos métodos não paramétricos clássicos ou em métodos mais "modernos", como os GLzM, os dados são também submetidos à algum tipo de transformação de escala.

2.6.3. As transformações log, raiz e arco seno da raiz

Como mostrado na Figura 2.2 a transformação raiz quadrada distorce menos a relação linear entre a escala original e a escala transformada, em relação à distorção da transformação logarítmica. A raiz cúbica, por sua vez, distorce um pouco mais que a quadrática. A transformação logarítmica pode ser realizada em qualquer base, mas tem o inconveniente de não aceitar o valor zero. Além disso, para valores menores que 1 a transformação log retorna valores negativos. Essas limitações podem ser contornadas pela transformação log (y+1). As transformações log e raiz são comumente recomendadas para dados de contagem (frequentemente com distribuição Poisson), mas não se restringem a estes tipos de dados.

A transformação arco seno da raiz (y/100) é uma transformação muito indicada para dados expressos em percentagem que violam a normalidade. É comum recomendá-la para dados que possuem distribuição binomial. Como evidenciado na Figura 2.2, no entanto, esta transformação gera um padrão de distorção incomum quando próximo a 100 e quando os valores permanecem entre 1 e 95 a transformação é quase linear.

2.6.4. As transformações exponenciais

A transformação exponencial mais conhecida é a família de transformações de Box-Cox, definida pela fórmula $y = (y^\lambda-1)/\lambda$, em que lambda ($\lambda$) é um número diferente de zero e, geralmente, varia entre -3 e 3. É uma família muito versátil, pois contempla transformações análogas à log (quando λ se aproxima de zero), à raiz quadrada (quando $\lambda = 0.5$), à raiz cúbica (quando $\lambda = 0.333$), à inversa (quando $\lambda = -1$), à inversa da raiz (quando $\lambda = -0.5$), entre outras. Na maioria dos casos a deformação causada é útil somente quando λ está entre -1 e 1, sendo geralmente estimada por método iterativo (Figura 2.3). Sua principal limitação é a mesma da transformação logarítmica, ou seja, não pode ser usada para valores menores que 1. Esta limitação pode ser contornada da mesma forma, adaptando para y+1.

As transformações Box-Cox substituem com vantagem as transformações inversas, como 1/x e 1/raiz(x). Isso porque um "defeito" das transformações inversas é, obviamente, inverter a ordem das médias, ou seja, as maiores passam a ser as menores e vice-versa. Isso faz com que os dados transformados não sejam facilmente compreendidos pelos leitores menos familiarizados com este tipo de transformação. A Box-Cox com $\lambda = -1$ gera resultados semelhantes à transformação inversa, mas sem inverter a posição das médias, ou seja, alterando a escala mas mantendo a ordem.

A transformação exponencial de Manly é dada pela fórmula $y = (e^{\lambda y}-1) / \lambda$, em que "*e*" é a constante neperiana (2.718283...) e "λ" é um número diferente de zero que, geralmente, varia entre -2 e 2. Trata-se, portanto, de uma família de transformações. Ela foi concebida inicialmente para superar uma limitação da transformação de Box-Cox, que não se aplica a dados com zeros. Se a transformação de Box-Cox for realizada com y+1 em vez de apenas y, a transformação de Manly não trará grandes benefícios sobre a Box-Cox, o que, de certa forma, explica sua menor popularidade.

71

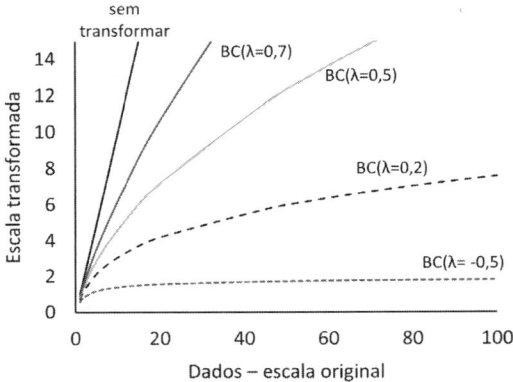

Figura 2.3 - Representação gráfica da "distorção" ou curvatura promovida pelas transformações da família Box-Cox (BC) de (y+1) com lambdas variáveis. Note que apenas quando lambda é menor que 1 a curvatura reduz os valores em relação a escala original.

2.6.5. Transformações mais complexas

As transformações abordadas até o item anterior envolvem apenas operações simples, igualmente aplicáveis a quaisquer conjuntos de dados, desde que não gerem valores negativos ou erros (como ocorreria para arco seno de um número maior que 1 (um)). Existem transformações, no entanto, que são definidas por equações específicas para cada conjunto de dados. Algumas delas são transformações também usadas como funções de ligação nos GLzM. A mais conhecida delas é a família de transformações Johnson (JOHNSON, 1949). São três tipos de equações (S_B, S_L e S_U) cujos parâmetros são definidos especificamente para cada conjunto de dados por fórmulas relativamente complexas.

A transformação S_L é definida pela equação "$S_L = \gamma + \eta \ln(y-\varepsilon)$" e a transformação S_U por "$S_U = \gamma + \eta \operatorname{senh}^{-1}[(y - \varepsilon)/\lambda]$". Embora as constantes "ε", "η", "γ", "λ" variem para cada conjunto de dados, a variável "y", a ser transformada aparece apenas uma vez nas equações. Simplificadamente, havendo apenas um parâmetro dependente, a função terá apenas um comportamento, uma única "curvatura". Por esse motivo, as transformações S_L e S_U podem ser entendidas como derivações das transformações simples baseadas em $\ln(y)$ e $\operatorname{senh}^{-1}(y)$, respectivamente. A transformação log na base natural 'e' (ln) pouco difere da log na base 10 quanto à capacidade de normalizar os erros. A transformação senh^{-1} (inverso do seno hiperbólico ou arco seno hiperbólico) gera uma curvatura mais acentuada que a arco seno da raiz e, na maioria dos casos, se aproxima de Box-Cox com lambdas próximos de 0.1.

Já a transformação Johnson do tipo S_B é definida pela equação "$S_B = \gamma + \eta \ln[(y-\varepsilon)/(\lambda+\varepsilon-y)]$". Como a variável "y" aparece duas vezes na equação, a função pode ocasionar uma mudança de curvatura, gerando resultados que podem, em alguns casos, superar as demais transformações vistas até o momento. Ignorando algumas constantes na função, a família S_B pode ser simplificada para "$S_B = \ln[y/(\lambda-y)]$" ou, para evitar valores negativos, adaptada para "S_B adapt. $= \ln[(y+1)/(\lambda-y)] - \ln(1/\lambda)$" (Figura 2.4). Esta adaptação é incluída entre as opções de transformação disponíveis no SPEED Stat. A desvantagem óbvia deste tipo de transformação é a complexidade e a dificuldade em reconverter, quando necessário, os dados transformados para a escala original.

Por fim, uma transformação igualmente complexa pode ser obtida pela combinação das transformações raiz e log, com destaque para a transformação raiz[y/(1+Ln(y+1))]. Note que, assim como na transformação Johnson-S_B, o termo "x" aparece duas vezes na equação, e isso permite normalizar alguns padrões de assimetria que estão em sentido oposto daqueles que são normalizados pela transformação Johnson-S_B. Esta transformação também está disponível no SPEED Stat.

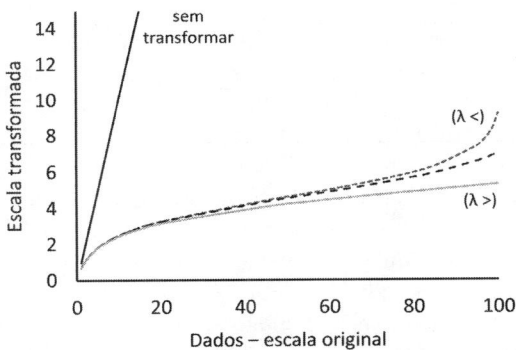

Figura 2.4 - Representação gráfica da "distorção" ou curvatura promovida pelas transformações adaptadas da família Johnson-S_B para (y+1): $\ln[(y+1)/(\lambda-y)] - \ln(1/\lambda)$ com lambdas variáveis. Note que, para alguns λ ora a escala original é "achatada" (maior parte da curva) ora é "esticada" (nos maiores valores).

2.6.6. A transformação "rank" como um procedimento não-paramétrico de análise

A transformação ordinal ou rank consiste na substituição dos valores originais pela posição (ordem) ocupada por cada valor em relação ao conjunto de dados. Dessa forma, se num conjunto de dados ordenados o 12º valor for

73

237.4 e o 13º for 723.2 eles serão convertidos simplesmente em 12 e 13, respectivamente. Se o 14º valor for 724.1, este será convertido simplesmente em 14. Essa transformação, portanto, equipara a distância entre dois pontos seguidos como sendo sempre equivalente a 1 (um). Também conhecida como transformação por postos ou *rank transformation* (ranqueamento), ela corresponde à etapa inicial básica de cálculo da grande maioria dos procedimentos não-paramétricos clássicos de análises. Por esse motivo, é considerada por muitos estatísticos, "uma transformação não-paramétrica" ou ao menos "um procedimento condicionalmente de distribuição livre" (ZIMMERMANN, 2004). E por ser resistente a valores atípicos e à assimetria, torna-se ideal para amostras muito pequenas e assimétricas (n<15) (DANCEY et al., 2017).

Muitos procedimentos não-paramétricos são, na verdade, adaptações dos procedimentos paramétricos para dados previamente transformados por ranqueamento, sendo os resultados dos testes não-paramétricos próximos aos obtidos pelo equivalente teste paramétrico rodado com dados ranqueados. Por estes motivos, a transformação rank e suas derivações são consideradas como o elo entre os procedimentos estatísticos paramétricos e os não-paramétricos (CONOVER & IMAN, 1981), e seu uso tem sido estimulado em diversas áreas da ciência (ZIMMERMAN & ZUMBO, 2004).

Muitos estatísticos entendem que analisar "parametricamente" dados que sofreram transformação rank é uma técnica não-paramétrica de análise estatística (CONOVER & IMAN, 1981). Essa estratégia é chamada de abordagem de transformação de postos. No passado, adaptações desta abordagem resultaram em diversos métodos não-paramétricos de análise, como o teste de Mann-Whitney, o teste de Kruskal-Wallis, o teste de Wilcoxon, o teste de Friedman, o de Spearman, entre outros (CONOVER & IMAN, 1981, CONOVER, 2012). Muitos estatísticos defendem que esta família de transformações seja utilizada também quando não existir um teste não-paramétrico exatamente correspondente ao paramétrico em questão (AKRITAS, 1990; CONOVER, 2012; MONTGOMERY, 2017). Alguns testes não-paramétricos e seus correspondentes paramétricos são apresentados, de forma simplificada, na Tabela 2.8.

Os postos ou ranks podem ser definidos em ordem crescente ou decrescente e os valores iguais (empates) são geralmente substituídos pela média das duas posições em questão. No SPEED Stat a transformação rank é realizada em ordem decrescente, de modo que os maiores valores corresponderão aos postos de maior ordem, preservando a lógica de que "as maiores médias devem permanecer como os maiores postos". Por fim, é importante lembrar que a transformação rank pode possuir poder maior ou menor que as transformações clássicas.

Tabela 2.8 - Quadro simplificado de correspondência aproximada entre alguns testes não-paramétricos e paramétricos

Teste paramétrico	Teste não-paramétrico aproximadamente equivalente	Observações[1]
ANOVA *one way* (DIC)	Kruskal-Wallis	Não conclui qual média difere. Aproximadamente equivalente à ANOVA *on ranks*
ANOVA *two way* (DBC)	Friedman	O teste de Friedman pode também ser usado para amostras dependentes
TCMs[2]	Teste de Nemenyi	Baixo poder
Correlação de Pearson	Correlação de Spearman	
t para duas amostras independentes	Mann-Whitney[2]	Aproximadamente equivalente ao teste *t on ranks* (independente)
t para uma amostra ou duas dependentes	Wilcoxon	Aproximadamente equivalente ao teste *t on ranks* (dependente)
não há	McNemar	variáveis dependentes, qualitativas e em escala nominal
ANOVA DIC	ANOVA *on ranks*	para os mais diversos tipos de ANOVA em DIC
ANOVA DBC	ANOVA *on block ranks* (RT-2)	para os mais diversos tipos de ANOVA em DBC. Pode ser substituído pela ANOVA *on ranks* simples
ANOVA Fatorial	ANOVA *on ART*	*Aligned rank transformation* (ART) permite estimativas mais confiáveis para interação
TCMs[3]	TCMs *on ranks*	para os mais diversos tipos de testes de médias (Tukey *on ranks*, SNK *on ranks*, etc)
TCMs[3]	TCMs em versões bootstrap	Tukey, SNK, Scott-Knott e outros testes em suas versões baseadas em reamostragens (*bootstrap*-Tukey, *bootstrap*-SNK, etc)
Análise de Regressão	Regressão *on ranks*	Significado das equações obtidas com "postos" pode ser muito limitado em alguns casos
Análise de Regressão	ANOVA de medianas com QMRes estimado pela ANOVA usual após correção *f*	Opção de menor poder, mas que permite uma análise de regressão não-paramétrica (apenas para resíduos assimétricos) diretamente com as medianas (ver item 2.6.1)

[1]Se os erros forem normais, os testes não-paramétricos tendem a ser menos poderosos que seus correspondentes paramétricos, inclusive os testes baseados apenas em transformação rank. [2]Alguns estatísticos consideram que pode ser utilizado para comparações múltiplas desde que indicado pelo teste de Kruskal-Wallis e exigindo o re-ranqueamento para cada comparação duas-a-duas (possivelmente os riscos de erro tipo I familiares são maiores). [3]TCMs: testes de comparação múltipla de médias, como o teste Tukey, SNK, entre outros.

Em um delineamento em blocos casualizados a transformação rank simples pode não ser satisfatória em alguns casos por não preservar adequadamente o efeito de blocos. Por este motivo uma adaptação simples, citada por Conover & Iman (1981), consiste em ranquear separadamente dentro de cada bloco. Esse procedimento é conhecido como "RT-2" (*rank transformation* 2) e é indicado apenas para dados em DBC. A transformação RT-2 permite, em quase todos os casos, que o efeito de blocos seja decomposto antes da ANOVA *on ranks*.

A aceitação do uso dos testes paramétricos aplicados à dados de postos como métodos não-paramétricos de análise não é exatamente consensual (MANSOURI & CHANG, 1995; CONOVER, 2012). Em desenhos experimentais mais complexos (como faixas, fatoriais triplos grandes, dados excessivamente desbalanceados, etc.) a validade das estimativas de F da ANOVA *on ranks* pode ser questionável, podendo ser mais seguro optar-se pelos testes formais não-paramétricos validados para tal, quando existirem. Além disso, é preciso ter em mente que, embora a transformação rank seja uma opção não-paramétrica rápida para desenhos experimentais simples, ela nem sempre representa a melhor opção de análise quando existem opções não-paramétricas formais já validadas (FLIGNER, 1981).

Apesar disso, o volume de trabalhos que desqualificam a transformação rank é pequeno, sendo suas principais críticas focadas nos desenhos experimentais mais complexos (AKRITAS, 1991) ou críticas não baseadas em evidências empíricas de descontrole do erro tipo I ou críticas baseadas na concepção errônea de que a transformação rank dispensaria a verificação posterior da homocedasticidade ou críticas baseadas no simples fato de que podem existir opções mais poderosas (o que não invalida a transformação rank). Outros estudos demonstraram que modificações na forma de ranquear (como a opção por aligned rank ou "ART") poderiam minimizar possíveis problemas da transformação rank na estimativa do valor de F para interação nos experimentos fatoriais (MANSOURI & CHANG, 1995; DURNER, 2019; CARVALHO et al., 2023a). Dessa forma, embora seja possível mostrar diferenças entre os testes não-paramétricos formais e os testes baseados em transformação rank, estas diferenças são pequenas (ZIMMERMAN, 2012; MONTGOMERY, 2017).

Por fim, importante frisar que os dados da Tabela 2.4 permitem demonstrar ainda que a ANOVA não-paramétrica com ranks também não é robusta à violação de homocedasticidade, evidenciando que esta transformação, quando realizada, também precisa atender ao critério da homogeneidade de variâncias, tal como no caso das transformações clássicas. A inflação do erro tipo I da ANOVA de ranks sob heterocedasticidade, no entanto, é claramente menor que na ANOVA paramétrica.

2.6.7. Uma alternativa paramétrica à transformação de dados

Diante de dados (n>15) contínuos ou com pequeno caráter discreto que violam as pressuposições da ANOVA, a rotina usual de procedimentos é: **i.** verificar se uma transformação na escala é capaz de permitir o ajuste; **ii.** verificar, com teste específico, a presença de outliers. Não sendo ainda encontrada uma solução, e antes de se recorrer às técnicas não-paramétricas como a transformação rank, pode-se recorrer ainda a uma inspeção quanto à presença de tratamentos com variâncias discrepantes. O erro experimental é uma estimativa única que corresponde, aproximadamente, à média dos erros de cada tratamento. Pode ocorrer de um único tratamento destoante ser o responsável pelo "comportamento não-normal" ou "não-homocedástico" do conjunto de dados. Quando isso acontece em experimentos, pode ser sensato assumir que o tratamento em questão não é representativo do conjunto experimental. Assim, por analogia ao que sucede em delineamentos como o DCCR, em que um único tratamento de um experimento é usado para estimar o erro experimental, este erro poderia ser estimado razoavelmente bem sem o tratamento destoante.

De posse da nova estimativa do erro experimental (QMRes) pode-se proceder manualmente aos cálculos dos testes de médias, incluindo a média do tratamento destoante, mas considerando que sua variância (anomalamente baixa) não foi considerada na estimativa do erro global. Essa solução "prática" é bastante questionável quando o tratamento cuja variância do erro que foi desconsiderada é aquele com a maior variância. Isso porque, neste caso este artifício poderia levar a uma redução "falsa" no erro experimental e, consequentemente, a um aumento no erro tipo I. No entanto, quando a variância do erro desconsiderada corresponder àquela do tratamento com a menor variância haverá um aumento no QMRes, o que não comprometerá as taxas de erro tipo I, apenas a sensibilidade ou as taxas de erro tipo II, que já são sempre relativamente altas. Isto é o que se conhece na estatística por "opção conservadora" ou "adaptação conservadora". Em outras palavras, se com a remoção do tratamento com a menor variância o coeficiente de variação ainda permanece num valor aceitável, o experimento não perderá confiabilidade, apenas sensibilidade. A inserção de valores externos de QMRes no SPEED Stat é relativamente simples (célula "Q46" na subplanilha "Entrada") e facilita a realização deste procedimento, que neste caso dispensaria a correspondente correção dos GL do resíduo.

É importante lembrar que, na estatística, pequenas adaptações são realizadas com alguma frequência. Nem sempre elas precisam ser validadas por meio de um artigo específico sobre a adaptação realizada, desde que ela não eleve o poder do procedimento original que foi adaptado. Adaptações conservadoras são pensadas para pequenas simplificações dos procedimentos

77

de análise. Não comprometem a segurança ou a confiabilidade da análise, apenas restringem a sensibilidade.

2.6.8. Um fluxograma geral para seleção de procedimentos

Com o avanço das pesquisas sobre os métodos estatísticos clássicos, as recomendações tradicionais de transformações definidas *a priori* (ou seja, antes da análise dos dados) deram lugar à recomendação de transformações *a posteriori* (ou seja, transformações que são sugeridas pelos próprios dados) tal como ocorre no GLzM. Dessa forma, considerando o tipo de variável (dados contínuos, dados de contagem, dados de contagem volumosos, dados semi-quantitativos ou dados ordinais) e algumas das possibilidades mais usuais de análise, elaborou-se um fluxograma geral para seleção dos principais procedimentos relacionados à verificação dos requisitos de normalidade, homocedasticidade e aditividade (Figura 2.5).

Se, por um lado, o fluxograma da Figura 2.5 acrescenta um pouco de complexidade em relação aos fluxogramas mais simples, por outro, resulta em algum avanço na qualidade e confiabilidade dos resultados. Ao longo do fluxograma foram inseridas diversas notas de rodapé explicativas, que podem ser acessadas na versão completa, em formato A3, onde estão incluídas etapas de planejamento, testes posteriores e métodos para estudos observacionais.

2.7. Resíduos com muitos zeros: um problema à parte

Dados com grande quantidade de valores iguais (sejam eles iguais a zero ou não), como frequentemente ocorre em dados de contagem, teores de microelementos, taxas, proporções, notas, entre outros são comuns. Nestes casos, a distribuição dos erros é dita "inflacionada", ou seja, é uma "distribuição de probabilidade de erros com inflação em zeros" ou então uma "distribuição degenerada concentrada em zeros". Nesses casos, dificilmente os dados atendem aos pressupostos da ANOVA, principalmente à normalidade. Vários modelos com inflação zero já foram estudados, como o modelo de Poisson inflacionado em zeros (ZIP), modelo binomial inflacionado em zeros (ZIB), modelo delta (mistura de uma distribuição degenerada em zeros com uma distribuição lognormal), entre outras misturas de modelos. São modelos de distribuição muito específicos com pouca ou nenhuma opção de transformação capaz de converter estas distribuições em outras próximas à normal.

Figura 2.5 – Fluxograma geral para seleção dos principais procedimentos estatísticos clássicos para dados experimentais

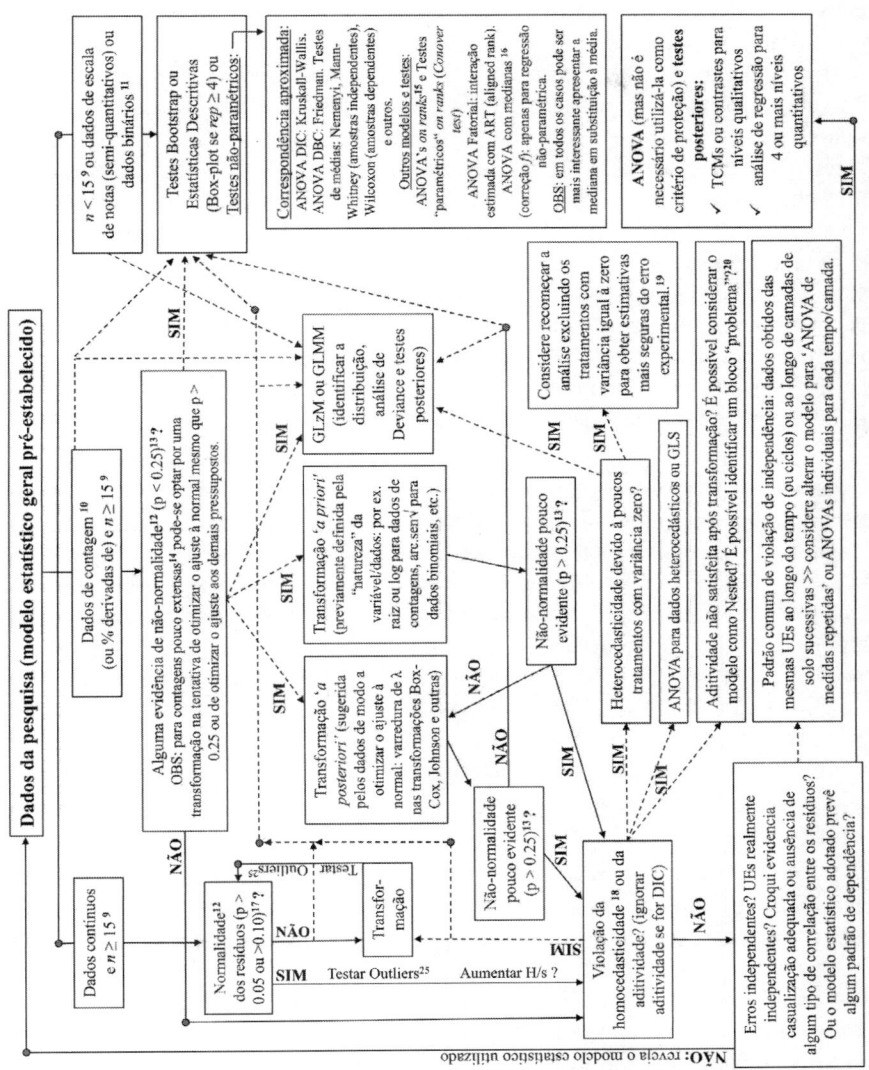

Adaptado de Carvalho et al. (2023c). Notas de rodapé disponíveis na versão completa. Linhas tracejadas indicam opções alternativas. Note que este fluxograma considera as informações prévias sobre os dados (tipos básicos de variáveis) mas valoriza as informações dos próprios dados sem desconsiderar a limitação de poder dos testes de normalidade. O fluxograma completo pode ser acessado em https://speedstatsoftware.wordpress.com/mais-mais/

Didaticamente, pode-se dividir os dados com inflação zero em dois grupos. Um primeiro com dados de variáveis discretas e um segundo com dados de variáveis contínuas. Na maioria dos casos, quando zeros são provenientes de dados de natureza contínua eles estão associados, na verdade, a valores abaixo do limite de quantificação do método de mensuração utilizado. Ou seja, na realidade, onde há zeros deveria haver um ruído de leitura. Na maioria das vezes esse ruído não é preservado e o valor registrado acaba sendo 0 (zero). No caso de teores de microelementos, uma solução simples é adicionar uma quantidade conhecida do microelemento em questão em cada amostra a ser analisada. Depois quando o valor de leitura for descontado do valor adicionado restará um ruído, muito próximo de zero, mas que não deverá ser zero. Uma dica útil nesses casos é calcular as curvas padrão no Excel e fazer os cálculos de conversão dos valores de leitura em valores de concentração no próprio Excel, de modo a não perder o ruído nos arredondamentos que as saídas automáticas dos equipamentos geram. A mesma técnica poderá ser usada, logicamente, com quaisquer outros métodos de análises.

Para variáveis resposta discretas, os valores zeros podem estar ou não associados a valores abaixo do limite de quantificação do método de mensuração. Se forem dados binários, referentes à simples presença ou ausência de algo, a ausência pode ser entendida como um "zero real". Para dados provenientes de contagens, no entanto, nem sempre esse zero é "real". Usaremos como exemplo dados de contagem de número de minhocas no solo, expresso em n° de indivíduos ha^{-1}. É simples perceber que uma grande frequência de valores zero pode sugerir não a ausência de minhocas, mas que a unidade amostral tenha sido muito pequena. Ou seja, se muitas amostras de solo para contagem de minhocas (amostras de dimensões de 20 x 20 x 20 cm, por exemplo) resultam em contagem zero, pode-se aumentar o número de amostras por unidade experimental ou aumentar o tamanho de cada amostra simples.

Dessa forma, quando se obtém valores iguais a zero em dados de contagem de esporos, contagem de nódulos, taxas de mortalidade de plantas, etc., deve-se entender que, na verdade, para a maioria dos casos não se trata de um "zero absoluto" (afinal, não é uma média populacional e sim uma amostra). Trata-se de uma contagem zero para aquele esforço amostral ou para aquele tamanho de unidade experimental. Significa, portanto, que poderia haver um ruído associado aos valores iguais a zero. Numa contagem de número de nódulos, por exemplo, um valor 0 (zero) pode, na realidade, ser 0.01 nódulos planta^{-1}. Ou seja, a contagem é baixa de tal forma que somente seria diferente de zero se encontrássemos um nódulo em uma amostragem composta por 100 plantas para resultar em 0.01 nódulos planta^{-1}. Se a contagem for realizada a partir de uma amostra composta por poucas plantas é fácil perceber que o número de valores iguais a zero vai aumentar no conjunto de dados. Em resumo, para dados de contagem, quanto menor o esforço amostral maior será a chance de ocorrer inflação por zeros nos dados.

E como proceder, do ponto de vista das análises estatísticas, quando os dados estão inflacionados em zeros? Eles não podem ser ignorados, especialmente porque reduzem consideravelmente e incorretamente o erro experimental, já que valores iguais num mesmo tratamento aproximam a variância deste tratamento de zero. Dependendo do tamanho da inflação, uma transformação prévia comum poderá aproximar a distribuição da normal, o suficiente para passar nos testes de normalidade, homogeneidade e aditividade.

Uma segunda opção é considerar uma distribuição mista e excluir um ou alguns poucos tratamentos com excessiva inflação em zeros, adaptação esta já abordada no item 2.6.7. Recomenda-se excluir o menor número possível de tratamentos, apenas o suficiente para o restante dos dados atender os pressupostos da ANOVA. Dessa forma assume-se como erro experimental aquele estimado apenas pelos tratamentos cujos erros não são inflacionados em zero, o que representa uma estratégia conservadora.

2.8. Modelos lineares generalizados (GLzM)

Os modelos de ANOVA clássicos são também nomeados como modelos lineares gerais (GLM) e todos dependem de dados com resíduos normais. No entanto, é possível utilizar modelos que contemplem também outros tipos de distribuição de resíduos. Os modelos lineares generalizados (GLiM ou GLzM) e os modelos lineares generalizados mistos (GLMM) estenderam a teoria do modelo linear da ANOVA e abriram opções poderosas para análise de dados não-normais. Simplificadamente, numa análise com GLzM, os dados sugerem à qual distribuição de resíduos eles melhor se ajustam e a análise é realizada considerando esta distribuição, ou a que melhor se ajustar entre as que estiverem disponíveis no software estatístico utilizado. Após a verificação do melhor ajuste ao tipo de distribuição de resíduos, uma função de ligação é escolhida (uma transformação de escala) e uma Análise de Deviance (ANODEV) e testes posteriores (como o teste Tukey) são realizados.

Embora mais complexos e mais exigentes quanto à capacidade de cálculo do software, estes procedimentos vêm ganhando popularidade a partir dos anos 2000. O uso do GLzM representa uma boa opção para substituir os testes não-paramétricos clássicos, embora alguns estatísticos o considerem como uma verdadeira ruptura de velhos paradigmas. É importante ter em mente que o GLzM não invalida o GLM, ele apenas está num domínio de validade mais amplo pois engloba algumas opções para dados não-normais em uma mesma concepção geral. Também é importante ter em mente que nem sempre uma análise através de GLzM será mais poderosa que através de um método clássico ou com melhor controle do erro tipo I que um método clássico, seja este através de transformações simples de escala ou através de testes não-paramétricos clássicos (ST-PIERRE et al., 2018).

Se tomarmos como exemplo os dados II exemplificados por Stroup (2015), uma ANOVA não paramétrica com ranks ou um teste de Friedman resultariam nas mesmas conclusões que a análise via GLzM (CARVALHO et al., 2023c). E ainda, se considerarmos um teste de Friedman ou um *bootstrap*-Tukey sobre os dados III, exemplificados por Stroup (2015), veremos que estas opções são, neste caso, mais poderosas que a análise via GLzM (CARVALHO et al., 2023c). De toda forma, nos casos em que o GLzM permite uma análise mais poderosa, é importante lembrar que não se deve interpretar diferenças de poder entre procedimentos como incoerência, já que nenhum desses procedimentos possui erro β sob controle (veja capítulo 5). Importante lembrar que tanto os procedimentos não paramétricos clássicos (como Friedman ou Kruskal-Wallis ou métodos *bootstrap*) quanto os *Conover's test* foram validados empiricamente quanto ao seu adequado controle de erro tipo I por um grande volume de pesquisas. E, por fim, vale considerar que, em dados reais, a verdadeira distribuição específica dos resíduos nem sempre é conhecida (pode ser uma distribuição mista complexa) e o GLzM oferecerá apenas uma aproximação da realidade, por mais moderno e rebuscado que seja. Afinal, a inferência estatística é sempre um modelo com algum nível de simplificação da realidade (WASSERSTEIN et al., 2019) e, portanto, nossa ênfase deve estar em buscar modelos parcimoniosos válidos e não modelos complexos.

Não há dúvidas de que o GLzM e o GLMM são modelos que nos permitem, em algumas situações, uma análise mais poderosa e com bom nível de confiança (leia-se adequado controle do erro tipo I familiar) para dados não-normais. No entanto, quando este ganho de poder ocorre, comparativamente aos métodos clássicos, deve-se ter em mente que ele poderá ser desperdiçado se outros cuidados não forem tomados, como reduzir o número total de comparações utilizando contrastes planejados ou não planejar adequadamente o número de repetições necessário ou não utilizar testes posteriores que seguramente controlam a EWER (veja mais sobre poder e tipos de erro tipo I no capítulo 5).

Apesar das vantagens teóricas dos GLzM, optar por esta técnica em substituição às transformações simples não é uma recomendação consensual. Devido à maior complexidade do GLzM e, consequentemente, a menor acessibilidade para profissionais não-estatísticos é natural que muitos estudantes e pesquisadores recorram às ferramentas de análise mais simples. Afinal, métodos de pesquisa parcimoniosos e acessíveis são desejáveis para uma ciência que busca ser mais inclusiva, participativa e democrática. Na prática, a técnica de transformação de escala resulta em controle do erro tipo I igual ou superior ao GLzM e em níveis de poder iguais ou apenas um pouco inferiores ao GLzM (ST-PIERRE et al., 2018).

Alguns pesquisadores optam pelo GLzM, apesar de sua maior complexidade, também em função dos seguintes fatores: i. má aplicação dos testes de normalidade (especialmente no que se refere às dificuldades de interpretação dos testes quando o n é pequeno e ao uso do inapropriado teste de Kolmogorov-Smirnov), o que resulta em diagnóstico ruim da condição de não-normalidade; ii. críticas sobre as técnicas de transformação. Dentre estas críticas estão a imprecisão das estimativas dos parâmetros de regressão obtidas com dados transformados e a dificuldade de retrotransformação para alguns tipos de transformação. Teoricamente, a imprecisão das estimativas das médias e até dos parâmetros de uma regressão podem ser menores nos GLzM porque a distribuição dos erros e a função de ligação são definidos de forma menos empírica. No entanto, é preciso lembrar que, mesmo para dados normais, as estimativas das médias são sempre imprecisas pois sempre se tratam de médias amostrais. Consequentemente, os parâmetros de um modelo de regressão ajustados com estas médias amostrais também serão imprecisos. Se a baixa precisão destas estimativas é um problema grave em sua pesquisa, a melhor estratégia é aumentar o número de repetições ou aumentar o tamanho das amostras.

Além disso, é preciso lembrar que é válido realizar os testes estatísticos com os dados transformados, mas apresentar as médias dos tratamentos na escala original, evitando assim os problemas de transformação reversa. Ao menos para testes de médias, este procedimento não resultará em grandes problemas para interpretação dos dados, exceto se o nível de assimetria dos resíduos for muito grande. Na realidade, para dados com resíduos fortemente assimétricos bastaria realizar os testes estatísticos com os dados transformados e apresentar a mediana original dos tratamentos em substituição à média ou em substituição aos valores de média retrotransformada. Afinal, a mediana é uma boa medida de posição central nestes casos. Caso as medianas precisem ser mostradas acompanhadas de uma medida de dispersão, bastaria considerar um fator de correção para a variância dos erros das medianas (veja item 2.6.1). Por fim, a opção de mostrar medianas pode também ser aplicada à análise de regressão, já que os parâmetros dos modelos e as ANOVAs de regressão podem ser calculados com os valores de medianas (veja item 7.3) após a ANOVA geral ser realizada com os dados transformados.

2.9. Síntese das principais recomendações e entendimentos

i. Os requisitos dos modelos estatísticos mais usuais são normalidade, homocedasticidade, independência e aditividade (geralmente preocupante apenas para o modelo em blocos com apenas uma repetição por bloco). Os três primeiros requisitos são referentes aos erros ou resíduos do modelo e não referentes aos dados brutos em si. Exceto pela independência, estes requisitos devem ser verificados e não simplesmente assumidos.

ii. O cálculo dos resíduos é específico para cada desenho/modelo experimental e somente corresponderá à "observação menos a média do tratamento" no delineamento inteiramente casualizado simples. Portanto, deve-se ficar atento à maneira como o software estatístico calcula os resíduos para certificar-se que os testes de normalidade e homocedasticidade foram aplicados sobre estes resíduos.

iii. Os diferentes testes de normalidade possuem, em geral, níveis de poder em detectar a não-normalidade próximos entre si para n entre ~ 30 e 300, exceto pelo teste de Kolmogorov-Smirnov, que possui baixíssimo poder e deveria estar em desuso.

iv. Todo teste de normalidade possui poder muito limitado quando o n total é inferior a ~15, razão pela qual é mais seguro recorrer à métodos não paramétricos nestes casos.

v. Diante de informações prévias que gerem suspeita de não-normalidade (ou situações em que o teste de normalidade terá poder muito baixo) pode-se considerar como evidência mais segura de normalidade um teste de Jarque-Bera, Shapiro ou outro aplicado ao nível α de 25% (isso irá aumentar o poder do teste em detectar uma possível violação de normalidade).

vi. Os testes paramétricos usuais, ao menos em suas versões bilaterais, são relativamente robustos à violação de normalidade. Isso, no entanto, não significa que não se deve verificar a normalidade por 2 razões principais: i. se a distribuição for fortemente assimétrica a média (que será o parâmetro considerado nesses testes) poderá não representar adequadamente o tratamento em questão; ii. o poder poderá ser maior se um método não-paramétrico for utilizado nesses casos.

vii. Dentre os testes mais usuais para verificar a homocedasticidade, os testes de Cochran e Bartlett são os mais indicados. O teste de Levene-Brown-Forsythe é perigoso pois apresenta um poder muito reduzido e a violação de homocedasticidade inflaciona o erro tipo I dos testes posteriores.

viii. Situações comuns que envolvem violação do requisito de independência na experimentação agrícola: experimentos com avaliações sucessivas no tempo (ou em camadas de solo sucessivas) sob as mesmas unidades experimentais. Estes casos não devem ser considerados como fatoriais simples, parcelas subdivididas nem faixas pois estes desenhos experimentais preveem UEs distintas/independentes para cada repetição de cada tratamento. Estes casos serão tratados no capítulo 6.

ix. As estratégias de transformação de escala e os métodos clássicos de análise não paramétrica seguem sendo ferramentas úteis com bom equilíbrio entre poder, simplicidade e confiabilidade. No entanto, a transformação ideal pode envolver novos critérios, como atender simultaneamente ambos os requisitos, maximizar o ajuste à normalidade ou deformar menos a relação linear com a escala original ou aumentar a relação amplitude/s. Dessa forma, a transformação ideal poderá ser sugerida pelos próprios dados e não necessariamente definida previamente.

x. Quando as variâncias dos erros são heterogêneas devido à presença de um ou alguns poucos tratamentos com variância muito baixa em relação à variância dos demais, pode-se excluir estes tratamentos para obter uma estimativa válida do QMRes do experimento. De posse dessa informação, os dados originais podem ser reanalisados fixando-se este QMRes.

3. OS DELINEAMENTOS EXPERIMENTAIS BÁSICOS

3.1. O delineamento inteiramente casualizado

Simplificadamente, delineamento é o nome que se dá a um tipo de desenho experimental ou modelo estatístico. O delineamento define quais são os interferentes no modelo, sejam eles os preditores de interesse ou outras fontes de variação e a maneira como os tratamentos serão distribuídos às UEs. Embora exista uma distinção formal entre "delineamento" e "esquema experimental", na maioria das vezes estas diferenças são genericamente agrupadas como "experimental designs".

No delineamento inteiramente ao acaso (*completely randomized design* ou CRD) não há nenhuma restrição à perfeita casualização dos tratamentos ou das UEs. O modelo estatístico, portanto, prevê que somente os preditores de interesse e o erro são as fontes de variação da variável observada, ainda que possam existir subtipos com mais parâmetros. Essa distribuição perfeitamente aleatória permite a máxima simplicidade, sensibilidade e confiabilidade do experimento e das análises estatísticas, devendo sempre ser a opção inicial do pesquisador (Figura 3.1). Apenas quando não for possível, seja pela indisponibilidade de uma área homogênea, ou por razões de inviabilidade operacional, financeira, etc., é que se faz uso de outros delineamentos.

T6 – r1	T3 – r3	T5 – r4	T1 – r1	T5 – r2	T1 – r4
T1 – r2	T2 – r4	T6 – r2	T2 – r3	T4 – r3	T3 – r2
T4 – r4	T5 – r1	T4 – r1	T3 – r4	T1 – r3	T6 – r3
T2 – r2	T5 – r3	T3 – r1	T6 – r4	T2 – r1	T4 – r2

Figura 3.1 - Croqui hipotético de um experimento de campo com seis tratamentos e quatro repetições em um delineamento inteiramente casualizado.

O principal cuidado no planejamento e condução de um experimento num delineamento inteiramente casualizado (DIC) é, evidentemente, a casualização. Ela deve ser feita "à exaustão" tanto na montagem, quanto na condução (re-sorteio das UEs durante o experimento, quando possível) e nas etapas de avaliação (distribuição das UEs ao acaso entre os auxiliares de pesquisa, distribuição ao acaso das amostras no laboratório, na secagem, nas análises químicas, etc.). Mais detalhes sobre a casualização no item 1.5.

Um erro comum é recomendar que experimentos agronômicos em campo não sejam montados em DIC, sob a justificativa de que a heterogeneidade deste ambiente é alta. Como abordado no item 1.6, para poder controlar alguma heterogeneidade é preciso conhecer o sentido ou a direção da variabilidade, caso contrário não faz sentido aplicar o princípio do controle local. Ou seja, numa área plana ou com inclinação desprezível, sob a mesma classe de solo e o mesmo histórico recente de uso geralmente não há motivos para montar um experimento em blocos.

Por fim, é importante lembrar que os cálculos envolvidos numa ANOVA em DIC são também os mesmos que serão empregados nas ANOVAs da maioria dos estudos observacionais, ainda que estes não possam ser chamados de experimentos. Para mais detalhes sobre os estudos observacionais veja item 1.7.

3.2. O delineamento em blocos casualizados

Quando um estudo aplica os princípios de repetição, casualização e também o "controle local" diz-se que é um experimento sob um delineamento em blocos casualizados (DBC). No caso mais simples (e mais recomendável), os tratamentos são perfeitamente casualizados dentro de cada bloco e existe apenas uma repetição de cada tratamento dentro de cada bloco. O planejamento experimental num DBC inicia-se definindo com clareza o que será controlado, buscando-se evidências claras de que os blocos não serão definidos por motivos pouco influentes. E ainda, buscando-se evidência de que blocando será possível, de fato, controlar a variação identificada na área ou nos indivíduos-teste. Veja também uma discussão complementar sobre o uso do controle local no item 1.6.

	T4 – r1	T6 – r1	T3 – r1	T2 – r1	T5 – r1	T1 – r1	Bloco 1
declividade	T2 – r2	T1 – r2	T6 – r2	T4 – r2	T5 – r2	T3 – r2	Bloco 2
	T: – r3	T5 – r3	T4 – r3	T3 – r3	T2 – r3	T6 – r3	Bloco 3
	T4 – r4	T5 – r4	T3 – r4	T1 – r4	T6 – r4	T2 – r4	Bloco 4

Figura 3.2 - Croqui hipotético de um experimento de campo com seis tratamentos e quatro repetições em um delineamento em blocos casualizados. O que está sendo controlado neste exemplo é o efeito da declividade. Note que os blocos são subambientes definidos perpendicularmente ao sentido da variação que está sendo controlada (neste caso, os blocos são perpendiculares ao sentido da declividade). Os tratamentos devem ser distribuídos dentro de cada bloco por sorteio.

Os DBCs podem também ser montados com um número diferente de blocos e repetições, ou seja, com mais de uma repetição dentro de cada bloco. Nesse caso, as análises sofrem algumas complicações, especialmente se ocorrer perda de algumas UEs. Do ponto de vista analítico, os experimentos em blocos com mais de uma repetição por bloco podem ser analisados de maneira análoga à um esquema fatorial em DIC com o fator B sendo considerado bloco. Nesse caso, a S.Q.Res correta deverá ser estimada pela soma entre a SQ do fator interação com a SQ do "resíduo fatorial". O QMRes e os GL corretos podem ser então informados no software SPEED Stat utilizando-se as células Q46 e Q48 da "Entrada" do programa. Os delineamentos em blocos também podem ser do tipo incompleto, ou seja, onde nem todos os tratamentos aparecem em todos os blocos, situação que deve ser evitada. Por fim, é preciso lembrar que os delineamentos em blocos geram complicações diversas quando ocorrem perdas de UEs. As UEs perdidas num DBC não podem ser simplesmente ignoradas, menos ainda substituídas por médias. No capítulo 8 serão abordados os procedimentos adicionais necessários quando existem UEs perdidas em DBC.

Para utilizarmos corretamente o delineamento em blocos é necessário ter clareza de que um bloco deve ser um subambiente ou sub-condição do ambiente experimental. E esse subambiente deve ser o mais homogêneo possível dentro dele, ou sua heterogeneidade não pode ser controlada ou novamente separada. Nem sempre, no entanto, estes subambientes serão em número coincidente com o número de repetições planejado. Nesses casos, pode-se: i. subdividir o ambiente em mais ambientes para gerar essa equivalência; ii. trabalhar com número diferente de repetições dentro de cada bloco (o que geralmente não é interessante considerando a dificuldade analítica adicional); iii. trabalhar com número diferente de repetições dentro de cada bloco, mas considerá-las como blocos distintos (Figura 3.3). Em geral, esta estratégia "iii" resulta em uma pequena perda de sensibilidade se comparada à opção "ii", mas é consideravelmente mais simples. Na realidade, considerando o exemplo da Figura 3.3, a condição mais ideal seria planejar este experimento em outro local, de modo que todas as UEs pudessem ficar sob um mesmo tipo de solo.

Usar o "controle local" ou "blocar" pode ser útil nos mais diversos tipos de experimentos. Imagine, por exemplo, um experimento hipotético que tenha como objetivo melhor compreender porque a aplicação do extrato alcoólico de própolis verde de *Apis mellifera* consegue aumentar a vida de prateleira de bananas em pós colheita. Os tratamentos, por exemplo, poderiam ser: *i.* aplicação do extrato alcoólico de própolis; *ii.* aplicação de apenas álcool para saber se o efeito não seria devido à simples ação do álcool; *iii.* aplicação de um filme plástico para tentar imitar a redução na respiração do fruto que ocorre com a própolis; *iv.* aplicação de uma outra substância com ação bioestática para saber se o efeito da própolis estaria majoritariamente associado à ação antimicrobiana da própolis; *v.* controle, sem aplicação.

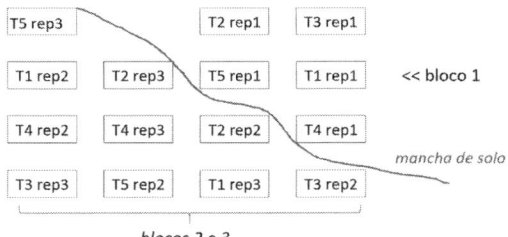

Figura 3.3 - Croqui hipotético de um experimento de campo com três tratamentos e três repetições em um delineamento em blocos casualizados. O que está sendo controlado neste exemplo é a presença conhecida de uma mancha de solo (um solo de tipo diferente) na área experimental. Neste caso, como será considerado na análise a presença de 3 blocos completos, mas só há dois blocos no campo, as UEs dos blocos 2 e 3 foram casualizadas.

O ideal seria que todas as bananas a serem utilizadas nesse experimento fossem as mais homogêneas possíveis. No entanto, pode acontecer de as bananas disponíveis, em quantidade suficiente, serem provenientes de 3 bananeiras distintas. Estas bananeiras podem ter variabilidade genética entre si, podem ter recebido adubações um pouco distintas, podem não estar exatamente no mesmo ponto de maturação, entre outros fatores que podem atrapalhar uma comparação justa entre os tratamentos. Afinal, a vida de prateleira de um fruto pode ter relação com diversos fatores. Para tentar "controlar" esse possível interferente (bananas provenientes de 3 bananeiras distintas) o pesquisador pode optar por blocar o experimento, atribuindo à repetição 1 de todos os tratamentos apenas bananas da bananeira A, atribuindo à repetição 2 de todos os tratamentos apenas bananas da bananeira B, e assim sucessivamente.

Note, portanto, que a blocagem restringe a casualização completa. A casualização passa a existir apenas dentro de cada bloco. Mas note que só será possível blocar se o pesquisador souber quais bananas pertencem à quais bananeiras, ou seja, para blocar é preciso conseguir separar o ambiente/organismo experimental em partes realmente distintas. Como o experimento já precisou ser blocado por este motivo, pode-se acrescentar outros efeitos aos blocos, como por exemplo, pode-se montar o bloco 1 na primeira semana, o bloco 2 na segunda semana e o bloco 3 na terceira semana, facilitando questões operacionais, questões de espaço físico, etc.

Por fim, é importante lembrar que o bloco é um interferente controlável de natureza categórica ou categorizável. Ou seja, de um bloco a outro ocorre uma variação no tipo de solo, no tipo de manejo, na posição na paisagem, no teor de água ou nutrientes, no dia de montagem/avaliação, na hora de mensuração, no tamanho inicial do organismo teste, etc. Mesmo que alguma dessas "categorias" possam ser expressas/definidas por números elas geralmente não são mensuradas, apenas se sabe que é "maior ou menor" ou

90

"pequeno, médio e grande", discretizando-as. Se, no entanto, as variações que justificam os blocos puderem ser mensuradas em cada UE, pode-se recorrer à uma análise de covariância (ANCOVA), opção que poderá resultar em uma análise um pouco mais poderosa do que uma ANOVA em blocos. Por exemplo, se em um experimento com mudas de café, os blocos foram definidos em função da variação no tamanho inicial das mudas (pequenas, médias e grandes, por exemplo), esta blocagem poderia ser substituída pela mensuração precisa do tamanho de cada muda utilizada e posterior correção das variáveis respostas em função desse tamanho inicial (correção prevista na ANCOVA). Abordaremos este tipo de análise no item 6.5. Em muitos casos inclusive, até o delineamento em quadrado latino pode ser substituído pelo delineamento em blocos com o segundo fator de controle local sendo controlado por ANCOVA.

Um aspecto polêmico sobre os DBCs é o fato dos blocos poderem ser considerados como sendo de efeitos fixos ou aleatórios, à depender da natureza dos blocos, da maneira como eles foram definidos e do tipo de inferência que o pesquisador deseja realizar (KRAMER et al., 2016). Se por um lado, os blocos não são exatamente escolhidos pelo pesquisador em uma determinada área experimental, por outro o pesquisador pode escolher qual área experimental utilizar, decidindo previamente se considera aquela condição de blocagem como aceitável ou não. Na maioria das situações de experimentos com apenas uma repetição por bloco, considerar o efeito dos blocos como fixo será mais simples e não resultará em inflação do erro tipo I mesmo que haja alguma carga de efeitos aleatórios nos blocos. Nesse caso, desde que haja independência entre os resíduos, considerar o modelo como fixo apenas tornará as inferências/conclusões um pouco mais restritas, restritas às condições daqueles blocos específicos existentes na área do experimento em questão.

3.3. Outros delineamentos e desenhos experimentais

Em geral, quanto maior o número de tratamentos de um experimento mais perguntas ele consegue responder e assim mais objetivos ele alcança. No entanto, quanto mais tratamentos ele tem, mais UE's ele exige e mais caro ele se torna. A eficiência de um experimento pode ser entendida como a relação entre o número de perguntas que ele será capaz de responder (e com qual sensibilidade e capacidade de extrapolação) e a quantidade de recursos humanos e financeiros gastos.

É comum a concepção generalista de que quanto mais simples são os delineamentos utilizados menos eficientes serão os experimentos (CASLER, 2015). Essa ideia pode ser mal interpretada como "menos sensíveis ou menos confiáveis". Os delineamentos simples DIC e DBC, balanceados, não estruturados ou estruturados como fatoriais duplos ou triplos simples são, de fato, desenhos experimentais de grande popularidade, simplicidade, confiabilidade e sensibilidade. Não por acaso são amplamente aceitos na comunidade científica. Por serem balanceados, com repetições verdadeiras, completos e perfeitamente casualizados, esses desenhos, no entanto, podem ser muito caros e trabalhosos para alguns tipos de experimentos. Nesse sentido, algumas áreas do conhecimento adotam com alguma frequência desenhos experimentais mais complexos visando, basicamente, reduzir custos, mão-de-obra ou outros problemas operacionais de modo que se otimizem os recursos disponíveis à pesquisa sem reduzir a abrangência ou restringir os objetivos.

Neste contexto, visando contornar problemas operacionais relacionados à exigência de perfeita casualização das UEs, foram criados os desenhos em parcelas subdivididas, sub-subdivididas e faixas. Visando contornar problemas operacionais relacionados à homogeneidade prévia das UEs foram criados os desenhos em látices, quadrados latinos, greco-latinos, entre outros. Visando contornar problemas associados ao excessivo número de tratamentos em experimentos fatoriais foram criados os fatoriais fracionados, incompletos e os fatoriais com tratamentos adicionais. Visando incluir tomadas de dados sobre as mesmas UEs ao longo do tempo (violando a condição de independência!) foram criados os esquemas de análise para medidas repetidas. A fim de contornar custos associados ao excessivo número de fatores ou de UEs foram criados os delineamentos centrais compostos rotacionados (DCCR), Plackett-Burman (PB), entre outros. No entanto, estas estratégias quase sempre implicam em alguma redução na sensibilidade dos experimentos (aumentando a probabilidade do erro tipo II), não sendo recomendado que sejam sempre a primeira opção do pesquisador.

Por serem, em geral, mais eficientes em termos de custos, estes desenhos podem ser bastante atraentes ao pesquisador. Além disso, com alguma frequência são escolhidos apenas pela maior complexidade, na expectativa de criar uma atmosfera de pseudo-erudição e refinamento estatístico. Em algumas revistas científicas, infelizmente, esta estratégia funciona, já que revisores estão menos familiarizados com estes procedimentos mais complexos e assim tendem a não questioná-los. No entanto, por serem menos sensíveis podem representar uma economia questionável de recursos. Além disso, para a maior parte da comunidade científica uma pesquisa simples, bem fundamentada, tem mais valor que algo complexo e duvidoso (VOLPATO, 2010).

Alguns destes desenhos experimentais inclusive foram concebidos apenas como alternativas exploratórias para identificar variáveis importantes ou para triagem prévia de tratamentos. Assim, é recomendável que no planejamento de grandes e/ou caros experimentos inicie-se buscando reduzir as perguntas que se quer responder (para tentar reduzir o número de tratamentos) e reduzir o número de variáveis resposta para aquelas essenciais e não redundantes. Afinal, uma boa forma de reduzir custos é resistir à tentação de medir tudo simplesmente porque é possível ou porque se sabe fazer.

Visando reduzir custos pode-se ainda diminuir o número de repetições ([duas pode ser suficiente quando se sabe que o CV será muito baixo) e compensar isso pelo aumento de sub-repetições (que são mais baratas que as repetições verdadeiras) e pelo uso de testes mais sensíveis. Por fim, pode-se dividir o experimento em duas ou mais partes, mantendo-se um ou alguns poucos tratamentos em comum para permitir alguma comparação futura entre eles por meio de estatísticas descritivas. Se estas e outras opções não forem satisfatórias para permitir o uso de um delineamento simples utilize, por fim, desenhos experimentais complexos.

Um caso que merece destaque nesse sentido são os DCCRs, cujo uso tem se popularizado rapidamente em algumas áreas do conhecimento, especialmente impulsionado pela perspectiva de economia de recursos. Nos DCCRs um fatorial duplo 5 x 5 com níveis quantitativos e com três repetições (totalizando 75 UEs) pode ser substituído por um desenho com apenas 11 UEs (oito tratamentos com apenas uma repetição cada e mais um tratamento central com três repetições) (para mais detalhes veja Rodrigues & Iemma (2009)). Dependendo da variabilidade do processo ou do fenômeno em estudo, as superfícies de resposta geradas por estes dois experimentos poderão ser bastante distintas. Nota-se que com apenas três resíduos (do único tratamento central que possui repetições) não será possível uma avaliação das condições de normalidade, homocedasticidade e aditividade. É possível perceber que mesmo confiando na estimativa do erro experimental gerada apenas pelo tratamento central, a sensibilidade do experimento deverá ser reduzida se comparado ao desenho clássico com 75 UE's. Portanto, a necessidade de uso de um delineamento como este precisa ser bem avaliada, caso a caso.

Uma alternativa clássica relativamente eficiente, em termos de recursos, para satisfazer o exemplo anterior seria reduzir o fatorial para 4 x 4 (pois quatro é número mínimo de níveis para uma análise de regressão comum). Reduzindo-se ainda as repetições para apenas duas teríamos 32 UEs. Embora maior que as 11 UEs do DCCR, esse novo desenho com 32 UEs tende a ser mais sensível e gerar resultados mais confiáveis que um DCCR com 11 UEs. Se as limitações operacionais ainda forem impeditivas para montar o experimento com 32 UEs pode-se recorrer ao uso de blocos operacionais, conduzindo-se apenas um bloco de cada vez.

De uma forma geral, muitos desenhos experimentais mais complexos podem ser substituídos pela subdivisão de experimentos, pela redução do número de tratamentos ou pelo uso de blocos operacionais, etc. A opção por desenhos experimentais simples infelizmente é vista por alguns pesquisadores como uma simples "resistência a mudanças", "defasagem" ou "desatualização". Para não-estatísticos, no entanto, não é razoável justificar o desvio do foco de estudos de cada pesquisador para o estudo de outros métodos estatísticos, enquanto as ferramentas estatísticas simples estiverem atendendo satisfatoriamente bem. Outros casos de desenhos experimentais mais complexos serão abordados no item 6.3.

Importante considerar ainda que alguns desenhos experimentais simples podem ser adaptados para situações com restrições quanto à presença de repetições independentes e/ou devidamente casualizadas. Na área de manejo de solo, por exemplo, pode-se montar um experimento em DIC com repetições apenas em um dos tratamentos, sendo os demais compostos por apenas uma repetição. O erro experimental neste caso será estimado pela variabilidade entre as repetições do único tratamento que possui repetições verdadeiras, situação semelhante ao que ocorre num DCCR. Um experimento assim pode ser entendido como um DIC desbalanceado, neste caso "desbalanceado ao extremo" devido à presença de apenas uma repetição na maioria dos tratamentos. Evidentemente que esta possibilidade inviabiliza a verificação do requisito de normalidade, o que nos levaria a recomendar uma análise não-paramétrica. Se optarmos por uma ANOVA *on ranks* e por testes de médias *on ranks* teremos também alguma robustez à possível violação da homocedasticidade (Tabela 2.4). No entanto, como visto no capítulo 2, estes testes não dispensam a verificação da homocedasticidade e, portanto, há algum risco envolvido ainda que eles sejam um pouco mais robustos. Portanto, embora um experimento assim seja uma possibilidade válida do ponto de vista do adequado controle do erro tipo I (se existir homocedasticidade), a sensibilidade do experimento será muito baixa e a confiança não será a mesma pois não há como conferir o requisito de homocedasticidade.

3.4. Síntese das principais recomendações e entendimentos

i. Os delineamentos experimentais mais comuns são o delineamento completamente ao acaso (ou DIC) e o delineamento em blocos ao acaso (ou DBC). Eles correspondem aos desenhos experimentais com a melhor sensibilidade possível e um bom equilíbrio entre simplicidade analítica, custos e confiabilidade.

ii. Quando não é possível ou viável montar/conduzir um experimento em condições completamente casualizadas pode-se recorrer aos desenhos experimentais mais complexos. Tenha em mente, no entanto, que eles provavelmente irão reduzir o poder do experimento.

iii. Quando é possível identificar que o ambiente experimental (ou o organismo/objeto em teste) apresenta uma variação passível de ser controlada (ou seja, é possível separar o ambiente/condições em porções mais homogêneas entre si) pode-se recorrer ao delineamento em blocos casualizados. Dessa forma, a variação associada aos blocos será descontada e não será contabilizada como erro experimental, o que pode aumentar consideravelmente o poder do experimento.

iv. Em experimentos de campo, mesmo sabendo que o solo sempre possui heterogeneidade, pode não ser possível blocar. Afinal, se a área for plana, sem variação aparente em aspectos morfológicos importantes, sem variação quanto ao histórico de uso, etc., não há como separar a área em porções distintas.

v. Em geral, o uso de blocos operacionais é uma estratégia simples e ainda subutilizada para contornar limitações financeiras e operacionais diversas.

vi. Em muitos casos, quando o interferente a ser controlado é de natureza quantitativa e mensurável, pode ser mais vantajoso utilizar uma ANCOVA do que blocar o experimento. Em alguns casos é possível blocar para tentar controlar um determinado interferente e, ao mesmo tempo, realizar uma ANCOVA para controlar um outro interferente.

4. MEDIDAS DE DISPERSÃO E ESTATÍSTICAS DESCRITIVAS

É comum a expressão de preocupação de pesquisadores e estudantes quando estão diante de dados que violam as pressuposições da ANOVA e não há uma transformação adequada. Isso se explica, em parte, pela dependência apenas dos procedimentos paramétricos. Os testes não-paramétricos nem sempre são acessíveis, bem compreendidos e aceitos (incluindo-se os TCMs *on ranks*, veja item 2.6.6). Dessa forma, uma opção mais simples, ainda que imprecisa para se fazer inferências estatísticas, é o uso de estatísticas descritivas. Além das medidas de posição, elas incluem não só os tradicionais erro e desvio padrão, mas outras medidas que podem ser mais apropriadas a dados cuja distribuição de probabilidade de erros não se conhece. Além disso, mesmo quando se aplica um teste formal para se fazer inferências, é usual também se apresentar uma medida da variabilidade dos dados.

4.1. Desvio padrão

Muitos pesquisadores defendem o uso generalizado do desvio padrão como medida de dispersão a ser apresentada nos trabalhos científicos (VOLPATO & BARRETO, 2011; GOTELLI & ELLISON, 2011). O principal argumento está no fato desta medida estar na mesma escala dos dados, diferente do que ocorre com a variância do erro. A falta de consenso permanece, no entanto, entre apresentar preferencialmente o erro padrão ou o desvio padrão. Na realidade não há uma resposta fixa para tal dúvida porque depende do que se quer representar (a variabilidade da amostra ou a expectativa de variabilidade da média amostral). Interessante notar que mesmo entre os pesquisadores que optam pelo uso prioritário do desvio padrão, não o fazem quando querem representar a variabilidade em torno da estimativa de um parâmetro de um modelo de regressão, recorrendo ao erro padrão nesse caso.

O desvio padrão (*standard deviation*) é uma medida de dispersão dos dados ou da dispersão das observações em torno da média. Como quase sempre estamos trabalhando com médias amostrais e não populacionais, o desvio padrão é calculado como desvio padrão amostral (*s*). É a medida de dispersão de maior magnitude dentre as mais comumente empregadas. Como esperado, o desvio padrão é um pouco superior ao próprio desvio médio, ou seja, o desvio padrão é maior até que a média dos desvios absolutos de cada observação que compõe a média.

Desvio padrão das amostras: $s = \sqrt{\frac{\sum_{i=1}^{n}(y-\bar{y})^2}{n-1}}$

4.2. Erro padrão e coeficiente de variação

O erro padrão (standard error (*SE*)) é uma medida de dispersão da média amostral, ou seja, se a média fosse obtida novamente com o mesmo número de repetições, ela oscilaria entre média ± *SE*. Já o desvio padrão, como visto anteriormente, é uma medida de dispersão das amostras utilizadas para obter uma média. Dessa forma, é comum a recomendação de uso generalizado para o erro padrão no lugar do desvio padrão (BANZATTO & KRONKA, 2006), já que o erro padrão é quem informa a precisão da média obtida. Em outras palavras, é o SE que informa a oscilação da média, mas não a oscilação das amostras que compõe a média. Significa dizer que o erro-padrão também está, tal como o desvio padrão, na mesma escala da média apresentada.

Erro-padrão da média: $SE = \frac{s}{\sqrt{r}}$

A escolha da medida de dispersão é importante porque a magnitude da medida de dispersão apresentada num trabalho científico é frequentemente usada para inspecionar, de maneira rápida, se duas médias diferem entre si. A depender de quantas comparações serão realizadas, se for utilizado o desvio-padrão para essa inspeção, provavelmente seremos menos sensíveis às diferenças que os próprios testes de médias. Dessa forma, se usarmos um teste de médias e também apresentarmos as médias acompanhadas do desvio-padrão, as duas informações poderão parecer conflitantes ou incoerentes. Importante lembrar que a medida de dispersão é apresentada, frequentemente, como "±", uma barra para cima e outra para baixo, ou seja, 2 vezes a medida escolhida. Em muitos casos, o valor "2 *s*" é um valor superior à DMS dos testes de médias.

É necessário frisar que os testes de médias nos fornecem uma inferência muito mais segura que as medidas de dispersão justamente porque consideram também quantas comparações serão realizadas, reduzindo as chances de acumularmos inferências erradas em função de um grande volume de inferências realizadas (fenômeno da multiplicidade do erro que será visto no capítulo 5). Se, por um lado o valor "2 *s*" é frequentemente maior que a DMS dos testes de médias, o valor "2 *SE*", por outro lado, é quase sempre menor que a DMS dos testes. Significa dizer, portanto, que nenhuma destas medidas de dispersão é exatamente coerente com a DMS dos testes de médias. A confusão tende a ser maior, no entanto, quando a medida de dispersão é maior que a DMS do teste de média. Diante disso, além do sentido teórico mais coerente do erro-padrão, ele é uma medida menos incoerente com a DMS dos testes mais sensíveis do que o desvio-padrão.

Segundo Kramer et al. (2016) a representação do *SE* das médias num artigo científico pode se tornar um problema porque pode induzir o leitor a estabelecer diferenças entre as médias com base nos diversos *SE* apresentados e não com base num *SE* médio ou comum entre os tratamentos. Os leitores fazem isso com frequência, baseando-se na ideia de que se os limites das linhas (ou "bigodes") para cima e para baixo de dois tratamentos não se sobrepõem é porque "os tratamentos diferem entre si". A ideia de comparar os limites dos "bigodes", embora imprecisa, não é ruim (KRAMER et al., 2016). O problema é que sempre vão existir variações entre os *SE* das médias dos tratamentos. Se um teste de homogeneidade de variâncias previamente realizado apontou que os erros são homocedásticos, essas variações nos *SE* se devem ao acaso. Ou seja, havendo homocedasticidade o mais correto é representar os *SE* como sendo de igual magnitude entre todos os tratamentos. E como calcular esse *SE* comum? A melhor estimativa para ele é, evidentemente, a partir do QMRes da ANOVA. Afinal, o QMRes da ANOVA já descontou, da variação das amostras em torno das médias, outras variações previstas no modelo.

Além disso, Kramer et al. (2016) apontam que o problema se torna crítico em experimentos em DBC, já que nesse caso os *SE* de cada média podem englobar ou se confundir ao efeito de blocos. Este efeito vai inflacionar as estimativas dos *SE*, que parecerão incoerentes com as diferenças entre tratamentos apontadas pelos testes de médias. Portanto, se o pesquisador deseja apresentar um valor de *SE* específico para cada tratamento deveria, no mínimo, calculá-los corretamente de acordo com o modelo estatístico. Havendo homocedasticidade, melhor seria usar um *SE* comum ou do "experimento como um todo", calculado a partir do QMRes do experimento. Uma das dificuldades que se pode encontrar com essa concepção é em experimentos mais complexos, com duas ou mais estimativas de erro (como nested, parcelas subdivididas, faixas, etc). Simplificadamente pode-se optar por representar apenas aquele associado à um maior GL.

Por fim, é interessante notar que este entendimento acerca da importância de se mostrar um erro comum (advindo do QMRes da ANOVA) e não um erro variável para cada média vai ao encontro da clássica concepção de não se mostrar nenhuma medida de dispersão, apenas mencionar o coeficiente de variação (CV). A partir do CV (CV = 100 . *s* / média global) pode-se calcular facilmente tanto o desvio padrão do experimento quanto o erro padrão do experimento.

O CV, ou desvio padrão relativo, é uma razão muito popular para expressar a precisão aproximada de um experimento. Apresentar o valor do CV para cada variável resposta é muito útil para estudos futuros (incluindo meta-análises) ou para que revisores e leitores confirmem os resultados de alguns testes estatísticos. Uma característica importante do CV é que ele é independente da escala dos dados, diferentemente da variância, do erro padrão ou do desvio padrão. Isso permite uma comparação entre as estimativas do erro experimental para diferentes variáveis resposta avaliadas. Assim, um CV de 10 % corresponde à um desvio padrão experimental igual à 10 % da magnitude da média geral, independentemente de a variável resposta ser altura, teor ou massa em gramas ou em quilogramas, etc. Apesar da grande popularidade do CV na estatística experimental, é importante reconhecer suas desvantagens. Dentre elas merece destaque o fato do CV ser muito sensível ao valor da média geral e o fato de ele ser calculado com o valor de *s* e não de *SE*. Por ser calculado com *s*, ao invés de *SE*, o CV usa uma medida de dispersão das amostras em torno das médias para relacioná-la com a média geral. Não é, portanto, uma medida relativa da precisão das médias, tal como seria o erro padrão relativo ou índice de variação (IV). O IV, embora pouco conhecido, possui melhor qualidade como um indicador da precisão das médias de um experimento e, consequentemente, como indicador da precisão de um experimento do que o CV (PIMENTEL-GOMES, 1991). O IV também é conhecido como coeficiente de precisão das médias (CP).

No passado tentou-se definir valores de referência para CVs de diferentes variáveis, para vários tipos de experimentos. Com eles tentou-se criar um critério para avaliar a qualidade geral de experimentos. Pimentel-Gomes & Garcia (2002) citam, por exemplo, que em condições de campo CVs inferiores a 10 % podem ser considerados baixos, de 10 a 20 % médios, de 20 a 30 % altos e acima de 30 % muito altos. Posteriormente concluiu-se que esse tipo de comparação não é suficiente, e nem exatamente adequado, para se inferir sobre a qualidade de um experimento, inclusive porque os CVs de uma determinada variável resposta podem variar em função de diversos fatores, até mesmo em função dos preditores testados. Ainda assim são referências que podem ser úteis em alguns casos.

4.3. Intervalo de confiança e margem de erro

O uso de intervalos de confiança (IC) é muito comum embora sua interpretação não seja exatamente simples. Quando se calcula um intervalo de confiança (ao nível de 5 % de probabilidade de erro, por exemplo) para uma média pode-se interpretar da seguinte forma: tem-se relativa confiança de que este intervalo contenha o verdadeiro valor da média populacional, uma vez que se este IC for recalculado, a partir de outras amostras, em 95% dos intervalos assim obtidos, ele conterá o real valor da média.

Assim como ocorre com as medidas de dispersão "*s*" e "*SE*", os ICs têm sido muito utilizados nos trabalhos científicos para definir uma medida simplificada de DMS, ou seja, de diferença mínima significativa entre médias. Esse uso dos ICs, tal como ocorre com o desvio padrão, pode gerar alguma confusão devido à incoerência que pode aparecer com as DMS dos testes formais para este fim, como Tukey, Holm, Dunnett ou outros.

A comparação do IC com a DMS dos testes de médias nos faz pensar sobre a forma como frequentemente se representa os ICs (*t* bilateral), sendo muito comum encontrar na literatura gráficos de barras com "bigodes" adicionais plotadas para cima e para baixo da média (ou média ± IC). A
100

recorrente interpretação de que "médias que possuem ICs que não se sobrepõem são estatisticamente distintas" não é precisamente adequada. ICs não são coerentes com a magnitude da DMS pois não consideram a multiplicidade do erro que sempre vai ocorrer quando se faz várias comparações simultaneamente (algo que os testes de médias consideram, como será visto no capítulo 5). Significa dizer que usar ICs para comparar médias é, em geral, uma estratégia excessivamente liberal (o que aumenta a frequência de falsas diferenças), já que não considera o número de comparações que serão realizadas.

Considerando a forma como se tem utilizado os ICs nos trabalhos científicos, alguns pesquisadores defendem que seria melhor recorrer ao conceito de "margem de erro definida pelo intervalo de confiança". A margem de erro (ME) é a metade da distância do intervalo de confiança, entendendo-se que a média ocupa o centro do intervalo (MINITAB, 2018). A ME é ½ IC (ou simplesmente "t_0 . SE" e não "2 x t_0 . SE" como o IC). A ME permitiria uma comparação entre médias mais coerente com a magnitude da DMS dos testes de médias nas condições mais sensíveis. Além disso, para melhorar a coerência com os testes de médias e assim controlar melhor a multiplicidade do erro, ICs e MEs podem ser calculados considerando-se a correção de Bonferroni para a estatístca t, ou seja, dividindo-se o α crítico pelo número de comparações previstas. Esta opção está disponível no software SPEED Stat de forma automática, já que o software calcula o número total de comparações a serem realizadas de acordo com os testes selecionados pelo usuário e com a estrutura de tratamentos de cada caso. Com o ajuste de Bonferroni, ICs e MEs podem, de fato, auxiliar nas inferências sobre as diferenças entre as médias de forma mais segura.

No caso de análises de regressão em situações experimentais podem ser calculados aos menos três "tipos" de intervalos de confiança: i. intervalos de confiança das médias (com ou sem correção de Bonferroni, tal como descrito anteriormente e disponível no SPEED Stat); ii. intervalos de confiança dos parâmetros (ou seja, de cada parâmetro do modelo de regressão em questão); iii. intervalos de confiança do modelo ajustado (considerando o resíduo do modelo de regressão e não o resíduo experimental geral). Neste último caso, bastante frequente na literatura, os intervalos de confiança calculados variam para cada valor de X (variável preditora), gerando ICs maiores nas regiões extremas do intervalo de X estudado e ICs menores nos valores de X medianos.

4.4. Medidas de *Effect size*

Com alguma frequência nos deparamos com situações nas quais os resultados dos testes de médias nos parecem estranhos, destacando-se: i. quando o teste não acusa diferença entre tratamentos cujas médias diferem numericamente entre si em grande magnitude (50 % de incremento ou mais, por exemplo); ii. quando o teste acusa diferença significativa entre tratamentos, mas esta diferença é de magnitude muito pequena, com pouco ou nenhum sentido prático.

Estas situações ilustram bem a importância da distinção entre "diferença estatisticamente significativa" e "tamanho da diferença" ou "tamanho do efeito". Um efeito de grande magnitude de um tratamento em relação ao outro (50 % de incremento, por exemplo) só será estatisticamente significativo se o erro experimental não for muito grande (veja Figura 5.1). Com um erro experimental gigante, grandes diferenças entre as médias amostrais poderão não ser significativas pois estas grandes diferenças podem ter ocorrido por acaso. Por isso, o usual conceito de percentagem de incremento não é a medida de tamanho de efeito mais adequada do ponto de vista estatístico. Percentagens de incremento ou de redução são medidas "absolutas" de tamanho de efeito. Uma medida relativa, ou seja, que relativize o tamanho do efeito em função do tamanho do erro experimental pode ser mais adequada. Este é o princípio básico das medidas de "*effect size*", como o "d" de Cohen, "g" de Hedges, Δ de Glass, f^2 de Cohen, entre outras. O uso destas medidas agrega informações ao conceito de significância estatística, e poderiam ser usadas de forma combinada com os testes de médias.

As medidas de *effect size* (*ES*) formalizam os dois tipos básicos de efeitos estranhos "i" e "ii" exemplificados anteriormente: efeitos grandes, mas não significativos sugerem que as pesquisas futuras necessitam de maior poder, enquanto que efeitos pequenos, porém significativos sugerem tamanho amostral exagerado ou condições excessivamente controladas que podem ter gerado uma supervalorização do efeito observado (LINDENAU & GUIMARÃES, 2012). Além disso, as medidas de *ES* representam uma tentativa de superação da dicotomia dos testes de médias, que se restringem a resultados do tipo "difere ou não difere" (*p-valor* acaba sendo interpretado de forma discreta), gerando uma escala contínua de magnitude do efeito, sendo esta não exatamente correlacionada com o *p-valor* (CONBOY, 2003), já que o *p-valor* decresce exponencialmente com o aumento do *ES*. Amostras grandes podem dar origem a reduzidos *p-valores*, exagerando assim a importância de diferenças de pequeno efeito. Por estes motivos, o uso de *ES* tem ganhado força, em especial nas ciências sociais e nas ciências médicas, de forma complementar aos testes de médias e contextualizar os p-valores reportados nos testes de médias.

Entre as diferentes medidas de magnitude de efeito, uma delas tem se destacado pela simplicidade, popularidade e adaptabilidade a diferentes situações: a *ES* "d" de Cohen. Embora inicialmente desenvolvida para comparações de apenas duas amostras independentes, na prática ela se adequa relativamente bem a outras condições. Ela foi planejada como uma simples adaptação do conceito de *z-scores*, sendo definida pela equação:

d de Cohen = $|m_1 - m_2| / s$, que é aproximadamente equivalente à "% de aumento / CV" (facilitando a consulta na Figura 5.1)

Ela representa, portanto, quantas vezes o efeito é, em módulo, maior que o desvio padrão experimental (s). Embora seja difícil estabelecer uma interpretação ampla e consensual sobre os valores de "d", é razoável inferir-se que valores de "d" maiores ou iguais a 1.20 podem ser considerados como "grandes" (COHEN, 1988) embora essa magnitude não possa ser usada como um critério seguro, já que varia em função do número de tratamentos e do número de repetições. Define-se dessa forma um conceito formal, ainda que impreciso, do que seria um "efeito grande", podendo este ser significativo (como esperado) ou não significativo (indicando problemas de poder ou sensibilidade no experimento). Um d-Cohen elevado, portanto, pode auxiliar na discussão sobre diferenças não significativas encontradas, ajudando a sustentar o argumento de que, "embora a diferença seja não-significativa, a hipótese merece ser investigada novamente". Em outras palavras, o d-Cohen pode ajudar na especulação sobre a veracidade de H_0 (quando d-Cohen < 0.3, por exemplo), algo que os testes de médias geralmente não permitem (veja capítulo 5). É preciso cuidado na interpretação das medidas de *ES*. Nenhum nível de *ES* pode ser traduzido, automaticamente, em significância prática. A "significância prática" deve ser definida caso a caso, seja por meio de uma análise de custo/benefício ou comparando-se com *ES* da literatura na área específica (CONBOY, 2003).

Importante considerar que a medida de tamanho de efeito absoluta mais utilizada ainda é a "% de aumento" (100x(maior-menor)/menor) ou a "% de redução" (100x(maior-menor)/maior), e o d-Cohen não consegue substituí-la, apenas complementá-la. Vale lembrar que um aumento de 15 para 25 corresponde à um efeito absoluto de 67% de incremento (+67%) e uma redução de 25 para 15 corresponde à um efeito absoluto de 40% de redução (-40%). O d-Cohen, no entanto, seria um valor único.

4.5. Outras estatísticas descritivas e os *box-plots*

Os gráficos de caixa ou "box-plots" estão se tornando mais frequentes em artigos científicos, especialmente naqueles ligados às ciências biológicas. Eles podem ser mais informativos que os gráficos de barras tradicionais (que apresentam apenas a média aritmética como medida de posição e uma medida de dispersão), embora isso nem sempre represente uma vantagem. Seu uso é mais comum em situações em que as condições paramétricas foram violadas ou não puderam ser verificadas (como em experimentos muito pequenos ou para variáveis discretas), mas isso não é exatamente uma regra.

Num box-plot é apresentado, na forma de um traço forte, a mediana como uma medida de posição. Ela é menos sensível a presença de dados discrepantes que a média aritmética. Esse traço forte é representado dentro de um retângulo ou caixa que indica o intervalo onde estão contidos 50% dos dados (ou a distância entre o primeiro e o terceiro quartil, também conhecida como amplitude interquartil). Adicionalmente, a caixa é acompanhada de barras ou hastes que representam os limites superior e inferior (LI e LS) (alguns autores preferem representar os decis inferior e superior). Valores mais discrepantes, fora desse "mega" intervalo, podem ser representados, sendo frequentemente interpretados como fortes candidatos a outliers (Figura 4.1). É preciso cuidado com eles, pois podem ser pontos legítimos em distribuições não-normais ou em estudos observacionais que não tenham um controle experimental das demais variáveis. Alguns pesquisadores optam por também informar a média aritmética dentro da caixa central. Os limites inferior (LI) e superior (LS) (não confundir com valor de máximo e mínimo) podem ser calculados a partir das seguintes equações: $LI = Q_1 - c$. AIQ e $LS = Q_3 + c$. AIQ, em que AIQ é a amplitude interquartil (Q_3-Q_1) e c é uma constante (geralmente opta-se por 1.5 ou 1.96).

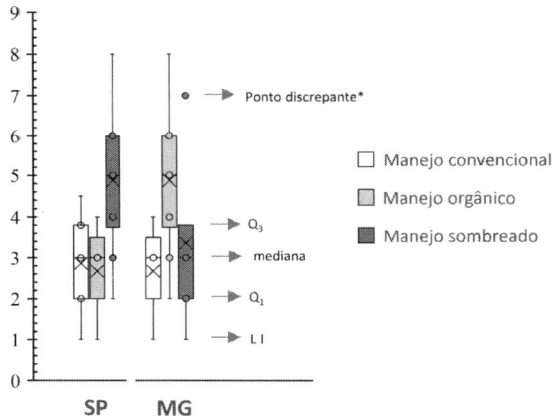

Figura 4.1 - Gráfico de caixa ou box-plot de um estudo observacional hipotético em estrutura 3x2 (3 manejos em 2 locais distintos). Note que mais informações podem ser plotadas num gráfico box-plot do que num gráfico de barras comum. Aqui as observações (pontos), as médias ("x"), as medianas (traço central), AIQ's (caixa), LI's, LS's e pontos discrepantes são apresentados. O tamanho de cada caixa representa a AIQ. Caixas que não se sobrepõem (como as correspondentes ao manejo convencional e orgânico no local MG) possivelmente indicam que as medianas diferem entre si (embora esse tipo de inferência seja comumente muito liberal). *o ponto discrepante não necessariamente é um outlier, pois pode pertencer a uma população cuja distribuição de erros é assimétrica.

No Excel, a partir da versão 2016, os gráficos em caixa (box-plot) são uma opção pré-definida de fácil uso. Resumidamente, os passos para gerar gráficos do tipo box-plot no Excel são: i. selecionar uma coluna de dados (referente à apenas um grupo ou tratamento); ii. ir na aba "Inserir" e depois em "Gráficos recomendados/Todos os gráficos/Caixa e caixa estreita"; iii. outros grupos podem ser inseridos clicando sobre a área do gráfico e escolhendo "Selecionar dados". No Excel 2016 ou posterior os quartis podem ser definidos incluindo ou não a mediana. Em geral, embora a influência de zeros estruturais em amostras pequenas e ímpares não seja desprezível, a opção pelo cálculo dos quartis com as medianas é mais interessante, uma vez que permite evidenciar melhor os pontos mais discrepantes no conjunto de dados. Essa recomendação, no entanto, não é consensual.

Adaptações nos box-plots têm sido utilizadas, com destaque para o uso de caixas de largura variável (proporcionais ao tamanho da amostra). Esta proporção geralmente não é linear, mas calculada em função da raiz quadrada do número de repetições de cada grupo. Embora os box-plots estejam em alta, não é tão simples inferir diferenças significativas entre medianas usando estes gráficos. Para obter informações realmente confiáveis sobre as diferenças entre os tratamentos os box-plots não conseguem substituir os testes de médias. Dessa forma, por mais visualmente atraentes que os gráficos box-plots sejam, eles não acrescentam informações relevantes do ponto de vista da inferência estatística. Afinal, a comparação entre os tratamentos não pode ser feita, de maneira segura, apenas pela inspeção visual de limites inferiores e superiores ou através das diferenças na amplitude interquartil (AIQ). Além disso, em DBC ou outros modelos mais complexos, a variação associada aos demais componentes do modelo (como o efeito de bloco) poderá ser erroneamente interpretada como erro experimental num box-plot, algo que é facilmente contornado num gráfico de barras simples.

Quando box-plots são apresentados num artigo, o leitor acaba tentando estabelecer diferenças significativas entre os grupos "visualmente". Nos gráficos de barras comuns, a maioria dos pesquisadores está bem familiarizado com a concepção de que "SE x 2" é uma amplitude razoável para inferir diferenças. Vimos anteriormente que "s x 2" tende a ser muito conservadora em alguns casos, embora possa ser liberal em outros. Embora seja difícil generalizar, uma vez que depende muito da natureza dos dados, na maioria dos casos AIQ tende a ser maior que "SE x 2" e menor que "s x 2". Teoricamente, na medida que os dados se aproximam da simetria perfeita AIQ se aproxima de "2 x desvio absoluto médio". De toda forma, deve-se ter em mente que assim como o uso do desvio padrão e do erro padrão, o uso da AIQ não permite uma inferência estatística confirmatória, pois o nível de controle do erro tipo I familiar é variável, principalmente em função do número de comparações a serem realizadas.

Por fim, é preciso considerar que box-plots não são recomendados para representar grupos com número de repetições ≤ 3. Krzywinski & Altman (2014) recomendam um número mínimo de cinco (≥ 5). Isso porque a mediana e os quartis não podem ser bem estimados em grupos excessivamente pequenos. Box-plots podem ser combinados também com outras estatísticas, como intervalos de confiança para medianas (KRZYWINSKI & ALTMAN, 2014) e testes de médias. No entanto, se a AIQ e a DMS do teste de média forem muito distintas o leitor menos experiente poderá ficar em dúvida em qual confiar. Se os requisitos estiverem sendo cumpridos e for escolhido um teste poderoso, o teste de médias formal tende a ser a melhor escolha.

4.6. Síntese das principais recomendações e entendimentos

i. O desvio padrão (s ou S) é uma medida da dispersão das amostras em torno da média e o erro padrão (SE) é uma medida da dispersão da média, caso ela fosse reobtida. Dessa forma, como geralmente o pesquisador tem a intenção de mostrar a precisão das médias, é mais recomendável apresentar a SE. Ambas as medidas estão na mesma escala dos dados.

ii. Deve-se ter em mente que a medida de dispersão a ser apresentada deve ser coerente com o modelo estatístico, ou seja, os desvios somente poderão ser calculados com "observação – média do tratamento" no modelo DIC simples.

iii. Nenhuma medida de dispersão ou medida de *effect size* (seja erro padrão, desvio padrão, desvio médio, intervalo de confiança, margem de erro, amplitude interquartil, d-Cohen, entre outras) permite inferências realmente seguras quanto às diferenças entre as médias dos tratamentos em condições experimentais, onde geralmente há mais de uma comparação de interesse. Para esta finalidade foram desenvolvidos os testes de médias, que permitem controlar adequadamente o erro tipo I familiar, como será visto no próximo capítulo. No entanto, ICs e MEs podem ser calculados com a correção de Bonferroni, tornando-os muito semelhantes à DMS dos testes de médias.

iv. Quando há homogeneidade de variâncias entre os tratamentos, devidamente averiguada por um teste adequado de acordo com o modelo estatístico pré-definido, pode ser mais simples e objetivo apresentar uma medida de dispersão comum do experimento como um todo no lugar de apresentar uma medida de dispersão específica para cada tratamento. O s comum corresponde à raiz quadrada do QMRes da ANOVA.

v. Embora o CV seja uma medida útil da precisão experimental, deve-se ter em mente que mesmo que um experimento possua uma variável com CV > 40 % ele será confiável do ponto de vista das diferenças estatisticamente significativas apontadas. Afinal, o erro tipo I de um teste de médias não varia em função do CV. No entanto, como será visto no capítulo 5, um CV alto aumenta ainda mais as incertezas quanto ao erro tipo II.

vi. Medidas de "tamanho de efeito" podem ser calculadas em uma escala absoluta (como a % de incremento ou a % de redução) ou em uma escala relativa (como o d-Cohen, onde o tamanho do efeito é expresso em relação ao tamanho do s). Efeitos de grande magnitude, porém não significativos, são indicativos de um n muito pequeno e/ou de outras condições que resultaram em um poder muito baixo.

vii. Box-plots são gráficos que podem ser úteis para dados com resíduos assimétricos em estudos com número de repetições ≥ 5. No entanto, utilizá-los para dados com resíduos normais em substituição aos gráficos de barras simples não traz nenhuma vantagem prática.

5. TESTES DE MÉDIAS

5.1. Por que tantas discordâncias sobre os testes?

A falta de consenso entre os próprios estatísticos é evidente quando o assunto é testes de comparação de médias. Vários pontos podem ser levantados para explicar o atual estado de falta de consenso sobre o tema.

A dificuldade de realizar os cálculos de alguns testes, e consequentemente a menor frequência deles em softwares estatísticos, certamente é um fator que desfavorece testes como SNK, REGWF, Holm, entre outros. Em oposição, os de cálculo simples como *t*-LSD e Tukey acabam sendo favorecidos neste sentido (PEARCE, 1993). Tradições de área também são influências claras, onde as opções de determinados pesquisadores renomados ou de editores de revistas acabam direcionando o maior uso de um ou outro procedimento, ainda que nem sempre com forte embasamento estatístico (CURRAN-EVERETT, 2000). Exemplificam estas influências o fato do teste SNK ser mais recorrente na Revista Brasileira de Zootecnia, o teste F para contrastes ortogonais ser mais recorrente na Revista Brasileira de Ciência do Solo e o teste de Bonferroni ser mais recorrente nas revistas da American Physiological Society. Por fim, a falta de consensos e o desconhecimento estatístico, especialmente no que se refere à importância de taxas de erro tipo I familiar ou mesmo a confusão frequente entre diferenças "significativas" e diferenças "importantes" encerram o conjunto majoritário de motivos para tantas discordâncias. Parte destes problemas é devido à falta de consenso inicial, desde a concepção dos testes, sobre a importância de se controlar as taxas de erro tipo I familiar e à crença de que estas taxas seriam parcialmente controladas pelo teste F prévio, o que hoje é conhecidamente falso graças aos estudos por simulação em condição de nulidade parcial. Nulidade parcial é a condição de existência de um ou alguns tratamentos com diferenças reais e outros sob efeito nulo. Há casos, no entanto, em que o teste F prévio (proteção da ANOVA) ainda cumpre um papel importante e falaremos sobre isso novamente no capítulo sobre regressão.

A confusão existente entre "diferença significativa" como sinônimo de diferença de grande magnitude ou então como "diferença com sentido prático" tem estimulado o uso generalizado de testes pouco sensíveis, como o teste de Tukey. Usar testes mais sensíveis é muito importante pois, entre outros motivos, é preciso ter em mente que, atualmente, são cada vez mais raras as novas tecnologias ou processos que geram incrementos de grande magnitude. Nas cadeias produtivas principais é incomum um processo ou produto inovador que gere incrementos na ordem de 30 % ou mais. Significa dizer que nunca foi tão importante utilizarmos testes mais sensíveis. Além disso, é crescente a noção de que para se entender o todo (natureza) deve-se ter boa sensibilidade à soma dos pequenos incrementos de cada uma das partes ou dos sinergismos entre elas.

Por outro lado, testes muito sensíveis podem ser também testes com elevadas taxas de erro tipo I por família. Todo pesquisador busca métodos sensíveis, eficientes em detectar as diferenças reais existentes entre os tratamentos. Mas, os pesquisadores também reconhecem que o risco de falsas descobertas não pode ser maior que a ânsia por descobertas. Vale lembrar que a crise atual de reprodutibilidade das pesquisas científicas pode também estar relacionada ao uso de testes estatísticos que não controlam as taxas de erro familiares (FWER) (PENG, 2015).

Deve-se salientar que um teste paramétrico de significância (um teste de médias, por exemplo) não avalia se uma média é muito maior que outra, mas avalia, "se uma média é maior que outra em relação à magnitude do erro experimental" ou, mais precisamente, "avalia a probabilidade de uma determinada diferença entre duas médias amostrais ocorrer por acaso, considerando-se os erros como normais num determinado modelo estatístico". Assim, mesmo o teste de Tukey, que não é muito sensível, poderá apontar uma média de 25.0 como significativamente diferente de 24.9, pois o teste depende essencialmente da magnitude do erro experimental estimado e não apenas do tamanho da diferença entre duas médias. Para poder avaliar melhor o tamanho da diferença entre médias pode-se recorrer às medidas de *effect size*, como discutido no item 4.4.

Apesar das enormes confusões sobre o termo "estatisticamente significativo" e do generalizado mal uso da expressão "$p < 0.05$" (WASSERSTEIN et al., 2019), será apresentado aqui uma abordagem clássica sobre a inferência estatística. Os testes estatísticos seguem sendo extremamente úteis para "distinguir o sinal do ruído" nos dados, embora alguns cuidados importantes devem ser tomados, como por exemplo:

i. não considere que uma diferença esteja ausente só porque não foi "estatisticamente significativa" (afinal, os testes não possuem erro β sob controle na esmagadora maioria das situações e a falta de evidência suficiente para H_1 não implica na veracidade de H_0);

ii. não considere que uma diferença esteja realmente presente (mesmo que $p < 0.05$) sem observar a adequabilidade do modelo estatístico considerado para cada pesquisa ou sem considerar os requisitos do(s) teste(s) aplicado(s) ou sem considerar o subtipo de erro tipo I que está sob controle em cada teste (CWE, FWER, EWER, MFWER, ...);

iii. não interprete que uma diferença "significativa" seja sinônimo de uma diferença importante ou relevante (contextualize os p-valores com medidas de tamanho de efeito, veja item 4.4, e não deixe de relatar o número total de variáveis avaliadas para não omitir o risco da MFWER);

iv. não interprete que uma diferença "significativa" implique necessariamente em relação causal entre preditores e respostas em estudos observacionais;

110

v. em estudos experimentais devidamente casualizados, controlados e com repetições independentes, uma diferença "estatisticamente significativa" somente deveria ser considerada como evidência de algo se as condições experimentais estiverem adequadas e, preferencialmente, se os conhecimentos válidos prévios permitirem uma interconexão plausível com estas evidências;

vi. em estudos experimentais bem conduzidos, devidamente casualizados, controlados e com repetições independentes, uma diferença "estatisticamente significativa" sempre terá extrapolação restrita pois sempre estará condicionada às condições fixas do ambiente experimental escolhido (mesmo que o modelo seja misto haverá alguma condição fixa como tipo de solo, de planta, de clima, de variedade, de manejo, de insumos, de histórico, etc, etc ...);

vii. os valores $p = 0.049$ e $p = 0.051$ não são, de fato, tão distintos. Mas, no esforço de desenvolver um critério estatístico razoavelmente replicável, simples e pouco subjetivo, não há outra ferramenta consensual, no momento, que permita substituir de maneira vantajosa a usual "interpretação dicotômica" do p-valor. Infelizmente, isso parece se aplicar também às técnicas bayesianas, técnicas baseadas em razões de verossimilhança, modelos mistos mais complexos (GLMM), técnicas baseadas em conversões de p-valores em outras escalas ou baseadas em intervalos de confiança, estatísticas descritivas ou medidas de *effect size*, etc. A dicotomização pode ser reduzida, no entanto, quando se interpreta p-valores com mais modéstia, como uma estimativa de "maior" ou "menor" nível de incerteza e contextualizada com conhecimentos prévios e com medidas de tamanho de efeito;

viii. nem sempre é viável relatar p-valores de forma contínua (como $p = 0.036$ em lugar de apenas $p < 0.050$), especialmente quando se utiliza testes de comparação múltipla de médias (pois envolveria apresentar um p-valor para cada comparação duas-a-duas realizada). Além disso, em alguns testes especialmente úteis, como o teste de Holm, a própria estimativa do p-valor não é precisa;

ix. os projetos devem, previamente, declarar se a pesquisa será de natureza exploratória ou confirmatória e, neste último caso, explicitar claramente o número de hipóteses científicas específicas a serem testadas (veja item 1.3.2) e os testes que serão aplicados para o controle da FWER, no mínimo;

x. reconhecendo-se que cientistas estão sujeitos à interferências pessoais, econômicas, políticas, ideológicas ou religiosas diversas e que a probabilidade de erro α nunca é zero, decisões importantes não deveriam ser tomadas com base em um único estudo científico sobre um tema.

Algumas destas recomendações vão ao encontro das sugeridas por Wasserstein et al. (2019), mas outras não. A compreensão de algumas destas recomendações depende de conceitos que serão melhor explorados ao longo deste capítulo.

5.2. O poder e as taxas de erro de um teste

Primeiramente vamos revisar os conceitos de erro tipo I (erro α) e erro tipo II (erro β), os dois tipos de erros mais importantes. Para isso, precisamos recordar que, para os testes de médias em geral, as hipóteses são H_0: $\mu1 = \mu2$ e H_1 ou H_a: $\mu1 \neq \mu2$. Note que as hipóteses estatísticas são elaboradas para os parâmetros populacionais, pois queremos usar as médias amostrais para fazer inferências sobre as médias populacionais. O erro tipo I representa a possibilidade de se aceitar H_1 sendo ela falsa (ou falso positivo). Ou seja, no contexto dos testes de médias, representa a possibilidade de se concluir que são diferentes médias que, na verdade, não diferem entre si. O erro tipo II representa a possibilidade de se rejeitar H_1 sendo ela verdadeira. Ou seja, representa a possibilidade de se concluir que são "iguais" médias que são, de fato, diferentes (ou falso negativo). O erro tipo II também pode ser entendido como "falta de poder", uma vez que erro β (%) = 100 – poder (%). Simplificadamente, para os testes de médias "poder" é a capacidade de um teste de perceber a existência de uma diferença real entre as médias, seja ela de grande ou de pequena magnitude.

As taxas de erro tipo I e tipo II são aproximadamente complementares entre si, ou seja, se quisermos reduzir uma geralmente aumentaremos a outra. O erro tipo I é entendido como um erro mais grave que o erro tipo II. O motivo disso é baseado na própria filosofia da ciência, uma vez que é preferível errar por falta de provas mais convincentes do que errar por aceitar evidências muito questionáveis. Ideia semelhante ocorre até mesmo na área jurídica, em que "na dúvida o réu é favorecido", ou seja, a hipótese de que "ele não fez nada" (H_0) é aceita. Algo como "melhor errar por soltar um criminoso do que errar por prender um inocente". Como damos mais atenção ao erro tipo I, nossos experimentos tendem a estar mais carregados em erro tipo II. Não há como escapar desse dilema, exceto quando o erro experimental é muito pequeno ou quando as diferenças entre os tratamentos são muito grandes (x vezes maior que o erro experimental) ou quando o número de repetições é extremamente grande (o que é frequentemente inviável na experimentação).

O dilema da complementariedade dos erros tipo I e tipo II nos ajuda a compreender por que, do ponto de vista estatístico, temos mais confiança quando encontramos uma diferença entre tratamentos do que quando encontramos uma "semelhança" entre tratamentos. Simplificadamente, quando encontramos uma diferença com um teste confiável há uma probabilidade nominal de apenas 5 % de esta diferença ser um "falso positivo" (ou outro nível α especificado). Quando não encontramos uma diferença entre tratamentos, no entanto, geralmente há uma probabilidade relativamente alta de existir uma diferença real (o erro tipo II é quase sempre elevado e não está sob controle). Afinal, é raro um experimento ter condições que permitam um nível de poder acima de 90 %. Dessa forma, não basta apenas um resultado ou comparação não-significativa para refutarmos seguramente uma hipótese H_1. Afinal, conclusões baseadas em diferenças não-significativas estão quase sempre carregadas de alta margem de erro tipo II (CARVALHO et al., 2023c). Esse é o sentido, estatisticamente fundamentado, de os pesquisadores darem, em geral, mais ênfase aos resultados que apontam diferenças que aos resultados não-significativos. Além disso, esse dilema nos ajuda a compreender porque provar que algo "não funciona" tende a ser mais difícil que provar que algo "funciona".

O dilema da complementariedade dos erros tipo I e II nos impõe uma enorme restrição para concluir, com segurança, que os "tratamentos não diferem entre si". A variabilidade do erro tipo II nos evidencia que não-rejeitar H_0 é, na grande maioria dos casos, um resultado mais próximo de "inconclusivo" e que os testes, na verdade, só conseguem provar H_1. Mesmo um erro β de 15% é grande o suficiente para questionarmos a não-rejeição de H_0. Ou seja, na estatística também é válido lembrar que a ausência de evidências para um fenômeno não é sinônimo de evidência de ausência deste fenômeno. A própria maneira como comumente descrevemos os resultados de um teste de médias já evidencia o descuido com este problema: "...médias seguidas por uma mesma letra não diferem entre si". Não deveríamos escrever dessa forma pois não há provas de que as médias "não diferem entre si" pois o procedimento não possui erro β sob controle. Há apenas uma "falta de evidência suficiente para se afirmar que diferem". Compreender este dilema pode nos ajudar na redação de nossas conclusões científicas. Se quisermos ser mais convincentes teremos que apoiá-las nas diferenças significativas encontradas e não nas "não-diferenças" (CARVALHO et al., 2023c).

Para melhor esclarecer essa questão, veja com atenção as estimativas de poder do teste F obtidas por simulação na Figura 5.1. Os cenários simulados apresentados são representativos da pesquisa agrícola no que se refere à número de tratamentos, repetições e magnitude das diferenças entre os tratamentos. Importante frisar que em todos os experimentos simulados havia um tratamento com efeito real correspondente à 'x' % de aumento em relação aos demais. Apenas quando esse aumento era 4 vezes maior que o CV, o poder atingiu ~100% mesmo com apenas três ou mais repetições (curva superior na Figura 5.1). Se a diferença entre os tratamentos for de pequena magnitude (aumento em % igual ou menor que o valor do CV) o poder será sempre inferior a 50 % se o número de repetições for ≤ 7 (Figura 5.1). Ou seja, mesmo existindo uma diferença real de 20 % (por exemplo, um incremento de 25 para 30 sc/ha de café), se o CV do experimento for também de 20%, há uma probabilidade menor que 50% do teste F perceber a existência desta diferença real se for utilizado menos que 8 repetições. Com 10 tratamentos e 4 repetições a probabilidade de um experimento em DIC conseguir detectar essa diferença real é de apenas ~16%. Como erro β (%) = 100 – poder (%), o erro β é, neste caso, de ~84%.

113

Estimativas de poder, como as apresentadas na Figura 5.1, podem ser muito úteis no planejamento experimental. Com elas podemos definir o número de repetições de um experimento de forma estratégica, embora dependentes de previsões de CV que conseguiremos obter.

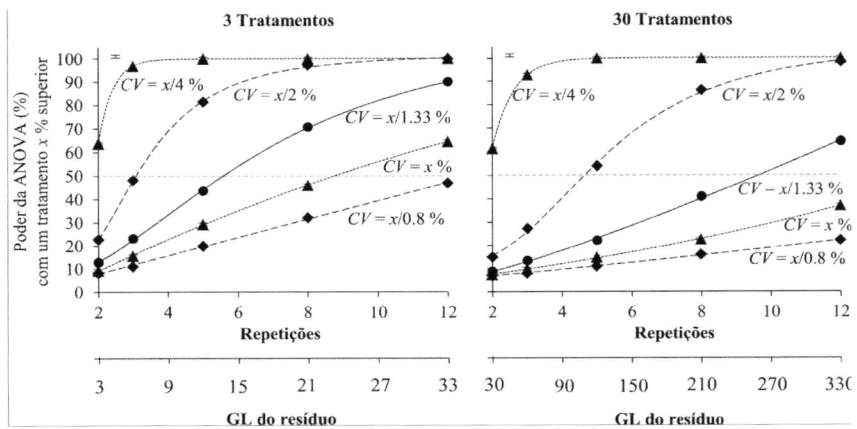

Figura 5.1. Poder (%) do teste F ($p < 0.05$) da ANOVA em função do número de tratamentos, repetições e do tamanho da diferença entre os tratamentos (em % de incremento em relação ao CV). Cenários com CV variável, considerando modelos em DIC simples, erros normais e independentes (3600 experimentos em cada condição). Barra isolada no canto superior esquerdo representa o intervalo de confiança a 5%. Mesmo que se utilize o teste Tukey, por exemplo, sem a proteção da ANOVA, seu poder será apenas um pouco superior ao poder do teste F (geralmente um incremento ≤ 5% de poder). Para testes mais sensíveis a diferença de poder será maior. OBS: a curva de CV(%) = $x/4$ equivale a curva de poder para um d-Cohen = 4, ou seja, para todas as curvas o denominador corresponde ao d-Cohen.

Os erros tipo I e II sempre estarão associados aos testes de médias ou outros testes estatísticos, mas pode-se estabelecer limites para sua ocorrência. O limite mais comumente utilizado para o erro tipo I é de até 5 %, representado como "$P < 0.05$" ou "$p < 0.05$". O "*p-valor*", ou mais corretamente em português "valor-p", portanto, é o valor de probabilidade de erro α nominal associado à uma comparação específica (ou à uma hipótese específica), nesse caso chamado de erro tipo I por comparação, ou à um conjunto de comparações por um teste específico, nesse caso tendo desdobramentos que veremos mais adiante. *P-valor* não deve ser confundido com magnitude da diferença nem com importância da diferença. É apenas uma estimativa da probabilidade nominal ("teórica") de cometermos erro α naquela(s) comparação(ões) com aquele teste, considerando-se um determinado modelo estatístico. Simplificadamente, o "*p-valor*" nos dá uma ideia da confiança que temos em afirmar que as médias diferem, mas é uma confiança restrita à aplicabilidade do teste e do modelo estatístico em questão. Quanto menor, mais confiança. Segundo a Associação dos Estatísticos Americanos (ASA) (WASSERSTEIN & LAZAR, 2016) pode-se afirmar que:

"informalmente, um p-valor é a probabilidade, sob um modelo estatístico especificado, de que um resumo estatístico dos dados (por exemplo, a diferença média amostral entre dois grupos comparados) seja igual ou mais extremo do que seu valor observado".

Importante frisar que, à rigor, o *p-valor* não é uma referência inequívoca sobre a veracidade da hipótese H_1, é apenas uma afirmação sobre os dados em relação a uma explicação hipotética especificada (ou seja, o modelo estatístico), e não uma afirmação sobre a explicação em si (WASSERSTEIN & LAZAR, 2016). Importante frisar também que a interpretação do *p-valor* é condicionada à aplicabilidade do teste em questão. Ou seja, mesmo que a hipótese aparentemente seja a mesma entre dois testes distintos (por exemplo, H_1: média1 $\neq$ média2) o *p-valor* de um deles pode ser referente à esta hipótese dentro de uma família de outras hipóteses, enquanto o outro teste pode ser referente à esta hipótese isoladamente.

5.2.1. Os subtipos de erro tipo I

As taxas reais de erro tipo I somente puderam ser avaliadas empiricamente após os anos de 1970 e 1980, quando os métodos de Monte Carlo (simulação de dados em computador) começaram a popularizar. A partir de então houve um grande avanço na compreensão dos subtipos de erro tipo I. Estes subtipos são, na realidade, variações na forma de se avaliar as taxas de erro tipo I, entre as quais se destacam as taxas por "comparação", por "família", "por experimento" e as taxas "máximas acumuladas por experimento ou família":

- taxa de erro tipo I por comparação ou por hipótese individual (*comparison-wise error"* ou CWE): consiste na frequência esperada de falsos positivos em cada comparação isoladamente. Comparativamente, é o equivalente à probabilidade de ocorrer "6" em um dado não viciado em um único lançamento (nesse caso, a probabilidade é de 1/6). Esta é a taxa de erro que está sob controle, por exemplo, quando se aplica um tradicional teste *t* para duas amostras. Em um teste de Tukey, no entanto, o erro que está sob controle não é apenas o CWE, mas também o FWER, que é mais exigente pois se considera que comparações múltiplas são realizadas simultaneamente e não apenas uma comparação individual;
- taxa de erro tipo I por família: subdivide-se em FWER (*familywise error rate*) e PFER (*per family error rate*) (FRANE, 2021). A FWER é a frequência de <u>ao menos um falso positivo em uma família</u> de comparações (por exemplo, nas *n* vezes que duas médias são comparadas quando um

115

teste de Tukey é aplicado em um experimento com vários tratamentos). Já a PFER é a frequência total de falsos positivos em uma família de comparações ou hipóteses. Alguns estatísticos também consideram válida a "taxa de falsas descobertas" (FDR) que é mais liberal que a FWER (podendo ser perigosa quando sob nulidade parcial), razão pela qual será aqui desconsiderada. Por vezes a FWER é referida como taxa de erro por experimento (EWER) quando se refere à testes de médias em experimentos unifatoriais. Ou seja, nos experimentos não-fatoriais FWER e EWER podem ser entendidas como sinônimos, enquanto nos fatoriais a FWER é restrita à cada subfamília de comparações (níveis de A_1 ou A_n dentro de cada nível de B e níveis de B_1 ou B_n dentro de cada nível de A).

- taxa de erro tipo I familiar máxima (MFWER ou EWER acumulada por experimento quando há várias variáveis respostas): consiste na frequência esperada de ao menos um falso positivo em pelo menos uma das múltiplas variáveis respostas.

- taxa de erro tipo I acumulada entre experimentos (AEWER): consiste na frequência de ao menos um falso positivo no conjunto de comparações em pelo menos um de múltiplos experimentos com o mesmo objetivo ou hipótese principal. Embora pouco mencionado, esse tipo de erro tipo I acumulado entre múltiplos experimentos é um problema grave e tem sido utilizado como estratégia (de ética questionável) para validar cientificamente novos produtos/tecnologias/processos cuja eficácia é duvidosa. Para "driblar" os ajustes de multiplicidade previstos para os casos acima, alguns pesquisadores optam por repetir os experimentos muitas vezes, de modo a "garimpar" apenas aqueles que resultaram nas diferenças significativas esperadas, descartando os demais. De certa forma, os problemas associados a esse subtipo de erro tipo I são semelhantes aos problemas de "viés de publicação".

Estes conceitos são extremamente importantes para se compreender as diferenças entre os testes de médias. Praticamente todos os testes estatísticos foram concebidos para controlar as taxas CWE reais. "Controlar" significa manter as taxas reais não superiores às taxas nominais (teóricas). Apesar de controlarem a CWE, nem todos controlam a FWER, já que quanto mais comparações um teste faz, maior a chance de errar em pelo menos uma delas. Este é um problema estatístico bem conhecido, semelhante à probabilidade acumulada de um dado resultar em "6" pelo menos uma vez numa sequência de dez lançamentos, o que pode ser calculado pela conhecida fórmula: p-acumulada = $1 - (1 - p)^k$, resultando em $1 - (1 - 1/6)^{10} = 84\%$. Este problema também ficou conhecido como "multiplicidade" do erro α quando se faz um teste múltiplas vezes. Paradoxalmente, nenhum teste de médias univariado usual controla as taxas de erro acumuladas no experimento todo, quando há várias variáveis respostas (MFWER). E quanto mais variáveis respostas um experimento tem, maior a chance de ocorrer um falso positivo em alguma delas

(GARCIA-MARQUES & AZEVEDO, 1995; KRAMER et al., 2019). A MFWER é um problema muito frequente, que ainda merece mais atenção. Voltaremos a falar sobre essa questão no capítulo 9.

O famoso teste *t*, por exemplo, não foi concebido para controlar a FWER. John Tukey (1915-2000) foi um dos primeiros a adaptá-lo para controlar a FWER de maneira que o teste *t* pudesse ser válido para comparações múltiplas. Ele considerou não apenas o número de comparações existente numa família de comparações, como a possível estrutura de correlação entre as comparações. Assim nasceu o popular teste de Tukey, uma solução aproximada para o problema da multiplicidade que ele justificou em sua famosa frase: "...uma resposta aproximada ao problema certo vale muito mais do que uma resposta exata para um problema aproximado".

Resumidamente, as diferenças entre os testes de médias estão no nível de poder que eles possuem e no controle das taxas de erro FWER e PFER. Embora a PFER seja mais exigente, a maioria dos estatísticos considera que a FWER é a concepção mais adequada para o erro tipo I familiar, sendo seu controle um definidor importante da qualidade de um teste. Testes poderosos famosos como *t*, Duncan, DMS de Fisher, Scott-Knott e Benjamini-Hochberg (BENJAMINI & HOCHBER, 1995) não controlam a FWER. Mesmo que se considere a proteção de uma ANOVA prévia, eles não controlarão a FWER sob nulidade parcial. Testes relativamente poderosos como Dunn-Sidak, Holm (HOLM, 1979) e Dunnett controlam a FWER, mas não controlam a PFER tão bem quanto os testes de Bonferroni e Scheffé. Note que a FWER tende a ser um pouco menor que a PFER, uma vez que a PFER contabiliza todos os erros ocorridos em família de comparações. Portanto, se um teste controla as PFER também controlará as FWER. A diferença entre FWER e PFER tende a ser grande e preocupante apenas quando há um maior número de tratamentos sendo comparados diretamente entre si. Além disso, o teste F prévio à realização de um teste de médias pode ajudar a aproximar a FWER da PFER em algumas situações. Por estes motivos, e por razões de praticidade computacional, os estudos com FWER são mais frequentes que os com PFER.

5.2.2. A polêmica em torno da multiplicidade do erro tipo I

Como visto anteriormente, multiplicidade é a probabilidade acumulada de erro tipo I que ocorre quando múltiplas hipóteses são testadas simultaneamente usando-se um procedimento que não preveja esse uso múltiplo. Para exemplificar, de maneira simples, a importância de se controlar esse erro acumulado (ou seja, a importância de se controlar a FWER e a EWER) imaginemos uma pesquisa hipotética que buscasse evidenciar a eficácia de tratamentos preventivos para COVID-19. Nessa pesquisa hipotética, pessoas de mesma faixa etária, mesma condição sócio-econômica-cultural e hábitos de vida ruins (sedentárias, com alimentação mal balanceada e baixa qualidade do sono, por exemplo) foram recrutadas para comparar a adoção dos seguintes tratamentos preventivos de longo prazo:

A: adoção de atividade física regular, alimentação melhorada e melhor qualidade de sono
B: apenas uso de um amuleto da sorte no pescoço
C: apenas uso de um amuleto da sorte no braço
D: apenas uso diário de uma pílula de farinha
E: amuleto + pílula de farinha
F: controle (grupo de pessoas que permaneceram sedentárias, com alimentação ruim e baixa qualidade de sono).

Considere que a variável-resposta de interesse seja a frequência de quadros graves (internação) por COVID-19. Considere também que o número de pessoas em cada grupo/tratamento seja suficiente para um adequado poder e resíduos aproximadamente normais. Neste exemplo, considerando que já existem estudos prévios seguros que demonstram que o tratamento A é eficaz em relação ao controle, provavelmente concluiremos que A difere de F (e essa diferença será suficiente para que o teste F da ANOVA resulte em $p < 0.05$). Do mesmo modo, sabemos que os tratamentos B, C, D e E não são eficazes. No entanto, se aplicarmos um teste t (não concebido para comparações múltiplas) ou um teste Duncan (mesmo concebido para comparações múltiplas não controla a FWER real) para as comparações entre as médias destes tratamentos com o tratamento controle teremos um alto risco destes testes concluírem que ao menos um deles difere do controle. Para o caso do teste t, essa probabilidade seria de aproximadamente: p-acumulada $= 1 - (1 - 0.05)^4 = 0.19$. Embora o teste t tenha CWE de 0.05 a FWER seria, nesse caso, de 0.19. Ou seja, nas 4 comparações em questão haverá uma probabilidade de quase 20 % de algum deles diferir do controle! Em outras palavras, há ~20 % de chance desse estudo concluir que ao menos um, dentre os absurdos tratamentos B, C, D ou E é eficaz! E essa FWER aumentada levaria à uma taxa ainda maior de MFWER. Se fossem mensuradas 3 variáveis-respostas, por exemplo, haveria uma MFWER de: $1 - (1 - 0.19)^3 = 47$ %. Ou seja, usando o teste t haveria quase 50% de chance desse estudo concluir que ao menos um destes tratamentos absurdos alteraria significativamente ao menos uma das variáveis respostas avaliadas.

Mas afinal, um teste precisa controlar a CWE, a FWER, a PFER ou a MFWER? Entre os anos de 1950 e 2000, calorosas discussões ocorreram em torno desta questão. Até o momento, a MFWER e a AEWER têm sido ignoradas ou toleradas, embora exista uma crescente preocupação com elas (veja item 5.5.1). Atualmente, a compreensão de que controlar apenas as taxas CWE é insuficiente é amplamente aceita (WASSERSTEIN & LAZAR, 2016). Evidentemente ainda não se trata de um consenso e opiniões como as de Saville (1990) ainda seguem sendo difundidas. Entre os pesquisadores e estatísticos mais preocupados com essa questão, a discussão está entre exigir FWER ou PFER sob controle (FRANE, 2015) e na discussão sobre quando exigir também MFWER e AEWER sob controle. A polêmica entre controlar FWER, MFWER ou AEWER nem sempre é simples e envolve questões parcialmente subjetivas (PROSCHAN & WACLAWIW, 2000) mas isso não pode ser interpretado como evidência de que o fenômeno da "multiplicidade do erro α" não seja importante. Nas ciências agrárias ainda se tolera algum uso de testes que controlam apenas a CWE (como Duncan, t-LSD, t para contrastes ortogonais, teste F para contrastes ortogonais, IC com t não corrigido para comparações de médias), embora tal tendência esteja sendo fortemente combatida. Possivelmente esta tolerância esteja ocorrendo também por desconhecimento e não apenas de forma consciente.

Geralmente, o argumento em favor dos testes que controlam apenas CWE apoia-se no baixo poder dos testes que controlam a FWER. Argumenta-se que, usando apenas testes de baixo poder, muito tempo e recursos de pesquisa serão desperdiçados. Além disso, argumenta-se que, em alguns tipos de pesquisas, "falsos negativos seriam mais perigosos que falsos positivos", argumento que pode ser interpretado como uma incompreensão da importância do princípio "*in dubio pro H_0*" para a construção de novos conhecimentos confiáveis. Para maiores detalhes sobre porque o erro tipo I é mais grave para a ciência que o erro tipo II sugere-se Frane (2015b). Outro argumento em favor de não se controlar a FWER é que seria fácil "burlar" o controle da FWER simplesmente dividindo o experimento maior em vários experimentos de dois tratamentos. Nesse caso, é preciso lembrar que esse conjunto de experimentos com dois tratamentos terão AEWER descontrolada. Como estes vários pequenos experimentos fazem parte de um mesmo estudo e evidenciam um conjunto de hipóteses relacionadas, não devemos ignorar a AEWER nestes casos.

Enfim, na grande maioria das questões científicas, a ânsia por novas descobertas não deve se sobrepor à prudência e à precaução, de tal maneira que pesquisas confirmatórias sempre exigirão maior cuidado com a FWER/EWER e até com a MFWER quando o número de variáveis mensuradas for elevado (JOHNSON, 2019). Não por acaso, a maioria dos órgãos reguladores de medicamentos exigem estudos com procedimentos estatísticos que controlem a FWER. Infelizmente a mesma seriedade nem sempre é exigida por órgãos que regulamentam novos produtos ou processos no setor agrícola. Evidentemente, algumas pesquisas podem não ter finalidade confirmatória, restringindo-se a buscar evidências preliminares para hipóteses que precisarão de estudos confirmatórios posteriores.

A maioria dos pesquisadores defende que, caso a segurança de suas conclusões científicas dependam de confirmar H_0, o ideal é aumentar consideravelmente o número de repetições e relaxar as taxas de erro tipo I (por exemplo para 10 %) ao invés de usar testes com FWER muito descontroladas.

É uma boa recomendação. Mas, se suas conclusões estão apoiadas em diferenças significativas, dificilmente uma significância a 10% será aceita como segura ou confiável. Evidentemente, existem situações em que o pesquisador tem interesse em distinguir tratamentos com o máximo poder possível de modo a realizar apenas uma triagem de tratamentos e está disposto a aceitar altas taxas de erro tipo I. Nesses casos, um teste de Scott-Knott aplicado com $p < 0.100$ ou um teste de Benjamini-Hochberg (que controla apenas a FDR) poderá prestar um bom serviço (ou até mesmo usando apenas estatísticas descritivas). Mas é preciso compreender que suas conclusões não permitirão inferir diferenças reais estatisticamente significativas com estes testes uma vez que as taxas de erro reais (FWER) nem sempre correspondem às nominais.

Em menor frequência, alguns cientistas questionam o uso de procedimentos que controlam apenas FWER, o que tem motivado o uso de procedimentos que controlam também a PFER. Estranhamente, nem sempre questionam a MFWER, e deixam de realizar procedimentos que podem também controlar a MFWER. Portanto, na tentativa de sugerir uma resposta definitiva para a questão levantada anteriormente, é muito sensato preocupar-se com a FWER, o que torna proibitivo o uso dos testes Benjamini-Hochberg, Scott-Knott, Duncan e t (*LSD*) para comparações de médias (seja comparações múltiplas ou contrastes planejados) em estudos confirmatórios com mais de uma comparação de interesse. Adicionalmente, caso haja interesse em inspirar credibilidade adicional nas diferenças encontradas, pode-se aplicar testes adicionais que controlem também a MFWER (veja capítulo 9), o que seria mais interessante que preocupar-se com a PFER. Para mais detalhes veja Frane (2015) e Keselman (2015).

Infelizmente, a importância dos subtipos de erro tipo I ainda é pouco debatida nas ciências agrárias, especialmente nas disciplinas básicas. Deve-se compreender que para pesquisas confirmatórias será exigido, cada vez mais, análises estatísticas mais seguras e, portanto, menos carregadas de erro tipo I familiar. Infelizmente, não há um teste que permita controle da FWER e, simultaneamente, alto poder sem abrir mão de comparações múltiplas. A lógica é mais ou menos a seguinte: quanto mais comparações você faz, maior a chance de errar em pelo menos uma delas. Se você tem cinco tratamentos possui mais comparações duas-a-duas para fazer do que se você possui apenas três tratamentos, logo terá mais chance de errar. Assim, para compensar essa tendência, os testes de médias que controlam a FWER tendem a ficar cada vez mais exigentes (consequentemente menos sensíveis) quanto maior o número de tratamentos a serem comparados ou quanto maior o número total de comparações. Eles fazem isso para tentar compensar ou corrigir a probabilidade aumentada de errar em alguma comparação, já que mais comparações serão feitas. Para entender melhor, veja um trecho da tabela de q

(Tabela 5.1) e note que os valores tabelados aumentam na medida que o número de tratamentos a serem comparados aumenta.

Tabela 5.1 - Valores da amplitude total estudentizada (q), para uso no teste de Tukey e SNK, ao nível nominal de 5 % de probabilidade.

GL do resíduo	.... nº de tratamentos a serem comparados						
	2	3	4	5	6	8	10
número de comparações duas-a-duas >	1	3	6	10	15	28	45
10 GL	3.15	3.88	4.33	4.65	4.91	5.31	5.60
20 GL	2.95	3.58	3.96	4.23	4.45	4.77	5.01
30 GL	2.89	3.49	3.85	4.10	4.30	4.60	4.82
50 GL	2.85	3.42	3.77	4.01	4.20	4.48	4.70

Fonte: adaptado de Kanji (2006). Note que, para um mesmo número de GL do resíduo, quanto maior o número de tratamentos a serem comparados diretamente, menos sensível o teste ficará devido ao aumento no número total de comparações.

Uma estratégia simples e usual para contornar esse problema de perda de sensibilidade é restringir o número de comparações a serem feitas. E isso pode ser feito pela substituição dos testes de comparação múltipla (TCMs ou teste de "todos contra todos") por comparações planejadas (sempre em menor número), preferencialmente por meio de contrastes planejados, que serão vistos no item 5.4.

A qualidade de um teste de médias depende, portanto, de dois fatores principais: *i.* a capacidade de controle do erro tipo I familiar (FWER); *ii.* o elevado poder. Lembre-se: o item "*i*" é obrigatório e o "*ii*" é apenas o melhor possível. Portanto, como regra geral, um bom teste é um teste poderoso e não um teste rigoroso. Mas o teste precisa ser poderoso e com um adequado controle do erro tipo I familiar real (FWER), ou seja, ser o mais poderoso possível sem detectar falsas diferenças. Ou melhor, detectando falsas diferenças apenas numa taxa aceitável ($\leq 5\%$ ou $P \leq 0.05$ para FWER).

5.3. Dois testes paramétricos básicos: F e t

O teste F, nomeado em homenagem ao estatístico mais importante do século XX, o biólogo e matemático inglês Ronald Fisher (1890-1962), é o teste estatístico envolvido na famosa Análise de Variância (ANOVA ou ANAVA ou AOV). O interesse de Fisher pela estatística iniciou-se na genética, na qual é reconhecido como um dos criadores do neodarwinismo. Aos poucos a ANOVA tornou-se o procedimento mais usual de análise de dados quantitativos univariados com distribuição Gaussiana devido à sua simplicidade, sensibilidade e confiabilidade. Posteriormente foi adaptada para dados não-normais (ANOVA *on ranks*) e para análises multivariadas (MANOVA e ANOVA de índices multivariados).

Os trabalhos de Fisher dependeram das bases e contribuições de diversos outros estatísticos, como C. F. Gauss, K. Pearson (professor de Fisher), W. S.

Gosset (famoso pelo pseudônimo de "Student"), entre outros. A distribuição t de Gosset, ou simplesmente t de Student, e o famoso teste t serviram de base para que Fisher aprimorasse métodos de análise e delineamentos da moderna estatística experimental. Um século depois, os testes t e F seguem sendo testes clássicos para análises de dados experimentais e observacionais. É interessante lembrar que as contribuições de Fisher para os conceitos atuais de delineamento experimental, e a própria ANOVA, foram motivados, em parte, pela necessidade de simplificação e síntese dos complexos e diversificados métodos que existiam na época.

Simplificadamente, o teste F na ANOVA possibilita verificar se diferentes populações/grupos possuem médias diferentes (ou, em outras palavras, se a variância entre grupos é maior que a variância intra-grupos). De certa forma, pode ser entendido como uma extensão do teste t para mais de duas amostras independentes. A hipótese estatística básica do teste F na ANOVA (H_1) é que as médias populacionais são diferentes, ou seja, pelo menos uma das médias é diferente das demais. Note, portanto, que é uma hipótese familiar (controla a FWER quando sob nulidade total). No entanto, se existir mais de dois grupos/tratamentos a ANOVA não permite distinguir qual(is) deles difere(m) dos demais. Por este motivo a importância da ANOVA concentra-se na estimativa do erro experimental que ela fornece, afinal para a comparação de médias em si quase sempre é necessário um teste de média posterior ou uma análise de regressão posterior. Se existir apenas dois grupos o teste F é conclusivo e dispensa (mas não proíbe, evidentemente) outro teste posterior.

Para demonstrar, de maneira simplificada, a genialidade do teste F e verificar seu bom nível de sensibilidade pode-se observar o conjunto de números aleatórios da Tabela 5.2. Imaginemos que estes números sejam medições quaisquer provenientes de um experimento com 4 tratamentos (grupos) e 8 repetições cada. Evidentemente, como são números aleatórios sem efeito de tratamentos, a ANOVA não deveria detectar diferenças entre estes grupos, pois as diferenças numéricas entre as médias amostrais são todas devidas ao acaso (Tabela 5.3).

Tabela 5.2 - Uma sequência de números aleatórios entre 0 e 10 (média = 5.39 e s = 2.85) que foi sorteada, posteriormente, para quatro grupos (A, B, C e D)

5.77	C	7.91	C
7.86	A	0.98	D
7.87	B	3.35	D
7.89	C	2.77	B
9.48	A	7.07	C
0.27	B	5.21	A
9.94	C	5.69	D
5.18	B	8.79	A
1.73	B	3.31	D
1.80	D	4.68	D

6.11	A	4.51	A
1.91	C	2.15	A
6.64	C	4.31	A
9.53	D	0.92	B
9.52	D	7.66	B
6.29	B	5.51	C

No entanto, ao adicionar um valor correspondente a apenas ½ desvio padrão (ou 1.42, neste caso) sistematicamente em apenas um dos tratamentos, o teste F passou a identificar que existe pelo menos um tratamento diferente dos demais (Tabela 5.4). Evidentemente que essa excelente sensibilidade para detectar uma adição de apenas ½ desvio não foi conseguida na primeira tentativa, ou seja, na primeira sequência de números aleatórios criada. Afinal, nenhum procedimento estatístico tem poder de 100 % em qualquer situação.

Tabela 5.3 - Quadro de análise de variância (ANOVA) dos números aleatórios da Tabela 5.2 separados, ao acaso, em quatro grupos com oito repetições cada

F.V.	GL	SQ	QM	F		p-valor
Tratamentos	3	30.70	10.24	1.30	Ns	0.2952
Resíduo	28	220.86	7.89			
Total	31	251.56				

Tabela 5.4 - Quadro de análise de variância (ANOVA) dos números aleatórios da Tabela 5.2 separados, ao acaso, em quatro grupos com oito repetições cada. Os valores do grupo C foram adicionados de um valor correspondente a ½ desvio padrão e, neste caso, o teste F foi capaz de detectar a presença de pelo menos um grupo estatisticamente distinto dos demais

F.V.	GL	SQ	QM	F		p-valor
Tratamentos	3	69.75	23.25	2.95	*	0.0499
Resíduo	28	220.86	7.89			
Total	31	290.61				

Se o teste F da ANOVA for realizado para um conjunto com apenas dois grupos (1 GL), o valor de F calculado será equivalente ao quadrado do valor t calculado. No exemplo anterior, se considerarmos apenas os grupos A e B teremos um F calculado de 1.99. Se aplicarmos o teste t para médias de duas amostras teremos:

$$t = \frac{x_1 - x_2}{S_{x1x2} \cdot \sqrt{2/n}}, e$$

$$S_{x1x2} = \sqrt{\frac{S_{x1}^2 + S_{x2}^2}{2}}$$

Ou seja: $t = (6.05 - 4.09) / 1.39 = 1.41$.

E o valor de $t\,calc^2 = F$, ou seja, $1.41^2 = 1.99$.

Esta dedução simples ajuda-nos a compreender porque o teste F é equivalente ao teste t nas comparações duas-a-duas ou entre dois grupos de médias. Assim, o resultado de um teste t aplicado para um contraste será equivalente ao resultado de um teste F aplicado para este mesmo contraste. Da mesma forma, a significância de um teste F para um modelo de regressão de apenas um parâmetro (1 GL) será equivalente a significância do teste t para este parâmetro (regressor), sendo redundante realizar os dois testes.

O quadro de ANOVA depende de apenas um cálculo mais complexo, que é o cálculo das somas dos quadrados (SQ), tanto da soma de quadrados total quanto da soma de quadrados de tratamentos ou de outros componentes do modelo em questão (geralmente somas de quadrados do tipo I, que são mais simples que as somas de quadrados do tipo III). A soma de quadrados dos resíduos é obtida por diferença. As SQs podem ser obtidas pelo método simples, baseado na soma dos quadrados de cada componente, ou por métodos matriciais, sem qualquer diferença nos valores obtidos. Detalhes e exemplos destes procedimentos de cálculo são amplamente encontrados em livros textos de estatística experimental, como em Banzatto & Kronka (2006), Pimentel-Gomes (2009) e Montgomery (2017).

5.4. Contrastes

Um contraste é uma comparação entre dois grupos, sejam estes grupos formados por um único tratamento cada ou por vários tratamentos. Essa comparação pode ser expressa matematicamente por uma equação simples, cuja soma dos coeficientes deve ser zero. Por exemplo: $\hat{C}_1 = 2.\text{tratA} - 1.\text{tratB} - 1.\text{tratC}$, onde $(+2) + (-1) + (-1) = 0$. A estimativa do contraste é obtida com as médias dos tratamentos e, se diferir estatisticamente de zero, significa (caso $C_1 > 0$) que a média do tratA é maior que a média entre os tratamentos B e C. Os contrastes podem ser simples (entre apenas duas médias) ou complexos, por exemplo: $\hat{C}_2 = (\text{tratA} - \text{controle}) - (\text{tratB} - \text{controle}) - (\text{tratC} - \text{controle})$. Nesse contraste, se sua estimativa for maior que zero, significa que o "efeito" do tratA (estimado pela sua diferença com o controle) é maior que a soma dos efeitos dos tratamentos B e C.

Quando um experimento possui tratamentos "combinados" (um tratamento "N+P", por exemplo, que seja uma combinação de um tratamento com apenas Nitrogênio e outro com apenas Fósforo) certamente contrastes serão muito úteis. Num experimento assim, o contraste $\hat{C}_3 = (\text{NP} - \text{controle}) - ((\text{N} - \text{controle}) + (\text{P} - \text{controle}))$ informaria, por exemplo, que o efeito do trat NP é maior que a soma dos efeitos dos tratamentos N e P, indicando uma interação positiva (sinergística). Fazendo a simplificação matemática de $\hat{C}_3$ temos $\hat{C}_3 = \text{tratNP} - \text{tratN} - \text{tratP} + \text{controle}$. Como a soma dos coeficientes de $\hat{C}_3$ é zero e ele tem um sentido lógico, é um contraste válido para ser testado. Mas cuidado, essa informação (interação) não poderia ser obtida com um contraste $\hat{C}_4 = 2$ tratNP - (tratN + tratP) pois nesse caso esse $\hat{C}_4$ apenas estaria informando que o tratA é melhor que os demais (ou que a média dos demais).

Para testar se a estimativa de um contraste difere de zero vários testes podem ser aplicados, sendo os mais comuns o teste t (não recomendado como veremos mais adiante), o teste de Bonferroni, o teste de Dunn-Sidak, o teste de Holm-Bonferroni, Benjamini-Hochberg, etc. O teste t para contrastes, mesmo que aplicado apenas para contrastes ortogonais definidos *à priori* (antes de se analisar os dados ou idealmente antes de se obter os dados), não controla a FWER, e por isso seu uso deve ser substituído pelo Bonferroni ou suas modificações. Alguns detalhes sobre essa questão são apresentados por Frane (2015b) e Frane (2021). Igualmente, o desdobramento da ANOVA em contrastes ortogonais, a serem testados pelo próprio teste F, também não controla a FWER, já que para 1 GL o teste F é equivalente ao teste t.

Um dos problemas em relação ao uso dos contrastes é a sua não aceitação por pesquisadores pouco familiarizados com estatística, que frequentemente possuem "aversão" às equações, por vezes complexas, representadas nos contrastes. Assim, se o leitor do seu trabalho não compreende o significado da equação, ele não entenderá a importância daquele contraste. Outro problema é quando existem muitos contrastes, situação em que pode ficar mais difícil representá-los graficamente (veja tabela 10.4 e figura 10.5). Note que os contrastes que envolvem apenas duas médias são exatamente os mesmos que são feitos nos TCMs. A diferença é que o resultado geralmente não é expresso com as tradicionais letras "a" e "b", e sim com "$\hat{C}_4 = 15.22**$" ou "$\hat{C}_4 = 15.22$ (p = 0.007)", por exemplo.

Uma dúvida comum ocorre quando se usa um teste de comparação múltipla (TCM, várias ou todas as comparações duas-a-duas possíveis) e também se aplica um contraste mais complexo como um teste complementar. Obviamente, como um TCM também é realizado nesses casos, qualquer contraste estabelecido será uma comparação adicional em relação às *n* já realizadas pelo TCM. Por este motivo, este contraste complementar deve ser testado com um teste de Bonferroni, Dunn-Sidak ou Holm com α/k famílias de comparações, considerando as famílias de comparações do TCM e cada um dos contrastes planejados. Caso contrário haverá inflação na FWER.

Analisando a Tabela 5.1 é simples perceber porque, quando restringimos o número de comparações, é possível aumentar a sensibilidade do teste. É isso que ocorre quando substituímos comparações múltiplas ("todos contra todos") por comparações planejadas (apenas algumas poucas comparações de interesse). Algumas poucas comparações de interesse, sejam as que envolvem apenas duas médias, seja as que envolvem mais de duas médias, são, em grande parte dos casos, suficientes para respondermos as questões inovadoras da pesquisa. Significa dizer que boa parte dos experimentos que são analisados por TCMs poderia ser analisada apenas por contrastes planejados, ganhando-se sensibilidade. Essa concepção deveria ser mais utilizada, induzindo pesquisadores a definirem quais são as comparações de interesse ainda na fase de planejamento da pesquisa.

5.4.1. Um exemplo hipotético de aplicação de contrastes complexos

Suponha que um nutricionista queira avaliar o potencial da suplementação com sulfato ferroso combinada com uma dieta com acerola no tratamento da anemia em humanos. A acerola é uma fruta com teores relativamente baixos de ferro, mas pode funcionar a depender da dose. O problema é que a absorção de Fe pelo organismo humano tende a ser baixa, tanto a partir do sulfato ferroso quanto a partir de frutas ou outras fontes. Mas aí está um ponto chave, pois a acerola contém não apenas Fe, mas também vitaminas (como a vitamina C) que podem aumentar a absorção do Fe proveniente de outras fontes, como do sulfato ferroso.

O pesquisador poderá planejar um experimento com humanos em que uma parte dos voluntários será tratado com cápsulas de sulfato ferroso (chamaremos de tratamento A), uma parte será tratado com uma dieta de 100 g de acerolas por dia (chamaremos de tratamento B), uma parte será tratado com uma dieta de 100 g acerola + 1 cápsula de sulfato ferroso por dia (chamaremos de tratamento C) e uma parte não receberá nenhum tratamento (chamaremos de tratamento controle). Opcionalmente o grupo controle poderia receber uma cápsula de farinha (efeito placebo). Ao final de x dias de tratamento, amostras de sangue seriam coletadas para determinação da concentração de hemácias no sangue (indicadoras da maior absorção de Fe pelo organismo).

Se quisermos demonstrar que o tratamento A realmente funciona, bastaria comparar os resultados dele com o tratamento controle (efeito de A = trat A – trat controle). Se quisermos demonstrar que o tratamento B funciona, bastaria comparar os resultados dele com o tratamento controle (efeito de B = trat B – trat controle). Se quisermos demonstrar que o tratamento C funciona, idem (efeito de C = trat C – trat controle). No entanto, como o tratamento C é uma combinação dos tratamentos A e B, é de se esperar que se A ou B funcionarem, C também deverá funcionar. Dessa forma, se quisermos provar que a combinação de acerola com sulfato ferroso potencializa a absorção de Fe pelo organismo, precisamos ir além. "Potencializar" pode ser entendido como "ser maior que a soma dos efeitos". Afinal, tanto as cápsulas de sulfato ferroso quanto a acerola possuem Fe. Como o tratamento C já prevê um suprimento de Fe maior (é A+B!), o ponto chave é saber se a ingestão combinada dessas 2 fontes irá tornar a absorção de Fe maior que a soma desses efeitos. Em outras palavras, é quase óbvio que o tratamento C resultará em mais hemácias no sangue que o tratamento A, pois o tratamento C contém o tratamento A e mais as acerolas. Também é esperado que C será melhor que B, pois C contém o

126

tratamento B e mais o sulfato ferroso. Portanto, em situações como essa, é importante pensar numa comparação mais complexa. Seria o efeito de C maior que a soma dos efeitos de A e B? Para responder a esta pergunta poderíamos planejar o seguinte contraste:

Efeito de C   >   Efeito de A   +   Efeito de B ?

(Trat C – controle) > (Trat A – controle) + (Trat B – controle) ?

(Trat C – controle) – (Trat A – controle) – (Trat B – controle) > 0 ?

$\hat{C}$ = Trat C – controle – Trat A + controle – Trat B + controle

Ou, simplificando a equação:

$\hat{C}_1$ = Trat C – Trat A – Trat B + controle

Este tipo de comparação, que não é possível via uma comparação de médias apenas duas-a-duas, responderia com maior clareza se o tratamento C representa a potencialização dos efeitos de A e B. Toda vez que se tem tratamentos combinados (tratamentos que são a combinação de dois outros tratamentos também testados no experimento) é interessante considerar o uso de contrastes mais complexos como o exemplificado acima. Se, para esse exemplo, os resultados correspondessem às médias A = 28 g dL^{-1}, B = 27 g dL^{-1}, C = 32 g dL^{-1} e Contr = 25 g dL^{-1} (com s = 0.5), a simples comparação entre C, B e A permitiria concluir que o tratamento C funciona melhor que os tratamentos A e B. No entanto, apenas o contraste $\hat{C}_1$ conseguiria demonstrar que esse efeito de C foi estatisticamente maior que a soma dos efeitos de A e B em relação ao controle, evidenciando uma interação sinergística entre esses tratamentos. Se, no entanto, C tivesse média 30, o contraste $\hat{C}_1$ seria estatisticamente igual a zero, evidenciando que apesar de C ser maior que A e ser maior que B, não haveria evidência de que a acerola potencializaria a ação do sulfato ferroso.

5.5. Diferenças entre os testes de médias

Os testes de médias mais conhecidos podem ser ordenados, do menor para o maior poder em detectar diferenças, da seguinte forma:

Scheffé < < *Bonferroni** < *Dunn-Sidak** ≤ *Tukey* ≤ *REGWF* < *MLSD* < *SNK* ≤ *Dunnett* ≤ *Holm-Bonferroni** ≤ *Bonferroni unilateral** < *Dunnett unilateral* ≤ *Duncan* ≤ *Waller-Duncan* < < *LSD (teste t).*

Testes seguidos por um "***" possuem poder muito variável em função do número de contrastes a serem testados em cada variável resposta. Embora esta ordem represente uma generalização apenas aproximada, e a magnitude das diferenças de poder seja variável, é possível distinguir quatro grupos de sensibilidade. No primeiro grupo encontram-se os testes de *t*-LSD (ou teste *t* ou DMS de Fisher para comparações múltiplas ou ortogonais), Waller-Duncan (*t* bayesiano) e Duncan. Estes testes são claramente mais poderosos que os demais, mas, como desvantagem grave, não controlam minimamente o erro tipo I familiar real (*FWER*), como demonstrado por Carmer & Swanson (1973), Perecin & Barbosa (1988) e Sousa et al. (2012) e seus usos deveriam ser desencorajados por este motivo (MANSON et al. 2003; PIMENTEL-GOMES, 2009). Por este motivo estes testes não têm sido mais recomendados para comparações múltiplas. Importante notar que nas versões do teste *t* bayesiano o controle da FWER poderá ou não ocorrer dependendo da qualidade das informações prévias e do tipo específico de teste *t* bayesiano empregado.

No segundo grupo é possível agrupar os testes Holm-Bonferroni (ou simplesmente Holm), Dunnett (bilateral e unilateral) e Bonferroni unilateral. Em muitos casos, o Holm-Bonferroni poderá ser mais sensível que o teste de Dunnett, a depender do número de contrastes previstos. Evidentemente, os testes de Bonferroni e suas derivações sempre possuem poder limitado se houver um grande número de contrastes. Em geral, o teste de Dunnett é um pouco mais poderoso que o SNK (Student-Newman-Keuls) e presta, portanto, grande utilidade quando as comparações apenas com o controle são suficientes para se testar as hipóteses científicas do estudo. Importante lembrar que o teste de Dunnett não deve ser aplicado duas vezes sobre o mesmo conjunto de médias. Por exemplo, na intenção de comparar os tratamentos tanto com um controle negativo quanto com um controle positivo pois isto irá inflacionar o erro tipo I do teste Dunnett. Muitas vezes é útil realizar comparações com Dunnett e mais alguns contrastes de especial interesse com Holm (no SPEED Stat as k famílias de comparações já realizadas com o Dunnett são computadas automaticamente para calcular número total de comparações do teste para contrastes planejados).

No terceiro grupo é possível agrupar os testes de Tukey, MLSD, SNK, Dunn-Sidak e Bonferroni. Os dois primeiros testes com poder muito semelhantes, SNK com poder um pouco melhor que o Tukey e os dois últimos com poder muito variável em função do número de comparações. São testes muito respeitados e consagrados pela excelente capacidade de controle da FWER (e até PFER como o Bonferroni), embora frequentemente criticados pelo baixo poder e consequentemente pela maior probabilidade de ocorrência do erro tipo II quando comparados aos testes do segundo grupo (mencionados no parágrafo anterior). O teste MLSD é uma adaptação do teste LSD para uso em comparações múltiplas (HAYTER, 1986), mas seu poder é pouco distinto do Tukey. O teste SNK, embora criticado por Einot & Gabriel (1975) pela sua maior complexidade, equilibra poder elevado com razoável capacidade de controle da FWER (CARMER & SWANSON, 1973; PERECIN & BARBOSA, 1988; BORGES & FERREIRA, 2003). Por estes motivos seu uso deveria ser incentivado (PERECIN & BARBOSA, 1988), tal como já ocorre em outras áreas do conhecimento (CURRAN-EVERETT, 2000). Infelizmente, no entanto, sob nulidade parcial o teste SNK apresenta um leve descontrole da FWER, que pode chegar em 9 % mesmo com α nominal de 5 % (BORGES & FERREIRA, 2003; GONÇALVES et al., 2015).

No quarto grupo é possível isolar na última colocação, quanto à sensibilidade, o teste de Scheffé. Embora bastante utilizado no passado, este

128

teste é extremamente conservador e não é capaz de detectar importantes diferenças reais entre os tratamentos. Seu uso é cada vez menos frequente.

Embora estes quatro grupos forneçam uma ideia do poder discriminativo dos principais testes, eles não evidenciam a magnitude das diferenças de poder entre eles. Afinal, quão diferentes eles são? As estimativas de poder podem variar bastante de um trabalho para outro em função do CV, do número de tratamentos, número de comparações/contrastes, número de repetições e da magnitude das diferenças. O poder aumenta quando o número de repetições aumenta e quando o CV reduz. A influência do número de tratamentos é mais forte para o teste Tukey, sendo este o mais negativamente afetado pelo aumento do número de tratamentos, já que o número total de comparações aumenta quase exponencialmente com o número de tratamentos. Evidentemente que quanto maior as diferenças entre as médias mais poderosos os testes se tornam. Ou seja, quando as médias são muito contrastantes entre si todos os testes tendem a perceber que essas enormes diferenças são significativas. O problema está, evidentemente, nas diferenças pequenas, ou seja, incrementos de pequena magnitude em relação à magnitude do CV. É nesse tipo de situação que os testes vão diferir bastante entre si (Figura 5.2). Note que para r=4, diferenças reais de apenas 10% e CV de também 10 %, todos os testes têm um poder muito pequeno, acertando em detectar estas pequenas (porém reais) diferenças em, no máximo, 30% das vezes (para o teste t) ou em menos de 10 % das vezes (maioria dos demais testes) (Figura 5.2). Nos dados apresentados na Figura 5.2, o teste SNK aparece mais próximo do Tukey do que dos demais, uma tendência diferente da obtida por Perecin & Barbosa (1988), no qual o SNK esteve mais próximo do Dunnett.

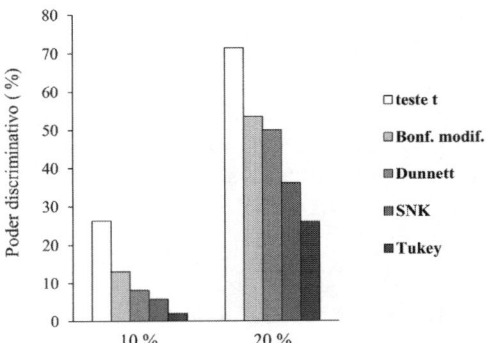

Figura 5.2 - Percentagem de decisão correta (estimativa do poder) de alguns testes de médias ao nível alfa nominal de 5 % obtida por métodos de simulação de experimentos (todos com C.V. de 10 % e com 4 repetições) para médias que diferem entre si em 10 ou 20 %. Adaptado de dados de Conagin et al. (1997) e Conagin & Pimentel-Gomes (2004).

A análise de agrupamento de Scott-Knott geralmente possui um poder intermediário entre o SNK e o *t* (SILVA et al., 1999), podendo em algumas situações ser até superior ao Dunnett. O poder do Scott-Knott, no entanto, é especialmente aumentado com o aumento do número de tratamentos. Este fato, aliado à falta de ambiguidade, fazem deste teste uma opção muito atrativa para comparações entre um grande número de tratamentos em estudos exploratórios (geralmente oito ou mais sendo comparados diretamente). A maioria dos TCMs geram resultados do tipo "a", "b" e "ab". O teste Scott-Knott, no entanto, gera resultados mais fáceis de interpretar, do tipo "a" ou "b" somente (não há "ab").

No entanto, a análise de agrupamento de Scott-Knott possui taxas de erro tipo I familiar (FWER) superiores ao SNK quando sob nulidade parcial (SILVA et al., 1999; BORGES & FERREIRA, 2003) podendo chegar a 20% (CONRADO et al., 2017). Por este motivo e pela naturalidade da ambiguidade na natureza, o teste de Scott-Knott tem sido recomendado apenas para estudos exploratórios em que a necessidade de um agrupamento supere o risco ou as consequências das FWER descontroladas. Embora Silva et al. (1999) e outros autores tenham recomendado este teste para uso generalizado, deve-se frisar que, infelizmente, ele não controla as FWER e, por isso, gera uma frequência muito alta de diferenças fantasiosas. O descontrole da FWER sob nulidade parcial do teste de Scott-Knott também é um defeito de outros procedimentos que possuem função análoga, como é o caso do procedimento de agrupamento de Calinski & Corsten (RAMOS & VIEIRA, 2014).

É preciso considerar também que o "problema" da ambiguidade (resultados "ab", "bcd", etc) é, com frequência, inerente ao fenômeno em estudo e não um "problema do teste". Numa comparação grosseira, o agrupamento sem ambiguidade pode ser comparado a "forçar" a classificação de pessoas entre "esquerda" ou "direita", não sendo possível nenhum tipo de sobreposição ou identificação com ideias de ambos os grupos. Para detalhamento do procedimento de cálculo da análise de agrupamento de Scott-Knott pode-se consultar Scott & Knott (1974) ou Costa (2003) ou Ramalho et al. (2005). Uma descrição resumida dos procedimentos de cálculo de alguns testes aqui discutidos é apresentada na Tabela 5.5.

Importante lembrar que todos os testes de médias podem ser aplicados também em suas versões *bootstrap*, ou seja, versões baseadas em reamostragens. Esta técnica, embora computacionalmente exigente, permite que testes paramétricos sejam também válidos para distribuições não-normais. No entanto, sob distribuição normal, as versões *bootstrap* dos testes são um pouco menos sensíveis que os testes em suas versões originais.

Embora haja controvérsias, é comum considerar-se que todo teste de médias deve ser precedido por uma ANOVA com F significativo para tratamentos, ou seja, o teste F deve concluir que existe diferenças para justificar a detecção destas diferenças pelo TCM. Isso é o que se denomina de "critério de proteção de Fisher". Visando minimizar as chances de descontrole da FWER, esse critério foi criado inicialmente para os testes *t*, LSD de Fisher (ou DMS de Fisher) e Duncan, uma vez que estes testes têm sérios problemas com o controle da FWER, mas o critério acabou sendo expandido para os demais testes. Esse procedimento, no entanto, é desnecessário ao se utilizar os testes de Scheffé, Tukey, Bonferroni, Holm, Dunnett ou outros testes que controlam bem a FWER. Na realidade, hoje é bem conhecido que mesmo com o critério de proteção da ANOVA, os testes *t*, LSD e Duncan não conseguem manter a FWER sob controle quando em situação de nulidade parcial (Tabela 5.6). Nulidade parcial é a situação em que apenas parte dos tratamentos são simulados para terem diferenças reais entre si, situação relevante pela sua semelhança aos experimentos reais. O critério de proteção de Fisher, no entanto, tem utilidade justificável nos fatoriais, sendo um critério importante para a análise de regressão nos fatoriais *quali* x *quanti*. Além disso, como nos fatoriais os testes de médias geralmente são aplicados de forma diferenciada (apenas entre os níveis de A e apenas entre os níveis de B) há uma taxa acumulada de erro que infla a EWER mesmo para os testes de Tukey, Dunnett e SNK (Tabela 5.6). Portanto, nos fatoriais, o critério de proteção de Fisher pode ajudar a reduzir a EWER (CARVALHO et al., 2023a), mas não consegue um controle satisfatório sob nulidade parcial (Tabela 5.6). Por estes motivos, alguns estatísticos sustentam que seria muito mais interessante ajustar os TCMs para controlar a EWER nos fatoriais do que considerar o critério de proteção de Fisher. Versões ajustadas dos testes Tukey e Dunnett para controle da EWER nos fatoriais estão disponíveis no SPEED stat quando se escolhe a opção "1" na célula M35 da "Entrada" deste software.

Tabela 5.5 - Descrição resumida dos procedimentos de cálculo de alguns testes de médias. Note que há alguma similaridade no cálculo da DMS em vários deles, com modificações nos valores tabelados ou no método de aplicação do teste. Testes com "*" estão disponíveis no SPEED Stat (speedstatsoftware.wordpress.com)

Teste	Controla FWER?	Cálculo[1]	Observações
Tukey ou HSD*	SIM[3]	DMS (diferença mínima significativa entre duas médias amostrais) = $q_{(\alpha,n1,n2)}$. raiz(QMRes/r)	Valor *q* específico para o teste, sendo diretamente proporcional ao número de tratamentos e inversamente proporcional aos GL do resíduo. O teste é também conhecido como Tukey-Kramer quando adaptado para dados desbalanceados. A DMS exigida por este teste para comparações múltiplas será menor que a DMS exigida pelo teste *t* caso este fosse corrigido para *k* comparações (ou seja, o Tukey é mais sensível que o Dunn-Sidak se este último for aplicado para todas as comparações duas-a-duas possíveis).

Método	Controla FWER	DMS	Observações
Duncan	NÃO[3]	$DMS = z_{(\alpha,n1,n2)} \cdot raiz(QMRes/r)$	Valor z específico para o teste. Diferentemente do Tukey, o valor z é variável dentro de um mesmo experimento. Assim, após ordenar as médias, ao se comparar, por exemplo, a primeira com a terceira maior média (num grupo com 6 médias) z será consultado com 3 e não 6.
Dunnett*	SIM[3]	$DMS = t_{d(\alpha,n1,n2)} \cdot raiz(2.QMRes/r)$	Valor t_d é um valor de t corrigido, sendo diretamente proporcional ao número de tratamentos e inversamente proporcional aos GL do resíduo.
SNK*	SIM[2, 3]	$DMS = q_{(\alpha,n1,n2)} \cdot raiz(QMRes/r)$	Mesmo valor q da tabela de Tukey. Em resumo, usa-se o método de Duncan com a tabela de q de Tukey.
LSD (t)	NÃO[3]	$DMS = t_{0(\alpha,n1,n2)} \cdot raiz(2.QMRes/r)$	Devido ao não controle da FWER seu uso também não é indicado para comparações múltiplas ou para contrastes (ortogonais ou não).
Bonferroni	SIM	$DMS = t_{0(\alpha/k)} \cdot raiz(2.QMRes/r)$	Corresponde ao teste t com uma redução no α nominal proporcional ao número k de comparações a serem realizadas. É bem aceito para uso também em sua versão unilateral (quando a literatura sustenta que não há razões para se acreditar que o contraste possa resultar em um valor negativo, por exemplo).
Bonferroni modif. Conagin	~SIM	$DMS = t_{0[(\alpha(1+P(F))/k]} \cdot raiz(2.QMRes/r)$	O α nominal sofre uma redução um pouco menor já que, antes de ser dividido por k comparações, é primeiro multiplicado por um número maior que 1, proporcional ao F calculado para tratamentos (abordagem bayesiana). P(F) é tabelado e varia também em função do número de repetições e do número de tratamentos (CONAGIN, 2001; CONAGIN & BARBIN, 2006). Sob nulidade parcial, o controle da FWER pode ser comprometido.
Dunn-Sidak	SIM[4]	$DMS = t_0(\alpha_s) \cdot raiz(2.QMRes/r)$	α-sidak (α_s) = $1-(1-\alpha)^{1/k}$. Assim como o teste de Bonferroni, o teste será tanto mais poderoso quanto menos k contrastes forem testados. Inicialmente concebido como um teste não-paramétrico, este teste é sempre um pouco mais poderoso que o teste de Bonferroni.
Holm ou Holm-Bonferroni*	SIM[4]	Bonferroni aplicado sequencialmente	Esta modificação do teste de Bonferroni prevê a rejeição de H_0 sequencialmente, permitindo aumentar o poder do teste original de Bonferroni mas mantendo a FWER sob controle.
Benjamini-Hochberg*	NÃO[4]	Holm aplicado em sequência inversa	Esta modificação do teste de Holm prevê o controle da FDR, uma nova forma de quantificar o erro tipo I familiar. A FWER do teste, no entanto, pode chegar a ~25% sob nulidade parcial.
Scheffé	SIM	$DMS = raiz[n1 \cdot F_{(\alpha,n1,n2)} \cdot (QMRes/r)]$	Poder extremamente reduzido. Uso cada vez menos frequente.
Scott-Knott* e Calinski-Corsten	NÃO[3]	não baseia-se no cálculo de uma DMS	São análises de agrupamento. Em suas formas originais tradicionais não controlam a FWER quando sob nulidade parcial.

Dados desbalancea dos*	QMRes/r = (QMRes/2) . $(1/r_1 + 1/r_2)$	Para dados desbalanceados, esta modificação é válida para todos os testes descritos acima.

[1]Quando aplicado em contrastes complexos a expressão raiz(2.QMRes/r) deve ser substituída por raiz(Σa_i^2.QMRes/r). [2]Sob nulidade parcial o controle é apenas aceitável, podendo chegar a 9% mesmo com α nominal de 5%. [3]No caso dos fatoriais, onde o teste é aplicado apenas dentro dos níveis de cada fator e não dentro do conjunto total de "*T*" tratamentos, não há controle da EWER na aplicação usual do teste, exigindo-se redução no *p-valor* crítico nominal para garantir EWER $\leq$ 5% (essa correção pode ser aproximada por métodos que permitem consultar um valor n_1 tabelado maior). [4]Nestes testes, o poder será superior ao Tukey quando o número de comparações previstas for menor que ~50% do número total de comparações duas-a-duas possíveis, ou k $\lesssim$ 0.5(-0.5T+0.5T^2), sendo *T* o número de tratamentos.

Importante lembrar que a adoção do critério de proteção de Fisher resulta em redução do poder dos testes de médias, o que corrobora com a recomendação de abandonar o critério de proteção de Fisher desde que também abandonemos os testes de médias que não controlam a FWER e EWER. Não utilizar a proteção da ANOVA minimiza o efeito depreciativo do número de tratamentos sobre o poder dos testes.

Os dados da Tabela 5.6 evidenciam claramente a não utilidade do critério de proteção da ANOVA para testes de médias quando sob nulidade parcial. Evidentemente que a proteção da ANOVA melhora o controle da EWER, mas não consegue manter o nível global $\leq$ 5% e ainda reduz consideravelmente o poder dos testes. Estes resultados corroboram com os resultados de Rodrigues et al. (2023), mas contrariam a recomendação amplamente encontrada nos livros textos de estatística experimental. Possivelmente, esta recomendação era sustentada porque a ANOVA protege a FWER dos testes *t*, Duncan e outros quando sob nulidade total (quando nenhum tratamento difere dos demais). No entanto, oferecer proteção apenas nos cenários sob nulidade total é muito limitado e arriscado.

Os dados da Tabela 5.6 evidenciam também que, mesmo para contrastes ortogonais, o teste *t* (e seu equivalente F para contrastes ortogonais) não devem ser recomendados para comparações de médias quando mais de uma comparação é realizada, ou seja, quase sempre. Esta recomendação é corroborada e explicada detalhadamente por Frane (2015b). Por fim, estes dados evidenciam que nos esquemas fatoriais, o uso de testes de comparações múltiplas, mesmo que seja Tukey, Dunnett ou SNK, resulta em taxas inflacionadas de falsos positivos devido à forma tradicional como são aplicados (Tabela 5.6). Portanto, para fatoriais é recomendável usar apenas poucos contrastes planejados (e testá-los com teste Bonferroni ou Holm) ou TCM's em suas versões ajustadas para controle da EWER (geralmente não disponíveis nos softwares ou pacotes usuais). No SPEED Stat os testes Tukey e Dunnett podem ser aplicados em suas versões para controle da EWER (opção 1 na célula M35 na "Entrada").

O teste de Dunnett possui um poder muito atrativo, mas sua aplicação se restringe às comparações com o tratamento controle, o que nem sempre é suficiente para as comparações de interesse do pesquisador. Como sugerido pelos dados da Tabela 5.6, o teste de Bonferroni unilateral terá poder maior ou igual ao Dunnett somente se o número de comparações for menor que ~ T/2, sendo T o número de tratamentos. Usar um teste unilateral, no entanto, sempre depende de informações prévias seguras, já que é preciso ter segurança de que o contraste em questão não será significativo no sentido oposto ao esperado. Por este motivo, às vezes, testes unilaterais não são bem recebidos por outros cientistas.

Tabela 5.6 – Estimativas empíricas de poder (1200 experimentos simulados com uma diferença real correspondente a 1.5 desvio padrão em apenas um tratamento) e estimativas de erro tipo I familiar (FWER) sob nulidade parcial de diferentes testes de médias sob a proteção ou não do teste F global (ANOVA).

	Poder (%)		Erro tipo I (FWER) (%)	
	com proteção	sem proteção	com proteção	sem proteção
Teste F (ANOVA)	16.6		-	-
Tukey (HSD)	13.8	19.3	3.7	4.1
Dunnett	15.3	35.0	2.8	3.9
Dunnett unilateral	14.3	44.7	2.1	4.1
Teste t (9 contr. ortogonais)	16.6	63.1	12.1*	32.2*
Bonferroni unilateral[1] (k=9)	12.6	25.1	2.8	4.3
Bonferroni unilateral[1] p/ k=4	12.7	34.8	1.8	4.1
Dunn-Sidak (k=9)	11.5	18.3	3.7	4.8
Dunn-Sidak unilateral[1] (k=9)	12.8	26.5	3.4	4.6
Tukey[2] em Fatorial 10x3	-	-	11.8*	18.3*

Todos os testes aplicados sob α nominal de 5%. Experimentos simulados sob DIC com 10 tratamentos (exceto para o teste Tukey em fatorial), 4 repetições e CV de 20 % (erros normais, homocedásticos e independentes). Testes t, Dunn-Sidak e de Bonferroni aplicados a 9 contrastes ortogonais em cada experimento. *valores de erro tipo I estatisticamente maiores que 5 % pelo teste Binomial unilateral. [1]Testes unilaterais podem apresentar um pequeno descontrole da FWER quando sob resíduos não-normais (dados não mostrados), diferentemente dos testes bilaterais, que geralmente são robustos à violação de normalidade. [2]Tukey aplicado da forma usual em fatoriais, considerando ou não a proteção do teste F global para efeito de tratamentos. OBS: como todos os experimentos foram simulados com a presença de um efeito real em um dos tratamentos, a FWER foi estimada, evidentemente, apenas com as comparações entre os demais tratamentos. Importante frisar que os níveis de poder aqui mostrados são relativamente baixos devido ao número de repetições adotado e ao incremento real simulado de pequena magnitude em relação ao CV (1.5s). Fonte: dados do autor.

Por fim, é importante frisar que nos fatoriais os testes de Tukey e Dunnett, tanto quando aplicados em sua forma tradicional quanto em suas formas corrigidas para controlar a EWER, poderão apresentar poder inferior aos testes de Bonferroni e Holm aplicados à um número menor de contrastes. Este fato reforça a importância de planejar as comparações de interesse, buscando responder apenas às questões realmente inovadoras da pesquisa. Comparações óbvias ou de interesse secundário podem ser suficientemente exploradas por estatísticas descritivas. Para muitos pesquisadores, deixar de lado as comparações múltiplas para usar apenas poucas comparações planejadas será desafiador. Mas é um desafio necessário para se elevar o patamar de confiabilidade e reprodutibilidade das pesquisas científicas (que depende de controlar a EWER) e ainda assim conseguir o maior nível de poder possível.

5.5.1. Desdobramentos do problema da multiplicidade do erro sobre o planejamento de experimentos

Uma vez compreendido o problema da multiplicidade do erro torna-se simples compreender que experimentos com número muito grande de comparações serão menos poderosos que experimentos com menor número de comparações, ao menos na perspectiva dos testes confirmatórios. Para reduzir o número de comparações há duas opções evidentes: reduzir o número de tratamentos ou realizar apenas as comparações de interesse principal através de comparações planejadas (restringindo o uso de testes de médias que comparam "todos contra todos").

Dessa forma, quando uma pesquisa necessita de um grande número de tratamentos pode ser muito útil considerá-la como uma pesquisa exploratória (e assim poder usar testes sem um rigoroso controle da FWER, como Scott-Knott ou Benjamini-Hochberg, ou mesmo utilizá-los ao nível α nominal de 10%). Esta pesquisa exploratória permitiria evidenciar os tratamentos mais promissores e estes poderão ser comparados com testes confirmatórios numa pesquisa posterior com menor número de tratamentos.

5.5.2. Volcano-Plots: usando os procedimentos de Holm ou de Benjamini-Hochberg para controle parcial da MFWER

Volcano plots são gráficos de dispersão usados mais frequentemente em estudos na área de biologia molecular em que, por exemplo, os níveis de expressão gênica para centenas de genes são apresentados. Nesse caso, como o nível de expressão gênica de cada gene é uma variável resposta diferente, há centenas de variáveis respostas e, portanto, a MFWER torna-se especialmente problemática.

A partir dos contrastes de interesse (geralmente um ou dois tratamentos de interesse vs o seu respectivo controle) uma medida de tamanho do efeito relacionada ao nível de expressão gênica é escolhida (podendo ser expressa em % ou em log da razão tratamento/controle do nível de expressão (fold change))

135

e plotado como um eixo X nos *volcano plots*. No eixo Y plota-se, para cada contraste testado pelo teste *t*, o seu respectivo *p-valor* (geralmente em escala log (valor 's' = $-\log_2(p)$), mas aplicando-se a correção de Holm ou a correção FDR de Benjamini-Hochberg entre os *p-valores* das diferentes variáveis respostas). Note, portanto, que se existirem apenas 2 tratamentos, usar a correção de Holm para corrigir os *p-valores*, não dos diferentes contrastes aplicados, mas das diferentes variáveis respostas avaliadas, resultará num adequado controle da MFWER. No entanto, se existir mais de um contraste para cada variável resposta (e esses contrastes forem testados pelo teste *t*, que não controla a FWER) usar a correção apenas entre as distintas variáveis respostas resultará em um controle da MFWER apenas aproximado.

Mesmo sendo um controle apenas aproximado (muitas vezes usando também um procedimento que não controla bem o erro α acumulado, como o FDR), o aumento da popularidade dos *volcano plots* ilustra bem o crescimento das preocupações com a MFWER. Como será visto no capítulo 9, para grupos menos numerosos de variáveis respostas há formas mais poderosas para se controlar a MFWER.

5.6. Síntese das principais recomendações e entendimentos

i. O erro tipo I é um erro mais grave que o erro tipo II pois pode resultar em "uma mudança para algo falso" enquanto o erro tipo II pode resultar apenas em "manter as coisas como estão" ou "fazer como já se sabe fazer". É um princípio semelhante à máxima "*in dubio, pro reo*" ou "não dúvida, a decisão deve ser favorável à H_0", em coerência com o princípio da precaução.

ii. Na maioria das situações experimentais, o nível de poder dos testes de médias é inferior a 90%, o que significa dizer que o erro tipo II é quase sempre elevado (>10%). Dessa forma, quando um teste de médias/contrastes não rejeita H_0 não se deve interpretar como evidência de que as médias são iguais. Afinal, o erro β não está sob controle.

iii. Uma "diferença estatisticamente significativa" não deve ser interpretada como uma "diferença com relevância prática" ou como sendo de "grande importância". Este tipo de inferência não é parte do objetivo dos testes de médias. Simplificadamente, os testes de médias apenas julgam se a probabilidade de uma diferença numérica entre as médias de dois tratamentos ser devida ao acaso é maior que 5% (ou outro valor α especificado e assumindo um erro α familiar e assumindo que o modelo estatístico utilizado esteja adequado). Se não for devido ao acaso, há maior segurança em se afirmar que a diferença entre as médias é real, ainda que não se possa afirmar se essa diferença "real" é relevante do ponto de vista prático.

iv. O fenômeno da multiplicidade do erro tipo I não pode ser ignorado na escolha dos testes de médias. Ele é equivalente à probabilidade acumulada de ocorrer ao menos uma vez o valor "1" em um dado não viciado lançado várias vezes, situação em que a probabilidade acumulada será claramente maior que 1/6.

v. Entre os subtipos de erro tipo I merece destaque a CWE, a FWER/EWER e a MFWER. O teste t é um teste concebido para controlar apenas da CWE, razão pela qual precisou ser ajustado para comparações múltiplas. Os testes Tukey, Dunnett, Holm e Bonferroni são alguns exemplos de testes com excelente controle da FWER, embora nos fatoriais o Tukey, o SNK e o Dunnett apresentem EWER descontroladas em suas formas usuais não corrigidas. O teste SNK possui controle apenas aproximado da FWER quando sob nulidade parcial, embora o nível de descontrole seja pequeno.

vi. Os testes t-LSD, Duncan, teste F para contrastes, Scott-Knott e Benjamini-Hochberg não controlam adequadamente o erro α familiar (FWER). O uso destes testes, no entanto, pode ser tolerável em pesquisas exploratórias, especialmente os testes de Scott-Knott e Benjamini-Hochberg.

vii. Os testes univariados usuais não controlam a MFWER, que é a probabilidade de ocorrer ao menos um falso positivo nas múltiplas comparações realizadas nas múltiplas variáveis-respostas analisadas. Embora a MFWER possa representar um problema grave em algumas pesquisas, seu descontrole ainda tem sido tolerado inclusive nas pesquisas confirmatórias. Como será visto no capítulo 9, no entanto, um índice multivariado submetido à um teste univariado usual poderá controlar a MFWER.

viii. *p-valores* possuem interpretação condicionada ao tipo de erro tipo I que o teste controla. Dessa forma, reportar um *p-valor* de um teste que controla apenas a CWE não permitirá uma conclusão válida sob a perspectiva da FWER. Portanto, é mais importante aplicar testes que controlam a FWER/EWER do que reportar cada um dos p-valores específicos encontrados com testes que não controlam a FWER/EWER. Além disso, considerando que *p-valor* não deve ser interpretado como sinônimo de diferença importante ou de diferença de grande magnitude, percebe-se que não há grande utilidade em se reportar cada um dos *p-valores* específicos encontrados em cada teste aplicado.

ix. Testes para contrastes planejados, pelo fato de poderem ser aplicados mais facilmente para um número menor de comparações, podem ser mais poderosos que testes para comparações múltiplas (TCMs). Esta é a razão principal pela qual é recomendável optar por contrastes em lugar de comparações múltiplas, sempre que possível. Não há necessidade dos contrastes planejados serem ortogonais, o importante é testar apenas poucos contrastes, abrindo mão do uso dos TCMs, como o teste de Tukey.

x. O teste t para contrastes, ortogonais ou não ortogonais, não deve ser utilizado pois não controla o erro tipo I familiar. O mesmo se aplica ao teste F para contrastes ortogonais ou não ortogonais. Mesmo em pesquisas apenas exploratórias deve-se ter em mente que o nível de descontrole do erro α familiar destes testes é muito grande, sendo tanto maior quanto maior o número de contrastes.

xi. Dentre os testes mais conhecidos para contrastes planejados, o teste de Holm se destaca por possuir um bom controle do erro α familiar e um bom equilíbrio entre simplicidade e poder. O teste de Holm unilateral, que é mais poderoso que o Holm bilateral, tem sido bem aceito quando há segurança de uma informação *a priori* (ou seja, uma informação que sustente que não há razão para se esperar que um determinado contraste seja negativo, por exemplo).

xii. Nos experimentos fatoriais, mesmo para os testes de Tukey e Dunnett, não há um correto controle da EWER dos testes de comparação múltipla, pois estes são aplicados considerando apenas as comparações dentro de cada sub-família do desdobramento. Dessa forma, em experimentos fatoriais confirmatórios deve-se aplicar ajustes aos TCMs de modo que os mesmos também controlem a EWER.

xiii. Quando se utiliza um teste de médias com adequado controle da FWER (experimentos não-fatoriais) ou da EWER (nos fatoriais) a proteção do teste F da ANOVA não deve ser considerada pois ela irá reduzir o poder do teste de médias. No entanto, nos fatoriais *quali* x *quanti* com análise de regressão, a proteção da ANOVA ainda cumpre um papel importante como será visto no capítulo 7.

xiv. Até o momento, não há outra ferramenta consensual que permita substituir de maneira vantajosa a usual "interpretação dicotômica" do p-valor dos testes de médias. Infelizmente, isso parece se aplicar também às técnicas bayesianas, técnicas baseadas em razões de verossimilhança, modelos mistos mais complexos (GLMM), técnicas baseadas em conversões de p-valores em outras escalas ou baseadas em intervalos de confiança, estatísticas descritivas ou medidas de *effect size*, etc. A dicotomização pode ser reduzida, no entanto, quando se interpreta p-valores com mais modéstia, como uma estimativa de "maior" ou "menor" nível de incerteza e contextualizada com conhecimentos prévios e com medidas de tamanho de efeito.

6. FATORIAIS E OUTROS MODELOS EXPERIMENTAIS

6.1. Experimentos em arranjo ou estrutura fatorial

Um experimento possui "tratamentos estruturados" ou "tratamentos com estrutura fatorial" quando seus *n* tratamentos podem ser separados em grupos ou "fatores" com semelhanças entre si. Por exemplo, se três diferentes adubos são comparados em cinco doses cada, temos um clássico fatorial "fonte x dose", com 15 tratamentos. Estes 15 estão, portanto, "estruturados" em três fontes (ou níveis do fator A), cada um com cinco doses cada (ou níveis do fator B), mas em um mesmo experimento. A estrutura fatorial não deve ser confundida com "delineamento" já que não altera em nada a distribuição das UEs no ambiente experimental. Significa dizer que a estrutura fatorial não altera o croqui experimental e pode, inclusive, ser considerada apenas no momento das análises dos dados. Significa dizer também que um fatorial pode ser montado em DIC, DBC ou outro delineamento.

Simplificadamente, quanto ao número de níveis, existem fatoriais completos (como 3x3 ou 4x3, ou seja, com o mesmo número de níveis de B para cada nível de A ou vice-versa) e fatoriais incompletos ou fracionados (como um complexo (2x(4x2+2))+1 ou um simples 4x4+1). Quanto ao número de fatores, existem fatoriais com dois fatores ("AxB" ou "duplos" ou de "segunda ordem"), três fatores ("AxBxC" ou "triplos" ou de "terceira ordem"), quatro fatores, etc. Os duplos e os triplos são mais recomendados que os de ordem maior. E, por fim, quanto à natureza da estrutura, existem os fatoriais cruzados e os fatoriais aninhados. Todos eles podem envolver tanto a presença de fatores cujos níveis são tratamentos de natureza qualitativa quanto níveis de natureza quantitativa.

Nos fatoriais cruzados, os níveis de B guardam semelhança ou são iguais entre todos níveis de A. É o caso mais comum para o exemplo anterior, em que as diferentes fontes (níveis de A) serão testadas em doses comuns (níveis de B sempre serão, por exemplo, 50, 100, 150, 300 e 500 kg ha^{-1}). Nos fatoriais aninhados, por outro lado, podem existir níveis de B específicos para cada nível de A. Um exemplo poderia ser um fatorial entre variedades x espaçamentos, em que duas diferentes variedades serão comparadas quanto ao seu desempenho agronômico entre si em três espaçamentos, sendo eles distintos para cada variedade. Ou seja, se a variedade A for cultivada nos espaçamentos de 20 x 20, 40 x 40 e 50 x 50 cm e a variedade B for cultivada nos espaçamentos de 15 x 15, 15 x 20 e 30 x 30 cm, diz-se que o fatorial é aninhado, pois cada nível de A tem seus níveis específicos em B. Os fatoriais aninhados são modelos hierárquicos e, sempre que possível, devem ser evitados em relação aos cruzados porque a interação entre os fatores pode não ter um significado claro e tão útil quanto nos cruzados. Os fatoriais aninhados, no entanto, dão mais flexibilidade aos fatoriais, sendo muito úteis em estudos observacionais (GOTELLI & ELLISON, 2011).

6.1.1. Por que os fatoriais são tão úteis?

É comum querermos saber se o efeito de uma determinada variável preditora (como doses de um fertilizante) terá um padrão de resposta semelhante em diferentes condições (tipos de solos, por exemplo). Quando esse é o objetivo, podemos repetir um experimento simples com 5 doses do fertilizante a ser testado (5 tratamentos) em "n" tipos de solos ou podemos montar um único experimento que contemple as 5 doses do fertilizante aplicadas em "n" tipos de solos diferentes, com "r" repetições. Num único experimento será possível determinar, estatisticamente, se os efeitos das doses possuem um padrão de resposta distinto nos "n" tipos de solos, efeito este conhecido como "interação".

Além disso, num fatorial 3x5, se todos os 15 tratamentos fossem comparados contra todos, a combinação de 15 tratamentos comparados dois a dois totalizaria 105 comparações ($C_{15, 2}$). Num fatorial, no entanto, nem todas as combinações são realizadas. A análise fatorial prevê sempre um número menor de comparações, permitindo um valor menor para a DMS dos testes de médias. Num fatorial as comparações são feitas usualmente apenas dentro dos níveis de cada fator. Assim, num fatorial 3x5 teremos apenas $3 \times C_{5, 2} + 5 \times C_{3, 2} = 30 + 15 = 45$ comparações. É este menor número de comparações que resulta em ganho considerável de poder nas comparações. Com isso, um experimento fatorial tende a ser mais sensível (quando se aplica TCMs) que um experimento não estruturado com mesmo número de tratamentos e repetições.

No entanto, um aspecto importantíssimo precisa ser lembrado. O aumento de poder dos TCMs nos fatoriais vem acompanhado de uma inflação nas EWER quando sob nulidade parcial, como evidenciado na Tabela 5.6 e discutido por Cramer et al. (2016) e Frane (2021). Sob nulidade total, o teste F global para tratamentos (e não o teste F para os fatores A, B ou interação) consegue manter a EWER sob controle, mas sob nulidade parcial não (CARVALHO et al., 2023a). É possível corrigir estes TCMs de modo a controlarem a EWER também nos fatoriais sob nulidade parcial. E mesmo com essas correções o poder se mantém maior que um experimento não estruturado com mesmo número de tratamentos. Infelizmente, os TCMs corrigidos para controlar a EWER nos fatoriais geralmente não estão disponíveis nos softwares mais acessíveis (Sisvar, Jamovi, Minitab, GExpDes, etc.), frequentemente nem mesmo nos pacotes mais usuais do R. Dessa forma, nos fatoriais a importância de se substituir TCMs por contrastes planejados é ainda maior para facilitar o controle da EWER. Lembre-se, a EWER corresponde à taxa acumulada de ao menos um erro tipo I em todas as *k* comparações entre médias em uma variável resposta.

É relativamente comum um experimento apresentar estrutura fatorial e os pesquisadores ignorarem a existência desta estrutura. Embora seja uma decisão do pesquisador, essa desconsideração da estrutura fatorial na ANOVA terá consequências ruins por dois motivos: primeiro, pelo desconhecimento da significância da interação, a qual é essencial para extrapolarmos com mais segurança. A significância da interação numa análise fatorial é muito útil para dar sustentação estatística às generalizações dos efeitos dos níveis dos fatores. A segunda razão é a queda na sensibilidade (no poder) dos TCMs aplicados, uma vez que na comparação de todos contra todos há um maior número de comparações que na comparação apenas dentro dos níveis de A ou B. A única vantagem é que, ao se ignorar a estrutura fatorial, os TCMs (Tukey, Dunnett e outros) voltam a controlar a EWER.

Apesar do exposto até agora, os experimentos fatoriais também têm seus defeitos, sendo o principal deles o excessivo número de tratamentos (os experimentos fatoriais facilmente ficam grandes demais) e a necessidade de relacionamento entre os fatores (os níveis de um fator devem existir ou serem possíveis em outro fator). Este último é especialmente crítico nos fatoriais cruzados. Estes problemas podem ser minimizados pelos fatoriais incompletos e/ou com tratamentos adicionais, que aumentam a liberdade no planejamento experimental. Essa liberdade tem, no entanto, um custo: a complexidade.

6.1.2. O desdobramento da interação: quando fazer?

Nos experimentos fatoriais, a ANOVA inclui, além dos vários fatores, uma nova fonte de variação, a interação entre os fatores. Uma interação significativa implica que os níveis de cada fator devem ser estudados em separado, o que é chamado de desdobramento da interação. Por outro lado, quando a interação entre os fatores é não-significativa, significa que, independentemente do nível de "B", o comportamento dos níveis de "A" segue um mesmo padrão ou tendência e vice-versa. Ou seja, se seguem um mesmo padrão, os testes de médias podem ser feitos apenas com as médias marginais.

O teste estatístico usado para avaliar a significância da interação (o teste F), no entanto, é distinto dos testes usados para proceder ao desdobramento (Tukey, Dunnett, SNK, etc.), de modo que, às vezes, não há perfeita coerência entre as significâncias apontadas pelo desdobramento dos fatores (na ANOVA) e as significâncias apontadas pelos testes de médias aplicados às médias marginais. Esse "problema" tem sido motivo de polêmica e tem levado muitos pesquisadores a optarem sempre pelo desdobramento, independentemente da significância da interação apontada pela ANOVA (TAVARES et al., 2016).

De fato, quando a interação é mais seguramente não-significativa (*p-valor* > 0.500 para o F da interação, por exemplo) fica muito evidente que as médias marginais refletem a tendência geral das médias do desdobramento. No entanto, quando a probabilidade de significância da interação aumenta ($p <$ 0.250) uma inspeção visual dos dados poderá gerar dúvidas sobre a inexistência da interação.

Vejamos um exemplo. A ANOVA dos dados de um fatorial 4x3 demonstrou que a interação é não significativa (*p-valor* = 0.283). O teste SNK aplicado sobre as médias marginais apontou as diferenças mostradas com letras maiúsculas e minúsculas na Figura 6.1 (A). É perceptível que a variedade 1 possui uma colonização muito inferior às demais, e que a variedade 2 possui uma colonização maior que as demais. No entanto, pela simples inspeção gráfica podemos ter a impressão de que a variedade "2" não apresenta colonização superior a variedade "3" na presença do solo B. Impressão esta que é corroborada pelo teste de médias aplicado ao desdobramento. Essa simples observação tem conduzido muitos pesquisadores a desprezarem o *p-valor* da interação na ANOVA, forçando o desdobramento da interação em todas as situações. O teste SNK aplicado ao desdobramento da interação resulta nas conclusões mostradas na Figura 6.1 (B).

Qual análise estaria mais correta? Qual gráfico conduziria o leitor a uma melhor compreensão do fenômeno? Embora não seja uma questão consensual, estatisticamente é mais adequado não ignorar a significância da interação (pelo menos para a grande maioria dos fatoriais cruzados). Significa dizer que a Figura 6.1 (A) está mais correta.

Vejamos os motivos. Primeiramente, o que significa uma interação com 0.283 de probabilidade de erro tipo I? Simplificadamente, significa que há 28.3 % de chance de errarmos se dissermos que essa interação é verdadeira. Até para uma significância de interação, é uma margem de erro considerável. Nas demais condições de solo (solos A, C e D) é bastante evidente que as variedades diferem entre si. O mais seguro é afirmar que no solo B exista essa mesma tendência geral, embora possivelmente em magnitude menor que nos demais solos. Afinal, podemos afirmar com segurança que existe no solo B algum agente (químico, físico ou biológico) que aumenta apenas a colonização da variedade 3 e não da 1 ou da 2? Se ainda assim suspeita-se que haja algum tipo de interação entre estes fatores, devemos incluir uma gama maior de tipos de solos ou de variedades em experimentos futuros para ganharmos confiança de que esta interação realmente exista.

Os fãs do "sempre desdobrar" costumam argumentar que, apesar do risco de se buscar interação onde ela não existe, há um teste formal (o teste SNK, no caso da Figura 6.1 B) dizendo que ela existe. É importante lembrar que esse teste está concluindo isso com base numa "não-diferença" entre médias. Como já discutido no item 5.2, quando um teste não encontra uma diferença não há grande segurança em se afirmar que as médias são iguais. Apenas pode-se dizer que "não houve suficiente evidência para assegurar que são diferentes". Parece sutil, mas são conclusões bem diferentes.

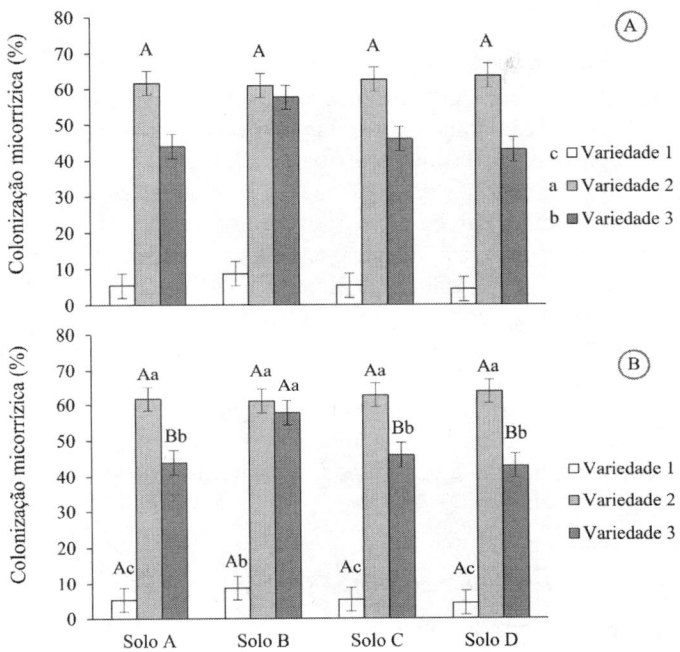

Figura 6.1 - Colonização micorrízica de raízes de feijoeiro de um experimento fatorial 4x3 (4 tipos de solos x 3 variedades de feijão) com interação não-significativa (*p-valor* = 0.282). Se apenas as médias marginais forem comparadas entre si obtém-se o gráfico A e se o desdobramento for forçado obtém-se o gráfico B. Os dados são os mesmos entre A e B, apenas o teste de médias resultou em conclusões distintas. Não há evidência suficiente de que médias seguidas por uma mesma letra minúscula, entre variedades, e maiúsculas, entre solos, diferem estatisticamente entre si pelo teste SNK a 5 % de probabilidade de erro α. OBS: teste SNK aplicado, sem correção da EWER, por se tratar de um estudo exploratório.

A natureza tem muitos exemplos de interações. Nem por isso, deixa de ter padrões, tendências ou mesmo regras gerais. Preferencialmente, o caminho para as descobertas científicas se faz pela busca de "ordem" (leis ou padrões) e não de desordem (que quase sempre é apenas aparente na natureza). A significância da interação é uma valiosa informação uma vez que permite e valida generalizações sobre o efeito dos fatores em estudo (PERECIN &

143

CARGNELUTTI FILHO, 2008). Tais generalizações são especialmente úteis no entendimento de fenômenos e "padrões gerais", em oposição à concepção de sempre se buscar desdobramentos que dificultam a percepção destes padrões. E estas generalizações são sustentadas estatisticamente com a significância da interação e com as comparações entre as médias marginais.

Apesar do exposto até agora, que sustenta a confiança na significância da interação na ANOVA, Perecin & Cargnelutti Filho (2008) apresentaram uma solução simples e conciliadora para esta questão. Eles propuseram considerar a não-significância da interação sob uma perspectiva mais cautelosa, elevando o *p-valor* crítico apenas da interação para 0.250. Adotando este critério, o desdobramento somente não será realizado em situações com maior evidência de inexistência de interação, aumentando a confiabilidade das generalizações. Note que não se trata de uma concepção análoga à "tendência" de significância, tampouco de "quase" significância. Não se deve interpretar uma interação com *p-valor* entre 0.05 e 0.25 como "aproximadamente" significativa. Segue sendo uma inferência "dualista" e simples: se p > 0.05 será não significativa e, caso contrário, significativa. Como visto no capítulo 5, no entanto, não rejeição de H_0 não é evidência segura de que H_0 seja verdadeira. Portanto, trata-se de compreender que, no caso da interação num experimento fatorial, o risco de se cometer uma generalização indevida pode ser minimizado se reduzirmos o erro tipo II desta inferência.

6.1.3. Interpretando interações na ANOVA

Interpretar a interação numa ANOVA de 2 fatores é tarefa relativamente simples. Como visto no item anterior, depende apenas de se definir um valor crítico para a significância da interação. Se a interação AxB for não-significativa ($p > 0.250$) pode-se compreender melhor estes efeitos comparando-se apenas as médias marginais. Se a interação AxB for significativa ($p < 0.050$) torna-se obrigatório desdobrar a interação, ou seja, comparar os efeitos dos níveis dentro de cada um dos fatores. Quando a significância da interação estiver entre P=0.050 e P=0.250 uma inspeção nas comparações das médias marginais e nas médias internas poderá ser útil para decidir se a significância será ou não considerada naquele caso.

Interpretar as interações na ANOVA de 3 ou mais fatores, no entanto, pode não ser uma tarefa tão simples. Quando a interação tripla é significativa todo o restante da ANOVA pode ser ignorado e parte-se para o desdobramento da interação (via TCM, contrastes ou análise de regressão). Quando a interação tripla é não-significativa e nenhuma interação dupla é significativa pode-se testar apenas as médias marginais dos níveis de A, B e C. Quando a interação tripla é não-significativa mas alguma interação dupla é significativa o desdobramento também deverá ser mais útil, embora algumas médias marginais também possam ser comparadas de modo a facilitar algumas generalizações.

6.1.4. Fatoriais com tratamentos adicionais: +1, +2, etc.

Entre os fatoriais incompletos o mais usual é o fatorial duplo com tratamentos adicionais (+1 ou +2). Esse tipo de fatorial, seja em parcelas subdivididas, seja em ANOVA de medidas repetidas, é muito útil nos clássicos experimentos "fonte x doses" pois reduz o número de UEs ao evitar repetir o tratamento correspondente a dose zero (0). Num fatorial do tipo 2 fontes de nutrientes x 5 doses (0 a 400 kg ha^{-1}, por exemplo) há dois tratamentos iguais (o tratamento dose 0 para a fonte 1 e o dose 0 para a fonte 2). Assim, esse fatorial 2x5 poderia ser substituído por um 2x4+1, que teria um tratamento a menos e, ao mesmo tempo, manteria as cinco doses já que o "+1" seria o tratamento dose 0.

O tratamento "+1" é chamado de "extra" ou "adicional" ao fatorial. Na análise estatística dos dados haverá mais dificuldade em se comparar este(s) tratamento(s) extras com os demais do fatorial (pelo menos na grande maioria dos softwares). Essa dificuldade maior é que tem levado muitos à não adotarem os fatoriais com tratamentos adicionais. É uma opção do pesquisador. Não há uma forma mais ou menos correta. O que não se pode é conduzir o experimento no campo na estrutura 2x4+1 e, só no momento da análise, duplicar o "+1" para analisar como 2x5. Ao fazer isso o número de GLs do resíduo é falsamente aumentado. Optando-se pelo 2x5 há, no entanto, uma preocupação com a "necessidade" de os dois tratamentos iguais gerarem médias semelhantes. A importância do "+1", no entanto, torna-se enorme, pois ele será usado na regressão de todas as fontes testadas.

Um tratamento adicional ou extra pode ser planejado também como uma estratégia exploratória totalmente desconectada do restante do fatorial. Por exemplo, num fatorial 2x5, sendo 2 fontes de fertilizante orgânico em 5 doses, um tratamento extra poderia ser um "controle positivo" com uma fonte mineral de alta solubilidade numa dose intermediária entre as cinco testadas. Em todos estes casos, uma forma simples de comparar o tratamento extra com outros tratamentos é por meio de contrastes (no lugar de um TCM).

No caso dos fatoriais em que o tratamento "+1" deverá ser comparado por análise de regressão, a soma de quadrados associada a este tratamento deverá ser somada a soma de quadrados do desdobramento dos níveis de B dentro de cada nível de A. Com isso, na análise de variância das regressões o tratamento extra será considerado como parte das ANOVAs das regressões. Esta opção é acessada automaticamente no software SPEED Stat quando o nome do tratamento extra informado na planilha "Entrada" é um "0", sem caractere de texto ou aspas.

145

6.2. Os esquemas em parcelas subdividias e faixas

Os esquemas experimentais podem ser entendidos como variações dos experimentos fatoriais, ou tipos especiais de fatoriais em que a distribuição dos níveis de um fator não segue, exatamente, o que determina o delineamento experimental. Os esquemas, portanto, modificam o delineamento, pois impõe restrições à perfeita casualização das UEs no ambiente experimental (DIC) ou no ambiente do bloco (DBC). Os tipos mais comuns são os esquemas em parcelas subdivididas (*split-plots*), faixas (*split-blocks*), *nested* e os esquemas de "ANOVA de medidas repetidas". Ambos podem estar presentes em fatoriais duplos, triplos ou maiores e ambos podem ser planejados em DIC ou DBC.

6.2.1. Parcelas subdivididas simples (fatoriais duplos)

Parcelas subdivididas podem ser entendidas como um tipo especial de fatorial que altera a distribuição das unidades experimentais, tanto em DIC quanto em DBC (mais recomendável). Como pode ser visto na Figura 6.2, num DIC em parcelas subdivididas a distribuição das UEs começa pelo sorteio das parcelas. O número de parcelas é sempre o número de repetições multiplicado pelo número de níveis do fator A. Depois, dentro de cada parcela, divide-se a área em tantas partes (subparcelas) quantos níveis do fator B existir. Por fim, sorteia-se os níveis de B dentro de cada subparcela. A principal vantagem deste desenho experimental é operacional, pois permite que os tratamentos com A_1 fiquem, neste exemplo, em apenas 3 parcelas vizinhas. A principal desvantagem é a redução dos GLs do resíduo, que inclusive é fragmentado em duas partes. Por esse motivo, sempre que possível deve-se optar pelo fatorial simples e não pelo esquema em parcela subdivididas.

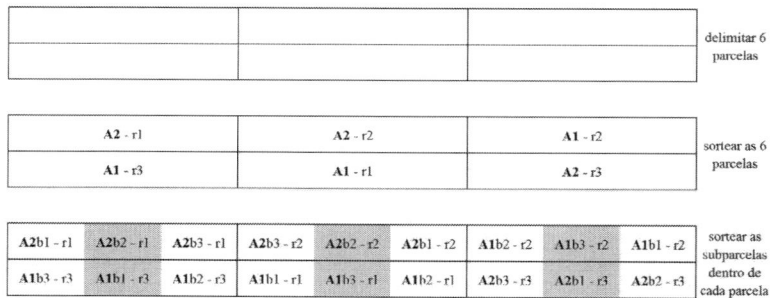

Figura 6.2 - Croqui hipotético de um experimento fatorial 2x3 com 3 repetições em esquema de parcelas subdivididas em DIC. Note os passos para se obter a distribuição final das UEs.

Como pode ser visto na Figura 6.3, num DBC em parcelas subdivididas a distribuição das UEs na área experimental torna-se um pouco mais complexa, já que uma parcela de cada nível do fator A precisa, primeiro, ser distribuída dentro de cada bloco.

É muito comum se pensar que profundidades de amostragem de solo diferentes podem ser consideradas como subparcelas de avaliação, algo que ficou conhecido como "parcelas subdivididas no espaço". Conforme discutido no item 2.5, esta recomendação deve ser revista uma vez que não há garantia de independência entre unidades experimentais tão próximas e relacionadas. De maneira análoga, é comum se afirmar que avaliações sucessivas ao longo do tempo (sobre uma mesma unidade experimental) podem ser consideradas como um desenho experimental em "parcelas subdivididas no tempo". Trata-se de um erro comum de interpretação do que seriam os verdadeiros *split-plots in time*, com unidades experimentais independentes para cada tempo (CARVALHO et al., 2023b).

Importante notar que o modelo de parcelas subdivididas facilita a montagem de experimentos de campo a serem conduzidos em parceria com agricultores. Por exemplo, em um experimento com dois fatores, a casualização dos níveis de um deles poderá ser mais difícil para os agricultores que a casualização do outro, por questões de praticidade operacional. Assim, os níveis mais difíceis de casualizar podem ser alocados nos níveis de A e os mais fáceis nos níveis de B (Figura 6.4).

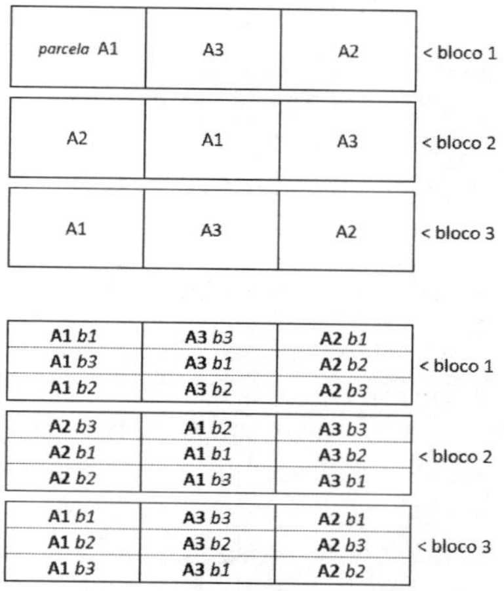

Figura 6.3 - Croqui hipotético de um experimento fatorial 3x3 com 3 repetições em esquema de parcelas subdivididas em DBC. Note os passos para se obter a distribuição final das UEs: primeiro o sorteio das parcelas em cada bloco (parte superior da figura) e depois o sorteio das subparcelas dentro de cada parcela.

147

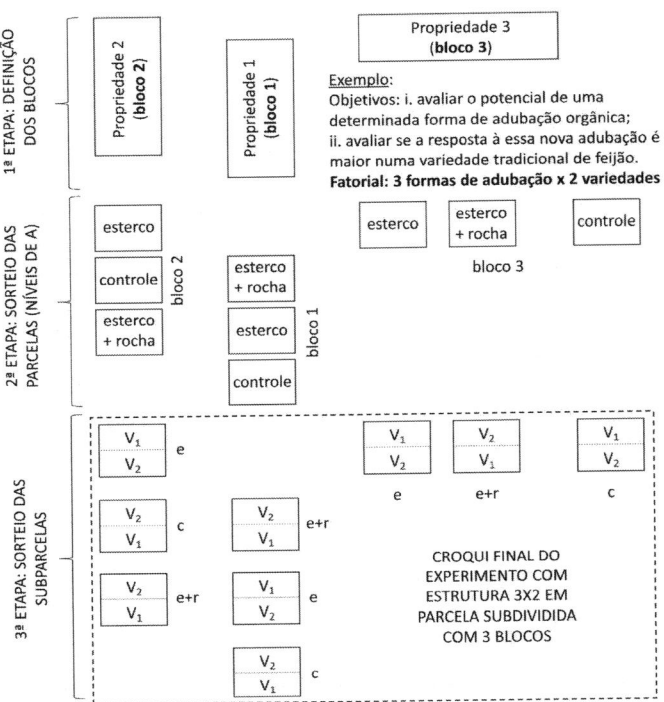

Figura 6.4 - Croqui hipotético de um experimento fatorial 3x2 com 3 repetições em esquema de parcelas subdivididas em DBC. Note os passos para se obter a distribuição final das UEs. Importante lembrar que com apenas três repetições geralmente se obtém um poder muito pequeno.

6.2.2. Fatoriais triplos em parcelas subdivididas

Nos fatoriais triplos, existem duas opções comuns para o esquema em parcelas subdivididas. O primeiro seria as parcelas sub-subdivididas, em que os níveis de A são alocados nas parcelas, os de B nas subparcelas e os de C nas sub-subparcelas. Trata-se de um desenho com grande complexidade analítica e grande perda de sensibilidade, devendo ser evitado ao máximo. A segunda opção, menos problemática, é um fatorial duplo alocado em parcelas com um terceiro fator alocado às subparcelas. Ou seja, apenas os níveis do fator C são alocados às subparcelas.

6.2.3. O esquema em Faixas

Experimentos em faixas (*split-blocks*) podem ser entendidos como um tipo especial de parcela subdividida com restrições na distribuição ao acaso das subparcelas, ou seja, com restrições adicionais à perfeita casualização das subparcelas. Como pode ser visto na Figura 6.5, num DIC em faixas a distribuição das UEs começa pelo sorteio das parcelas. O número de parcelas é sempre o número de repetições multiplicado pelo número de níveis do fator A. Depois, dentro de cada parcela, divide-se a área em tantas partes (subparcelas) quantos níveis do fator B existir. Até este passo o desenho é idêntico ao esquema em parcelas subdivididas. Por fim, ao invés de sortear os níveis de B dentro de cada subparcelas, sorteia-se apenas alguns. Os demais são alocados na mesma posição da parcela vizinha, formando faixas que irão facilitar as atividades de implantação dos tratamentos ou de avaliação dos resultados. Note que no exemplo da Figura 6.5 uma das parcelas vizinhas tem sempre o mesmo nível de B. A validação destes esquemas foi especialmente motivada pela pesquisa agronômica devido às dificuldades de implantação mecanizada de certos experimentos quando em desenhos completamente casualizados.

O esquema em faixas é frequentemente confundido com o esquema em parcelas subdivididas. Igualmente se fala em "faixas no espaço" e "faixas no tempo". Tal como discutido no item 2.5 deve-se tomar especial cuidado com a inclusão de tratamentos que envolvem tempos sucessivos devido ao grande risco de falta de independência. Além da violação da condição de independência, deve-se ter em mente que GL's inflacionados de forma injusta (não coerentes com o número de unidades experimentais independentes) elevam artificialmente o poder dos testes, aumentando as taxas de erro tipo I. Quando esses casos não podem ser evitados, uma opção melhor que o uso de parcelas subdivididas seria, segundo Alvarez & Alvarez (2013), a análise em faixas, embora essa recomendação não seja consensual e nem sustentada por evidências empíricas de estudos por simulação. Uma ANOVA para medidas repetidas, nestes casos, é seguramente uma opção melhor de análise. Numa análise em faixas a sensibilidade das comparações entre os tratamentos principais é reduzida para níveis semelhantes aos que existiriam caso estes preditores fossem tratados como variáveis resposta distintas.

149

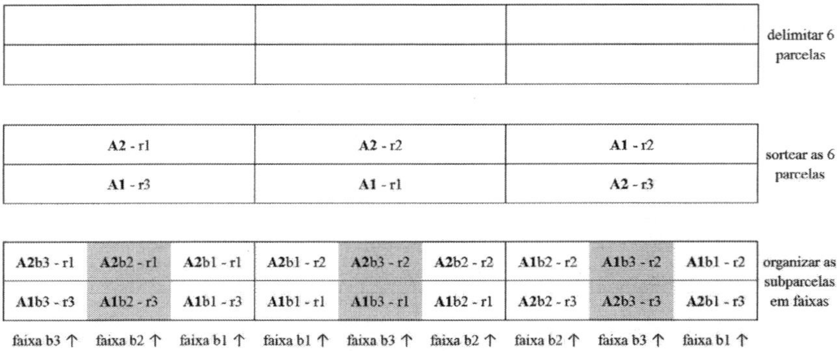

				delimitar 6 parcelas

A2 - r1	A2 - r2	A1 - r2	sortear as 6 parcelas
A1 - r3	A1 - r1	A2 - r3	

A2b3 - r1	A2b2 - r1	A2b1 - r1	A2b1 - r2	A2b3 - r2	A2b2 - r2	A1b2 - r2	A1b3 - r2	A1b1 - r2	organizar as subparcelas em faixas
A1b3 - r3	A1b2 - r3	A1b1 - r3	A1b1 - r1	A1b3 - r1	A1b2 - r1	A2b2 - r3	A2b3 - r3	A2b1 - r3	
faixa b3 ↑	faixa b2 ↑	faixa b1 ↑	faixa b1 ↑	faixa b3 ↑	faixa b2 ↑	faixa b2 ↑	faixa b3 ↑	faixa b1 ↑	

Figura 6.5 - Croqui hipotético de um experimento fatorial 2x3 com 3 repetições em esquema de faixas em DIC (menos recomendável). Note os passos para se obter a distribuição final das UEs.

Como pode ser visto na Figura 6.6, num DBC em faixas a distribuição das UEs na área experimental torna-se um pouco mais complexa, já que uma parcela de cada nível do fator A precisa, primeiro, ser distribuída dentro de cada bloco.

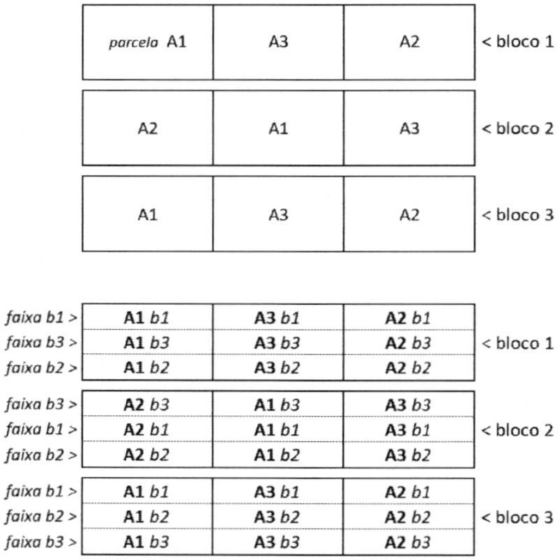

parcela A1	A3	A2	< bloco 1
A2	A1	A3	< bloco 2
A1	A3	A2	< bloco 3

faixa b1 >	A1 b1	A3 b1	A2 b1	
faixa b3 >	A1 b3	A3 b3	A2 b3	< bloco 1
faixa b2 >	A1 b2	A3 b2	A2 b2	
faixa b3 >	A2 b3	A1 b3	A3 b3	
faixa b1 >	A2 b1	A1 b1	A3 b1	< bloco 2
faixa b2 >	A2 b2	A1 b2	A3 b2	
faixa b1 >	A1 b1	A3 b1	A2 b1	
faixa b2 >	A1 b2	A3 b2	A2 b2	< bloco 3
faixa b3 >	A1 b3	A3 b3	A2 b3	

Figura 6.6 - Croqui hipotético de um experimento fatorial 3x3 com 3 repetições em esquema de faixas em DBC. Note os passos para se obter a distribuição final das UEs (parte superior da figura).

Segundo Vivaldi (1999) os esquemas em parcelas subdivididas (e mesmo os em faixas) somente são adequados para medidas repetidas, na mesma

150

unidade experimental ao longo do tempo ou espaço, quando as condições de H-F (condição de não-esfericidade) são satisfeitas. Caso contrário, uma ANOVA de medidas repetidas ou então técnicas multivariadas de maior complexidade deveriam ser utilizadas. Para contornar esse problema, a opção mais simples é a não inclusão de tratamentos desta natureza nos experimentos, considerando os tempos sucessivos e as diferentes camadas de solo (quando sob as mesmas UEs) como variáveis resposta diferentes e não como níveis de um fator em estudo. A comparação entre elas ficaria restrita à estatística descritiva. No entanto, em situações em que valores de taxas de crescimento ou pontos de máximo ou mínimo precisarem ser comparados, o que poderia justificar a inclusão do fator tempo como tratamentos, estes poderiam, simplesmente, ser obtidos para cada repetição (ao longo do tempo) e comparados como uma nova variável resposta (GOTELLI & ELLISON, 2011; VIVALDI, 1999).

Por fim, é importante não confundir estudos observacionais com experimentos em faixas (Figura 6.7). A ideia errônea de que quando os tratamentos "estão em faixas de cultivo" separadas tem-se um experimento em faixas tem gerado erros frequentes de análises nas ciências agrárias.

T1 - rep 3	T1 - rep 4	T1 - rep 2	T1 - rep 1
T3 - rep 1	T3 - rep 2	T3 - rep 4	T3 - rep 3
T2 - rep 4	T2 - rep 2	T2 - rep 3	T2 - rep 1

Figura 6.7 - Croqui hipotético de um estudo observacional com 3 tratamentos e 4 repetições. Croquis como este são frequentemente confundidos com os esquemas em faixas, pois note que todas as repetições do tratamento 1 (T1) aparecem numa mesma linha (ou "faixa de plantio"). O mesmo ocorre com T3 e T2. Note que, neste exemplo, trata-se de um estudo observacional (e não de um experimento controlado) pois não há o cumprimento correto do princípio da casualização. Note também que não se trata de um experimento em blocos pois, num DBC cada bloco deveria conter, de forma casualizada, todos os tratamentos.

6.2.4. Fatoriais triplos em Faixas

Nos fatoriais triplos, existe apenas uma opção simples para o esquema em faixas. Esta opção é um fatorial duplo alocado em parcelas com um terceiro fator alocado às faixas. Ou seja, apenas os níveis do fator C são alocados às faixas (Figura 6.8.). Opcionalmente, o exemplo da Figura 6.8 poderia ser simplificado para um fatorial duplo, ignorando-se a estrutura dos fatores A e B do fatorial triplo, resultando em experimento com igual croqui, mas com estrutura 4x2.

151

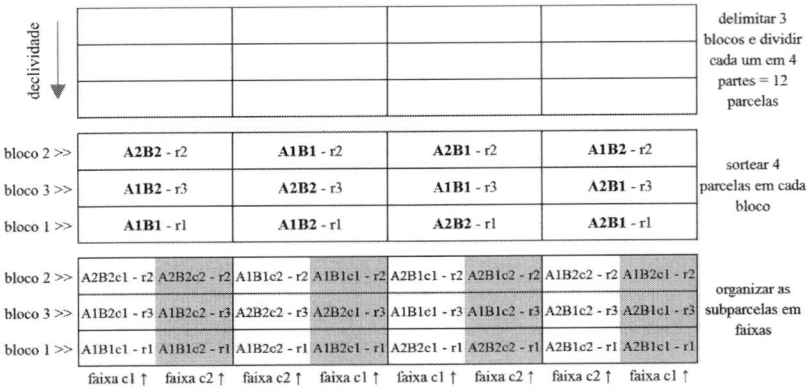

Figura 6.8 - Croqui hipotético de um experimento fatorial triplo 2x2x2 com 3 repetições em esquema de faixas em DBC. Note que, neste exemplo, as parcelas são compostas pelo fatorial 2x2 e apenas o terceiro fator está em faixas. Note também o passo-a-passo para se obter a distribuição final das UEs. Num fatorial maior, as faixas poderiam ser distintas dentro de cada bloco.

6.3. Outros casos

6.3.1. ANOVA de medidas repetidas

Simplificadamente, a ANOVA de medidas repetidas é um modelo de ANOVA para fatoriais que possuem os níveis de B (nos fatoriais duplos) ou C (nos fatoriais triplos) como níveis não independentes entre si (dados longitudinais pareados). Este modelo também pode ser aplicado para estudos sem estrutura fatorial, embora esta geralmente não seja a condição mais comum. O termo "medidas repetidas" faz alusão ao fato desta análise considerar que as medições são obtidas repetidamente (geralmente ao longo do tempo ou espaço) sobre os mesmos indivíduos ou unidades experimentais. Os exemplos mais comuns nas ciências agrárias são: *i.* níveis correspondentes à avaliações ao longo do tempo sobre as mesmas unidades experimentais ou; *ii.* níveis correspondentes à avaliações em camadas sucessivas do solo (0-10 cm, 10-20 cm, ou intervalos maiores) nas mesmas unidades experimentais. Nesses casos, tanto os valores das observações quanto os erros associados podem estar altamente correlacionados entre si, tornando inválido um modelo de ANOVA fatorial comum.

Há também estratégias multivariadas para a análise de medidas repetidas, mas estas são mais complexas e nem sempre são mais sensíveis que as estratégias univariadas. A ANOVA para medidas repetidas univariada pode ser entendida como uma correção da ANOVA em *split-plot*. Ela exige, no entanto, que a condição de esfericidade esteja presente. Simplificadamente, a esfericidade refere-se à condição de homogeneidade das variâncias das

152

diferenças entre todos os pares de medidas repetidas. Apesar de sua complexidade, esta condição pode ser verificada, ao menos aproximadamente, pelo teste de Mauchly, cuja significância pode ser usada para se estabelecer uma correção (ε) para os GL do fator cujos níveis não são independentes (GREENHOUSE & GEISSER, 1959; HUYNH & FELDT, 1976). O valor mais conservador para esta correção corresponde a $\varepsilon = 1/(p\text{-}1)$, (p=número de níveis do fator não-independente) permitindo analisar medidas repetidas mesmo quando não se conhece a condição de esfericidade (GREENHOUSE & GEISSER, 1959). Esta correção conservadora (conhecida como "correção *lower-bound*") pode ser aplicada no SPEED Stat através da célula Q50 da "Entrada". No entanto, uma correção menos conservadora e igualmente segura, como a correção GG de Greenhouse & Geisser, pode ser calculada de acordo com o nível de violação da esfericidade. No SPEED Stat, ao selecionar o modelo de ANOVA de medidas repetidas o software faz uma estimativa da correção GG e a aplica automaticamente para o cálculo da ANOVA e dos testes posteriores (Carvalho et al., 2023d). O valor ε considerado pelo programa é mostrado logo abaixo do quadro de ANOVA.

Embora o modelo de ANOVA de medidas repetidas possa ser considerado como uma adaptação do modelo *split-plot* ANOVA, os requisitos de normalidade, homocedasticidade e aditividade podem ser melhor avaliados se for considerado que cada nível não independente (tempos sucessivos, por exemplo) é uma variável resposta distinta. Dessa forma, caso algum pressuposto seja violado utilizando-se o modelo *split-plot* para o cálculo dos resíduos, deve-se recordar que talvez esta violação esteja ocorrendo em função da violação da esfericidade (cujo risco de inflação do erro α será corrigido pela correção GG). No SPEED Stat os testes dos requisitos da ANOVA de medidas repetidas são aplicados separadamente para cada nível não independente (como se fossem variáveis respostas diferentes). A mesma estratégia também se aplica para a identificação de outliers.

Apesar da possibilidade de considerar um modelo de medidas repetidas, Vivaldi (1999) e Quinn & Keough (2002) apontam uma opção simples nos casos em que não for possível dispor unidades experimentais independentes ao longo do tempo. A opção é calcular as taxas, assíntotas, pontos de inflexão ou outros parâmetros de interesse separadamente para cada repetição. Posteriormente, compara-se estes parâmetros como uma nova variável resposta.

6.3.2. Análise conjunta

A análise conjunta (*joint analysis*) ou de grupos de experimentos permite que experimentos de matriz experimental semelhante, mas que foram conduzidos em locais, anos, solos ou outras condições experimentais diferentes, sejam analisados conjuntamente. Embora possua elementos em comum com o esquema fatorial, uma análise conjunta não é uma simples análise fatorial com um dos fatores correspondente aos diferentes experimentos. Ela é mais complexa do que isso. A complexidade dos cálculos envolvida pode ser consultada em detalhes em Banzatto & Kronka (2006) ou Zimmermann (2004) e essa complexidade geralmente restringe a aplicabilidade da análise conjunta aos delineamentos simples de DIC e DBC. Aqui será abordado apenas suas potencialidades e algumas dicas simples para realizar a análise conjunta usando o SPEED Stat.

A grande vantagem da análise conjunta é permitir recomendações mais generalizadas avaliando um conjunto de efeitos fixos envolvidos em cada um dos experimentos considerados na análise. Além disso, ela pode adicionar alguma sensibilidade extra as comparações de interesse, permitindo evidenciar diferenças que as análises separadas não puderam mostrar. Seu uso tem ocorrido mais frequentemente em experimentos com culturas agrícolas em condições de campo, mas não se restringe a essas condições. A análise conjunta ainda é um procedimento pouco utilizado (TAVARES et al., 2016) apesar de sua grande utilidade prática (KRAMER et al., 2016). E quando é utilizada, frequentemente é mal interpretada, principalmente por leitores menos familiarizados à esta análise, que tendem a desacreditá-la.

As principais limitações da análise conjunta são a relativa complexidade dos cálculos, a necessidade de experimentos iguais ou quase iguais em termos de número de tratamentos, repetições e delineamento e a necessidade de variâncias relativamente próximas entre os experimentos. Para avaliar se os QMRes dos experimentos individuais são relativamente próximos, basta dividir o maior QMRes pelo menor QMRes dentre os experimentos considerados. Se este quociente for menor que 7, a análise conjunta pode ser realizada (PIMENTEL-GOMES, 2009). Se não for, pode-se eliminar da análise conjunta aquele(s) experimento(s) que está impedindo a obtenção do quociente menor que 7. Evidentemente, este número mágico "7" representa uma simplificação bastante grosseira para um teste de homogeneidade das variâncias entre os experimentos.

Em geral, considera-se que para obter vantagens com uma análise conjunta (aumento de poder nos testes ou aumento na capacidade de generalização), em relação às análises individuais de cada experimento, deve haver ausência de interação entre tratamentos e experimentos. Essa exigência é claramente mencionada por Pimentel-Gomes (2009) como condição para se poder usar um QMRes médio dos experimentos e um GLRes aumentado nos testes de média posteriores. Pimentel-Gomes (2009) enfatiza, inclusive, que se existir qualquer indicativo de interação, ainda que não significativa a 5 %, deve-se usar o GL e a SQ da interação tratamentos x experimentos + resíduo. Zimmermann (2004), no entanto, não considera tamanha restrição, restringindo a significância dessa interação aos usuais 5 %. O uso da SQ da interação +

resíduo no lugar do SQ do resíduo aproxima a análise conjunta de uma ANOVA para efeitos mistos (fixos e aleatórios), em oposição à tradicional ANOVA de efeitos fixos. Mas é importante frisar que muitos estatísticos sustentam que, se a interação for significativa, deve-se utilizar o QM e os GL da interação para os testes posteriores. Se a interação for não-significativa (situação em que a análise conjunta realmente poderá ser útil) deve-se utilizar a SQ e os GL da interação + resíduo (para se calcular o QMresíduo correto).

Embora o SPEED Stat não calcule a ANOVA de uma análise conjunta automaticamente, é possível realizar a ANOVA da análise conjunta informando ao programa os valores corretos do QMRes e do GL do resíduo. Para informar esses valores no SPEED Stat basta inseri-los nas células Q46 e Q48 da "Entrada". E como obter o valor prévio do QMRes e o GLRes da ANOVA da análise conjunta? O QMRes da análise conjunta é a média dos QMRes das ANOVAS individuais. O GLRes da análise conjunta será a soma dos GL do resíduo das ANOVAS individuais. O fator "experimentos" pode ser considerado como fator A ou B, embora seja mais fácil organizar os dados se considerá-lo como fator A. A ANOVA assim obtida é a ANOVA da Análise Conjunta. Considerando realizar testes posteriores apenas quando a interação for não-significativa, anote as SQ e os GL da interação e resíduo. Por fim, para proceder aos testes posteriores deve-se calcular manualmente os GL e o QM do resíduo a ser utilizado pelos testes posteriores. Para tal, basta somar os GL e as SQ do resíduo + interação da ANOVA da análise conjunta (início deste parágrafo) e calcular a nova estimativa para o QMRes (SQ/GL). Informe os valores assim obtidos nas células Q46 e Q48 da "Entrada" do SPEED Stat.

Alguns cuidados precisam ser considerados ainda, especialmente quando existir número diferente de repetições entre os experimentos ou quando os experimentos forem desbalanceados em DBC. Quando o número de repetições nos experimentos não é igual, a média do QMRes deve ser estimada por média ponderada e não por média aritmética simples. Em geral, não se recomenda a análise conjunta de experimentos em blocos com número diferente de repetições pela dificuldade de se obter estimativas precisas do efeito de blocos nesses casos. Uma ou algumas poucas unidades perdidas, no entanto, não geram grandes problemas. Nesse caso, ou seja, quando há algum desbalanço em DBC, é interessante considerar e incluir as estimativas de Yates para os dados perdidos geradas nas análises individuais dos experimentos (veja capítulo 8). Depois apenas desconta-se os GL's correspondentes. Esse artifício irá permitir uma média geral de cada tratamento entre os experimentos coerente com as médias obtidas em cada análise individual e uma estimativa mais coerente da interação tratamentos *vs* experimentos.

Quando não há interação tratamentos *vs* experimentos, a análise conjunta de experimentos poderá permitir sustentação estatística para generalizações sobre os tratamentos. Em outras palavras, ela permitirá afirmar que, mesmo sob diferentes condições experimentais, os tratamentos "tal" e "tal" são superiores aos demais considerando-se a média dos diferentes experimentos.

6.3.3. Análise de dados com réplicas ou sub-repetições

Existem opções de análise validadas para dados obtidos de repetições analíticas (sub-repetições) dentro de cada repetição verdadeira. Entre elas, a ANOVA de réplicas (repetições analíticas) é a mais conhecida. O uso dos dados individuais das sub-repetições permite que a ANOVA seja modificada com a estimação de dois tipos de erros, o experimental e o amostral (ZIMMERMANN, 2004; RAMALHO et al., 2005). Este tipo de análise nem sempre é bem aceita em certos ramos da ciência, especialmente porque as sub-repetições costumam estar auto correlacionadas, violando o princípio da independência (GOTELLI & ELLISON, 2011). No entanto, é uma análise válida, com adequado controle do erro tipo I se suas restrições forem seguidas. O problema principal deste tipo de ANOVA é que o ganho de poder é muito pequeno ou quase nulo, na maioria dos casos.

Se por um lado a probabilidade de autocorrelação destas medidas é alta, e justifica o cuidado, por outro é fato que ignorando os valores individuais estamos desperdiçando a possibilidade de descontar a variabilidade analítica do montante total da variabilidade associada ao erro experimental. Dessa forma, uma opção simples e que permite corrigir parte da variação analítica é o uso da média aritmética simples.

Infelizmente, médias aparadas (truncadas) ou winsorizadas em mais que 5 % dos dados tendem a gerar viés que resultam em erro tipo I inflacionado. A maneira mais simples de realizar estes procedimentos em sub-repetições é considerando o truncamento ou a winsorização nos dados correspondentes aos resíduos mais extremos dentre todas as sub-repetições da variável em questão. Com 10 tratamentos, 3 repetições verdadeiras e 3 réplicas analíticas cada, por exemplo, a exclusão das 4 réplicas correspondentes aos resíduos mais extremos (calculados separadamente para cada repetição verdadeira) corresponderá à um truncamento de 4.4% dos valores. No entanto, para este mesmo exemplo, se existissem apenas 2 réplicas o procedimento não seria possível, pois excluir 4 valores corresponderia à um corte (truncamento) de 6.67% dos dados.

Nos casos em que os desvios entre as réplicas (calculados separadamente para cada repetição verdadeira) apresentem valores extremos, pode-se também submeter estes desvios à um teste de Chauvenet (capítulo 8). A exclusão destes outliers não irá resultar em inflação do erro tipo I e também não irá resultar no desbalanceamento do experimento. O critério de Chauvenet, no entanto, não é adequado quando aplicado para identificar valores discrepantes entre repetições verdadeiras.

6.4. Modelos mistos

Quando um modelo estatístico possui componentes aleatórios e fixos além do erro experimental (que é sempre aleatório) diz-se que o modelo é misto. Em situações experimentais complexas ou situações com algum nível de violação da condição de independência, os modelos mistos podem ser mais acurados para predizer valores na presença de muitos interferentes ou podem aumentar a segurança nas inferências estatísticas, já que poderão sustentar generalizações mais seguras sobre os resultados (CARVALHO et al., 2023b). Embora as conclusões sejam menos extrapoláveis com modelos fixos, o pesquisador pode contornar esta limitação dos modelos fixos elegendo condições fixas que sejam representativas para as condições de interesse ou para o público alvo da pesquisa ou simplesmente repetindo o experimento todo em outras condições. Além disso, o pesquisador quase sempre busca evitar a existência de correlações complexas entre os preditores ou entre blocos e preditores, de tal maneira que a importância relativa dos modelos mistos se reduz nas condições experimentais ideais.

Evidentemente existem situações experimentais em que o uso de modelos mistos poderá permitir distinguir estruturas de covariância mais complexas e, com isso, predizer valores com mais acurácia, especialmente em programas de melhoramento que envolvem um conjunto muito grande de preditores ou de interferentes sob condições desbalanceadas. Em aplicações que envolvem geoestatística ou envolvem um grande volume de amostras não-independentes entre si a importância dos modelos mistos também se torna mais evidente. Nestes casos deve-se buscar o auxílio de um especialista no tema. No entanto, nas situações experimentais mais comuns, apenas cinco usos de modelos mistos merecem destaque:

i. o Nested simples (para alguns fatoriais aninhados);

ii. o DBC com blocos aleatórios (relativamente simples quando há mais de uma repetição em cada bloco, mas podendo se tornar complexo na situação de blocos incompletos);

iii. a análise conjunta (*joint analysis*), que geralmente precisa ser considerada como um modelo misto para um mais adequado controle do erro tipo I e mais segurança na extrapolação dos resultados (item 6.3.2);

iv. modelos mistos para análise de dados longitudinais (embora existam opções mais simples e válidas através de ANOVA de medidas repetidas);

v. modelos mistos para corrigir ou "descontar" a interferência de uma covariável com efeitos aleatórios (o que também pode ser realizado com uma ANCOVA, conforme item 6.5).

É importante considerar também que a decisão sobre quais preditores ou interferentes serão considerados como fixos ou aleatórios não é uma decisão trivial. Em alguns casos, um preditor poderá ser considerado, para os objetivos de uma pesquisa, como fixo e, em outros, este mesmo preditor poderá ser considerado como aleatório. Simplificadamente, quando os níveis da variável preditora ou da variável interferente são uma amostra aleatória de níveis possíveis (e não exatamente escolhidos pelo pesquisador) considera-se que os mesmos são de efeitos aleatórios.

Por fim, vale considerar também que alguns modelos mistos mais complexos, embora atraentes em função da possibilidade de aumento de poder, não foram ainda suficientemente validados empiricamente quanto ao seu adequado controle das taxas de erro tipo I.

6.4.1. Um modelo misto simples: Nested

No modelo Nested simples, geralmente associado a estudos observacionais com estrutura fatorial aninhada (mas não restrito a eles), o fator A é considerado de natureza predominantemente fixa e o fator B com forte carga de efeitos aleatórios. Na ANOVA para este tipo de modelo, a interação AxB é incorporada ao efeito de B, resultando na perda desta informação (afinal, na maioria dos fatoriais aninhados a interação não teria nenhum sentido prático útil). Por este e outros motivos, em estudos experimentais confirmatórios o modelo Nested geralmente é evitado.

Comparativamente à uma ANOVA fatorial de modelo fixo tradicional, a Nested ANOVA pode ganhar um pouco de sensibilidade na inferência sobre o efeito do fator A e perder sensibilidade na inferência sobre o efeito do fator B quando a interação AxB é claramente não-significativa (ainda que esta informação não esteja disponível na ANOVA deste modelo). No entanto, quando a interação AxB é muito evidente o efeito pode ser o inverso. Isso porque, o denominador utilizado no cálculo da razão F será o quadrado médio do resíduo para o fator B e será o quadrado médio da interação+B no fator A. Dessa forma, é importante notar que se o interesse maior do pesquisador está na comparação entre os níveis de A, será mais útil aumentar o número de níveis do fator B (pois isso irá aumentar os GL da interação) do que aumentar o número de repetições (GOTELLI & ELLISON, 2011).

O modelo Nested é frequente em estudos observacionais agrícolas porque é adequado para a clássica condição de estudos que envolvem "propriedades x manejos", sendo as propriedades de efeito fixo (cuja comparação geralmente é sem importância) e com n manejos distintos em cada (de efeito aleatório, uma vez que nunca são exatamente idênticos de uma propriedade para outra e geralmente representam uma amostra aleatória de manejos do tipo A, B, etc.).

Como comentado anteriormente, a definição de quais fatores são fixos e quais são aleatórios não é trivial, já que depende dos objetivos da pesquisa. Se, por exemplo, em cada local ou propriedade há apenas um dos manejos que se quer comparar e em cada propriedade será comparado, por exemplo, "linha *vs* entrelinha" tem-se que as propriedades/manejos deveriam ser consideradas como fixas e as posições (linha ou entrelinha) deveriam ser consideradas como de efeito aleatório.

Embora o Nested simples seja mais usual como um modelo de dois fatores, no SPEED Stat o modelo Nested também pode ser analisado para fatoriais triplos, com A de efeito fixo e BxC de efeito aleatório (aninhado dentro de cada A). No SPEED Stat a análise é realizada de forma análoga à um fatorial simples, apenas informando na célula "Q50" da "Entrada" a opção "1".

6.5. Análise de Covariância

A análise de covariância é de grande utilidade quando se deseja separar a influência de uma variável não planejada (por exemplo a variação no estande de plantas entre as parcelas num experimento de campo) de uma outra variável resposta de interesse (a produtividade em kg/ha, por exemplo). Banzatto & Kronka (2006), Zimmermann (2004), Pimentel-Gomes (2009), entre outros, descrevem os passos para esta análise.

Resumidamente a análise de covariância consiste em: *i.* identificar uma covariável que esteja interferindo nas medições de uma outra variável de maior interesse (por exemplo, nível de incidência de uma praga, número de plantas por parcela, nível de fertilidade do solo nas UEs antes da aplicação dos tratamentos, umidade do solo, etc. interferindo sobre as medições de crescimento, produtividade, compactação do solo, entre outras); *ii.* verificar se esta covariável não é afetada pelos tratamentos (pois se for, não será possível descontar adequadamente o efeito dela sobre a variável resposta de maior interesse); *iii.* corrigir as medições da variável de maior interesse (correção geralmente realizada pela relação linear de interferência da covariável); *iv.* realizar uma análise de variância específica para a variável corrigida, análise conhecida como ANCOVA (teste F para a análise de covariância).

Esta última etapa é um pouco complexa, e esta complexidade tem afastado pesquisadores desta interessante possibilidade de análise de dados (Pimentel-Gomes, 2009; Valle & Rebelo, 2002). Por este motivo, será apresentado aqui apenas uma adaptação conservadora e simplificada da ANCOVA, de modo a facilitar a adoção da técnica. As demais etapas seguem o procedimento padrão. A adaptação, apesar de não permitir o mesmo aumento de poder nas comparações de médias do método completo (por isso se diz "conservadora"), traz resultados bastante satisfatórios (compare as estimativas de QMRes entre as Tabelas 6.5 e 6.6). Esta adaptação, disponível no SPEED stat, foi sugerida por Shieh (2020) e sua validade foi demonstrada por Marques (2022). Importante frisar que esta adaptação possui um caráter conservador e que estudos futuros poderão oferecer adaptações igualmente simples, porém um pouco mais poderosas que a aqui apresentada.

Primeiramente é preciso confirmar se, de fato, a variável que se suspeita (variação ou falhas no *stand* de plantas, por exemplo) está de fato afetando os valores da variável de interesse (produtividade, por exemplo). Para isso, pode-se realizar uma análise de correlação de Pearson e verificar a significância da correlação (*p-valor* < 0.05 ou até < 0.10). Pode-se verificar também se a relação de interferência é não linear. Obviamente, não havendo correlação não há necessidade de se proceder à uma análise de covariância. Feita a análise de correlação, deve-se obter a equação que modela esta correlação (sendo linear, seria y = ax + b, em que "y" corresponde à variável de interesse e "x" corresponde a covariável). Neste caso, o coeficiente angular "a" desta equação é a "taxa" de variação da produtividade por unidade de *stand*.

Depois deve-se realizar uma ANOVA dos dados que estão interferindo na variável resposta de maior interesse (dados de *stand*, a *covariável* neste exemplo). Em seguida, deve-se verificar a significância de F para a SQTratamentos (*p-valor* < 0.05) para esta covariável. Em alguns casos, pode ser aceitável proceder à ANCOVA mesmo diante de um efeito significativo da ANOVA da covariável (RAMALHO et al., 2005). A recomendação mais usual, no entanto, é de que somente se o valor de F para a SQTratamentos da covariável for não-significativo, a análise de covariância poderá ser aplicada. Nesta ANOVA da covariável X, deve-se anotar o SQRes(x) e o QMTrat(x).

Em seguida, deve-se calcular a correção da variável de interesse. O cálculo da variável corrigida é a etapa mais controversa da análise, pois existem vários métodos possíveis e não há um consenso sobre qual algoritmo de correção é o mais adequado. Muitos reconhecem que a correção por regra de três simples não é adequada. Schmildt et al. (2001) apresentam vários métodos, sendo um dos mais simples e usuais o seguinte:

Y_i *ajustado* $= Y_i - CORREÇÃO_i$,

$CORREÇÃO_i = ((STAND_i$ - *média geral dos stands*) x *coeficiente angular "a"*)

No SPEED Stat esta etapa de obtenção da variável Y corrigida é realizada automaticamente caso o usuário informe uma covariável na coluna H. Uma vez obtida a variável Y corrigida (apresentada no SPEED em T959), faça uma ANOVA com estes dados ajustados/corrigidos. No entanto, para que o software corrija também os GL do resíduo para GLRes-1 e realize a correção final no QMRes (equação abaixo) deve-se informar também o fator *f* na célula "Q47" da "Entrada" (valor *f* informado no SPEED stat na linha 18 da "Saída"). Ao proceder dessa forma, além do SPEED stat realizar o devido desconte de 1 GL para o resíduo, ele fará a última correção necessária utilizando este fator de correção *f*, que é:

$$QMRes\ ANCOVA\ aj. = QMRes\ ANCOVA . (1 + \frac{QMTrat(X)}{SQRes(X)})$$

Ou:

$$QMRes\ ANCOVA\ aj. = QMRes\ ANCOVA / f$$

Em que:

$$f\ (ANCOVA) = 1\ /\ (1 + \frac{QMTrat(X)}{SQRes(X)})$$

Note que este valor f é sempre ≤ 1. Para informar ao SPEED o valor f para correção do QMRes da Y_i ajustada use a célula Q47 da "Entrada". Pronto! Os testes posteriores realizados sobre a variável Y corrigida (Y_i ajustada) estarão corretos. Por fim, deve-se considerar que esta correção final do QMRes da ANCOVA é de necessidade não-consensual nos casos em que a covariável não apresenta indícios de efeito significativo para tratamentos.

A ANCOVA pode ser aplicada também para variáveis que possuem correlação não-linear com covariáveis. Nestes casos, a estratégia mais simples é tentar linearizar a correlação, aplicando-se transformações sobre a covariável (como 1/X, log(X) ou raiz(X)). O SPEED stat identifica automaticamente a presença de alguns tipos de correlações não lineares e pode sugerir (na linha 18 da "Saída") que o usuário aplique estas transformações sobre a covariável informada na coluna H da "Entrada". Um passo-a-passo sobre como realizar a ANCOVA no SPEED stat pode ser consultado nos vídeos tutoriais disponíveis em speedstatsoftware.wordpress.com ou em Carvalho et al. (2024).

Importante lembrar ainda que a ANCOVA pode ser aplicada para interferentes mais complexos envolvendo várias covariáveis simultaneamente. Em experimentos agronômicos em condições de campo, por exemplo, as pequenas variações na disponibilidade de P, K, Ca e matéria orgânica no solo em cada unidade experimental antes da aplicação dos tratamentos podem apresentar correlação com os resultados finais de crescimento das plantas. Neste caso, uma amostragem composta de cada UE antes do experimento e uma análise de solo destas amostras precisarão ser realizadas para ser possível aplicar a ANCOVA na expectativa de reduzir o erro experimental. Uma regressão linear múltipla ou um índice multivariado das covariáveis (parâmetros de solo antes do experimento) pode ser utilizado para gerar uma única covariável "múltipla" correlacionada à variável resposta de interesse. Esta covariável múltipla poderá ser informada na coluna "H" da "Entrada" do SPEED stat e as demais etapas da ANCOVA serão as mesmas.

6.5.1. Análise de covariância pelo método Papadakis

Em alguns estudos experimentais e observacionais pode existir algum nível de dependência espacial ou serial entre unidades experimentais/unidades amostrais adjacentes (estrutura de auto correlação). Evidentemente, se esta dependência for expressiva será necessário utilizar um modelo estatístico que preveja tal condição, como o modelo de medidas repetidas (item 6.3.1) ou modelos mistos mais complexos. Em muitos experimentos agronômicos, no entanto, a dependência espacial pode estar relacionada à tratos culturais realizados em linhas, o que pode gerar um padrão de dependência passível de correção. A influência da linha de cultivo, comum em experimentos com cafeeiros, fruteiras e hortaliças, por exemplo, pode aumentar o erro experimental e a correção desta interferência poderá reduzir o erro experimental. O método de Papadakis é uma das técnicas desenvolvidas para a finalidade de corrigir parcialmente a presença de auto correlação residual. Importante notar que apesar do maior uso do método Papadakis em experimentos agronômicos a técnica não se restringe aos estudos experimentais.

O método Papadakis é um método conhecido de ajuste da variabilidade espacial com base em análise de covariância. Nele, a média dos desvios das unidades experimentais vizinhas é utilizada como covariável. Esse método apresenta a vantagem de dispensar a mensuração da covariável concomitantemente à variável de interesse e, além disso, mostra-se eficaz na redução do erro experimental em função da correção da auto correlação espacial dos resíduos (CARGNELUTTI FILHO et al., 2003). No método Papadakis, os resíduos (R) entre as UEs ou parcelas vizinhas nas linhas de cultivo são usados para calcular uma covariável X, que corresponde à média dos resíduos das parcelas vizinhas mais a parcela em questão $X_1 = (R_i + R_{(i-1)} + R_{(i+1)})/3$ conforme Cargnelutti Filho et al. (2003). Note que o resíduo da própria unidade experimental em questão (R_i) é incluído no cálculo, o que pode resultar em uma redução fantasiosa do erro experimental e, assim, elevar consideravelmente o erro tipo I. No entanto, se não considerarmos o resíduo da própria observação e considerarmos os dois vizinhos mais próximos (de cada lado) teremos $X_1 = (R_{(i-2)} + R_{(i-1)} + R_{(i+1)} + R_{(i+2)})/4$. Neste caso, obteremos uma covariável que poderá ser útil para reduzir a auto correlação residual (e reduzir o erro experimental) mas sem resultar em descontrole do erro tipo I.

A aplicação da técnica, portanto, envolve o cálculo da covariável a partir da disposição das unidades experimentais nas linhas de cultivo. No SPEED Stat o croqui do experimento pode ser informado na coluna H da "Entrada", permitindo que o programa aplique o método Papadakis (considerando os vizinhos mais próximos, mas sem considerar o resíduo da própria observação) para o cálculo da covariável X e obtenha automaticamente a nova variável resposta corrigida (que precisará ser submetida às demais etapas da ANCOVA conforme item 6.5).

Considere, por exemplo, um experimento hipotético com 6 tratamentos e 4 repetições em DIC simples. Considerando que este experimento seja conduzido em 4 linhas de cultivo (note que as linhas não são blocos nesse caso), o croqui do experimento poderia ser correspondente ao apresentado na Tabela 6.1. Os resultados para uma determinada variável resposta de interesse poderiam ser, por exemplo, os apresentados na Tabela 6.2.

Tabela 6.1. Croqui de um experimento hipotético com 6 tratamentos e 4 repetições em DIC com práticas culturais realizadas em linhas (o que pode gerar uma dependência espacial nas linhas). Notação entre parêntesis corresponde a notação necessária para informar o croqui no SPEED Stat.

Linha/canteiro 1	T5 r1 (1a)	T4 r1 (1b)	T3 r2 (1c)	T2 r3 (1d)	T4 r4 (1e)	T3 r3 (1f)
Linha/canteiro 2	T3 r1 (2a)	T6 r2 (2b)	T1 r3 (2c)	T4 r3 (2d)	T6 r4 (2e)	T5 r4 (2f)
Linha/canteiro 3	T6 r1 (3a)	T2 r4 (3b)	T5 r2 (3c)	T6 r3 (3d)	T1 r4 (3e)	T2 r1 (3f)
Linha/canteiro 4	T1 r1 (4a)	T4 r2 (4b)	T1 r2 (4c)	T2 r2 (4d)	T5 r3 (4e)	T3 r4 (4f)

Tabela 6.2. Resultados hipotéticos de massa de plantas (g planta^{-1}) do experimento exemplificado na Tabela 6.1.

Linha 1	136.4	125.6	114.4	107.7	151.5	93.4
Linha 2	99.6	95.0	106.9	100.8	82.3	88.5
Linha 3	111.1	111.5	95.1	100.9	150.9	121.2
Linha 4	116.4	92.4	130.9	110.1	92.1	99.4

O primeiro passo da análise é calcular a ANOVA para o modelo considerado e calcular os resíduos deste modelo (Tabela 6.3). Em seguida, calcula-se a covariável "Papadakis" (média dos resíduos das parcelas vizinhas) conforme equação anteriormente apresentada (Tabela 6.4). Por fim, realiza-se uma ANCOVA considerando-se esta covariável, obtendo-se os resultados da Tabela 6.5 (ANCOVA tradicional) ou Tabela 6.6 (ANCOVA simplificada tal como descrita no item 6.5).

Tabela 6.3. Resíduos (calculados de acordo com o modelo) para os dados da Tabela 6.2.

Linha 1	33.38	8.02	12.66	-4.95	33.91	-8.27
Linha 2	-2.09	-2.28	-19.42	-16.75	-15.03	-14.53
Linha 3	13.76	-1.12	-7.89	3.54	24.65	8.56
Linha 4	-9.85	-25.18	4.62	-2.49	-10.96	-2.30

Tabela 6.4. Média dos resíduos das parcelas vizinhas na linha (covariável do método Papadakis) obtida a partir dos dados da Tabela 6.3.

Linha 1	10.34	13.70	17.59	11.58	-0.19	14.48
Linha 2	-10.85	-12.75	-9.03	-12.81	-16.90	-15.89
Linha 3	-4.51	3.14	10.21	6.05	1.40	14.09
Linha 4	-10.28	-2.57	-12.12	-8.45	-0.06	-6.72

163

Tabela 6.5. Resumo do quadro da ANCOVA tradicional para o método Papadakis dos dados da Tabela 6.2.

FV	GL	SQ	QM	F ajustado	*p-valor*
Regressão	1	1175.51	1175.51		
Trat	5	2943.44	588.69	2.19	0.103
Resíduo	17	4340.69	268.67		

Tabela 6.6. Resumo do quadro da ANCOVA simplificada conforme descrito anteriormente (covariável obtida pelo método Papadakis) para os dados da Tabela 6.2.

FV	GL	SQ	QM	F ajustado	*p-valor*
Regressão	1	-	-		
Trat	5	2814.11	562.82	2.03	0.125
Resíduo	17	4470.01	276.62		

Importante notar que a simples ANOVA dos dados da Tabela 6.2 resulta em um valor F de 1.59 (com $p = 0.214$). Este valor F é inferior ao obtido na ANCOVA simplificada (Tabela 6.6). O método Papadakis, portanto, permitiu elevar o poder do experimento ainda que, neste exemplo, o poder não tenha sido elevado o suficiente para permitir atingir um $p < 0.05$.

6.6. Síntese das principais recomendações e entendimentos

i. Os experimentos fatoriais se destacam por ao menos duas vantagens em relação aos experimentos não estruturados: permitem uma estimativa formal para o efeito da interação, assegurando generalizações mais seguras; permitem reduzir o número total de comparações duas-a-duas a serem realizadas pelos testes de comparação múltipla. Essa redução permite um maior nível de sensibilidade dos testes de comparação múltipla. Esta última vantagem, no entanto, é de importância secundária, já que ela poderá não ocorrer se o pesquisador optar por comparações planejadas, algo que é desejável.

ii. Nos fatoriais, os testes de comparação múltipla aplicados ou as análises de regressão univariadas aplicadas em suas formas usuais não permitem um adequado controle do erro tipo I experimental pois o controle do erro fica restrito à cada uma das subfamílias de comparações (níveis de A dentro de cada B e níveis de B dentro de cada A). Tal problema não ocorre com contrastes planejados testados pelos testes de Bonferroni, Dunn-Sidak ou Holm. Usando TCMs numa pesquisa confirmatória o problema pode ser superado aplicando-se correções aos TCMs de modo a manter a EWER sob controle.

iii. A ausência de interação em um experimento fatorial permite ao pesquisador generalizar com mais segurança. No entanto, como julgar a "ausência" de um efeito (interação, neste caso) pode estar carregada de erro β, será mais seguro realizar essa generalização se considerarmos uma interação como seguramente não-significativa apenas quando $p > 0.250$ ao invés do usual $p > 0.050$. Para os testes de médias posteriores deve-se seguir utilizando a significância usual a 5%.

iv. O modelo em parcelas subdivididas flexibiliza a exigência de casualização total dentro de cada bloco, permitindo que os tratamentos correspondentes aos níveis de A sejam implantados em áreas maiores dentro das quais apenas os níveis de B serão casualizados. Tal aspecto, embora possa reduzir a sensibilidade, pode facilitar a montagem de experimentos de campo, especialmente quando há participação ativa de agricultores parceiros.

v. "Parcelas subdivididas no tempo" e "parcelas subdivididas no espaço" são modelos que também exigem unidades experimentais independentes para cada um dos níveis de B. Ou seja, o modelo de parcela subdividida não substitui o modelo de "ANOVA para medidas repetidas". Dessa forma, experimentos com avaliações sucessivas ao longo do tempo ou com avaliações em camadas de solo sucessivas apresentarão taxas de erro tipo I descontroladas se estes tempos ou camadas sucessivas forem mensurados nas mesmas unidades experimentais e estas avaliações sucessivas forem consideradas como tratamentos usando modelos de parcela subdividida, faixa ou fatorial simples.

vi. O modelo/esquema em faixas deve ser evitado sempre que possível pois a redução de sensibilidade é, em geral, muito grande em comparação ao modelo fatorial simples.

vii. Havendo a necessidade de avaliações sucessivas (no tempo ou espaço) sob as mesmas unidades experimentais pode-se recorrer às seguintes opções simples: *i.* realizar uma ANOVA para cada tempo (separadamente); *ii.* ajustar um modelo de regressão em função dos tempos sucessivos separadamente para cada repetição de cada tratamento e anotar apenas a informação de interesse (taxa, assíntota, etc); *iii.* utilizar o modelo de ANOVA para medidas repetidas.

viii. O modelo de ANOVA para medidas repetidas pode ser entendido como uma adaptação do modelo de parcelas subdivididas com ao menos 3 formas de correção dos GL e dos p-valores correspondentes: correção HF (a mais poderosa, porém menos segura), correção GG (poder intermediário) e correção *lower-bound* (a menos poderosa, porém segura e sem restrições).

ix. A análise conjunta é uma análise estatística que pode ser útil quando se deseja considerar, numa mesma análise, os resultados de um conjunto de experimentos com igual desenho experimental. No entanto, deve-se ter em mente que para ser segura a análise deve considerar um modelo misto para a comparação entre os tratamentos. Em geral, não haverá vantagem na utilização desta análise se existir interação entre experimentos e tratamentos.

x. Havendo repetições verdadeiras e sub-repetições, uma opção de análise com bom equilíbrio entre simplicidade e poder ainda é a análise univariada com os valores médios dentro de cada repetição verdadeira.

xi. O modelo Nested simples é uma boa opção de modelo estatístico para pesquisas observacionais que envolvem certos tipos de fatoriais aninhados, como "propriedades x manejos", sendo de interesse principal a comparação entre os manejos.

xii. A análise de covariância é de grande utilidade para separar ou corrigir a interferência de uma variável quantitativa não-planejada sobre uma variável resposta. São exemplos comuns de sua aplicação na experimentação agrícola: corrigir ou separar a interferência da variação no estande de plantas sobre a mensuração da produtividade; corrigir a interferência da variação na incidência de uma praga ou doença sobre as medidas de crescimento das plantas; corrigir a interferência da variação no tamanho inicial das mudas utilizadas num experimento sobre as medidas finais de crescimento; etc. Além disso, o método Papadakis pode permitir corrigir casos de dependência espacial em experimentos que envolvem cultivos em linhas, reduzindo o erro experimental.

7. ANÁLISE DE REGRESSÃO

Análises de regressão são utilizadas com propósitos diversos nas mais variadas áreas do conhecimento, sendo empregadas tanto para dados provenientes de experimentos quanto para dados não-experimentais. Uma análise de regressão se inicia quando se procura modelar uma relação entre duas (regressão univariada) ou mais variáveis (regressão multivariada), sendo uma ou mais considerada(s) preditora(s) (ou "causadora") e outra considerada "resposta" ou "efeito". Essa fase é o que comumente se chama de ajuste da equação ou do modelo de regressão. A análise de regressão se completa quando a qualidade ou adequação desse ajuste é testada estatisticamente. Os procedimentos estatísticos para avaliar a qualidade e a pertinência do modelo ajustado podem ser divididos, simplificadamente, em dois grupos: análises de regressão para dados com repetições e análises de regressão para dados sem repetições.

Quando os dados possuem repetições verdadeiras existe mais de um valor de y para cada valor de x. Geralmente coincide com dados provenientes de condições experimentais. Quando não há repetições verdadeiras, todos ou quase todos os pares x,y são diferentes, já que x não é exatamente controlado, apenas observado. Como a relação de causa e efeito não pode ser garantida nesse último caso, comumente exige-se um maior número de pares x,y (idealmente n ≥ 15) para a correta modelagem da relação entre estas variáveis.

Os procedimentos estatísticos para avaliar a qualidade do ajuste e para comparar a qualidade do ajuste de diferentes modelos matemáticos podem ser também divididos em dois critérios básicos: *i.* os que consideram a qualidade do ajustamento do modelo aos dados e; *ii.* os que consideram o nível de afastamento dos dados em relação ao modelo. Como medida de ajustamento, a mais popular é o coeficiente de determinação (R^2). Outras medidas incluem o "R^2 ajustado", o critério de Akaike (AIC), o critério de Schwarz, entre outros. Já entre as medidas de afastamento destaca-se o quadrado médio dos resíduos da regressão ou "falta de ajuste do modelo" ou simplesmente "falta de ajuste".

7.1. Análises de regressão para dados experimentais

Análises de regressão de dados experimentais tem despertado muitas dúvidas entre estudantes e pesquisadores quanto aos procedimentos mínimos que devem ser realizados. Tavares et al. (2016) observou uma clara falta de consenso quanto a "como" e "o que" precisa ser testado para uma mais adequada escolha dos modelos de regressão. As dúvidas concentram-se nos critérios de escolha do modelo quando mais de um modelo pode ser ajustado aos dados e nos procedimentos estatísticos mínimos necessários para testar a significância do modelo. É importante lembrar que, como regra geral, são

167

submetidos à análise de regressão apenas experimentos ou estudos observacionais que possuam quatro ou mais tratamentos de natureza quantitativa ou então quatro ou mais níveis de natureza quantitativa em um ou mais fatores em estudo. Em alguns poucos casos, pode ser útil realizar uma análise de regressão linear quando existem apenas três níveis de natureza quantitativa.

Importante lembrar também que em alguns tipos de tratamentos quantitativos, como misturas em diferentes proporções, mesmo existindo quatro ou mais níveis, pode ser justificável realizar teste de médias em substituição à análise de regressão, embora esta seja uma abordagem bastante simplificada de análise. Isso porque, nos chamados "experimentos de misturas" os tratamentos quantitativos são níveis crescentes de algum ingrediente em doses elevadas que implicam numa redução expressiva na concentração da própria matriz. Dessa forma, em experimentos de mistura é comum que existam duas variações simultâneas/complementares importantes: o aumento na concentração do primeiro ingrediente da mistura e a consequente redução substancial na concentração do segundo ingrediente ou matriz da mistura (afinal a soma dos ingredientes da mistura deve totalizar sempre 100%). Por esta razão, idealmente os experimentos de mistura deveriam ser analisados por modelos de regressão mais complexos. Misturas mais complexas podem envolver três, quatro ou mais ingredientes em concentrações complementares (MONTGOMERY, 2017). A limitação principal associada à análise de experimentos de misturas por teste de médias é não ser possível obter a proporção ótima de mistura. Para contornar esta limitação pode ser útil, nestes casos, planejar um maior número de tratamentos de modo que estes representem proporções de mistura em intervalos menores.

Os procedimentos mínimos a serem realizados em uma análise de regressão dependem da presença ou não de tratamentos estruturados (ou seja, se os dados são provenientes de um experimento fatorial ou não). No caso de um experimento não estruturado, com apenas tratamentos de natureza quantitativa os procedimentos mínimos são três, nesta ordem: análise dos pressupostos, análise de variância geral (quadro geral de ANOVA) e uma análise de variância da regressão (conhecida como ANOVA da regressão) para cada modelo a ser testado. No caso de um experimento bifatorial, em que os níveis de um dos fatores são de natureza qualitativa e do outro é de natureza quantitativa, os procedimentos mínimos são quatro, nesta ordem: análise dos pressupostos, análise de variância geral, análise de variância do desdobramento da interação (conhecida como ANOVA do desdobramento) e "n" ANOVAs da regressão para cada um dos modelos testados nos "n" níveis do fator qualitativo.

No caso de um experimento fatorial em que há dois fatores de natureza quantitativa, o que demandará uma "análise de regressão múltipla" do tipo superfície de resposta, os procedimentos mínimos serão: análise dos pressupostos, análise de variância geral e uma ANOVA da regressão múltipla. Note que o teste da significância de cada um dos parâmetros (pelo teste t) não é estritamente necessário na regressão univariada quando os dados são provenientes de condições experimentais (com repetições), o que será detalhado mais adiante (item 7.3). Por outro lado, as ANOVAs da regressão, em que são verificados a *significância dos modelos* como um todo e a *não-significância do componente não explicado pelo modelo* (conhecida como falta de ajuste), é necessária e com cálculos mais simples que os envolvidos no teste da significância de cada regressor. Outros procedimentos estatísticos também podem permitir essa função, mas a ANOVA da regressão é uma opção simples e confiável.

Para realizar a ANOVA da regressão é preciso primeiro estimar os parâmetros dos modelos de regressão que se quer testar para ser possível calcular a soma de quadrados da regressão, o quadrado médio da regressão e, por fim, calcular o F correspondente a este quadrado médio (Tabela 7.1). É simples perceber que esta sequência de procedimentos somente permitirá testar o ajuste de modelos pré-selecionados pois é preciso conhecer as estimativas dos parâmetros do modelo para poder calcular a soma de quadrados da regressão (específica para cada modelo). Ou seja, é preciso saber previamente quais modelos devem ser testados, seguindo critérios de simplicidade e adequabilidade ao sentido teórico do fenômeno que o modelo possui. Isso também significa que quando um trabalho informa que os "dados foram submetidos à análise de regressão" deveria informar também para quais modelos o ajuste foi testado. Na Tabela 7.2 são apresentados nove modelos básicos que podem ser usados como um conjunto mínimo geral de modelos a serem testados.

Tabela 7.1 - Uma ANOVA da regressão para um modelo com dois parâmetros dependentes de um experimento fatorial com seis níveis para o fator quantitativo

FV	GL	SQ	QM	F	*p-valor*
Regressão Quadrática	2	4477.43	2238.72	73.68	< 0.001
Indep. da regressão	3	99.06	33.02	1.09	0.369
Tratamentos (b's d/A$_1$)	5	4576.49	915.30	30.12	< 0.001
Resíduo	31	941.96	30.39		$R^2 = 0.978$

Note que os GLs dos tratamentos (no caso os seis níveis do fator quantitativo) e a SQTratamentos são decompostos em dois termos: "Regressão" e "Independente da regressão". Note que se não houver pelo menos 4 níveis quantitativos (3 GL) não haverá como decompor 1 GL para o termo independente e 2 GL para a regressão. A parte explicada pelo modelo deve ser significativa e a parte não-explicada deve ser, idealmente, não-significativa. O GL e a SQ do Resíduo são oriundos da ANOVA geral.

Os softwares estatísticos permitem o uso de diversos tipos de modelos de regressão, muitos deles similares, o que tem dificultado a comparação de resultados de trabalhos científicos (SOUZA et al., 2000). A sugestão de modelos apresentada a seguir poderia ser útil para padronizar os modelos básicos de regressão a serem testados (ampliando para além dos modelos linear e quadrático) e assim facilitar a comparação de dados e modelos ajustados entre trabalhos científicos.

7.1.1. Nove modelos de regressão muito úteis

Dentre os diversos tipos de modelos de regressão presentes na literatura científica ou em softwares especializados, como o SigmaPlot, CurveExpert, MatLab, entre outros, os nove modelos apresentados na Tabela 7.2 se destacam pela frequência de uso e pela qualidade no ajuste que permitem para uma ampla gama de fenômenos. Estes nove modelos foram selecionados também pelo critério de simplicidade, uma vez que a maioria (oito deles) apresenta apenas um ou dois parâmetros dependentes. É importante lembrar que pode existir redundância nos mais variados modelos matemáticos propostos para ajuste, ou seja, alguns modelos podem ser simples re-parametrizações de outros modelos. Em outras palavras, isso significa que muitos outros modelos podem ser substituídos, sem prejuízo à qualidade do ajuste, pelos modelos apresentados na Tabela 7.2 e vice-versa. A diversidade de equações existentes para modelar curvas de formato semelhante, em especial para as curvas de crescimento, em parte se justifica pela especificidade buscada por cada área do conhecimento quanto ao sentido biológico/químico ou físico de cada parâmetro das equações.

Mesmo entre os nove modelos apresentados pode haver situações em que a qualidade do ajuste é similar para mais de um modelo, devendo ser escolhido aquele que melhor represente o sentido teórico do fenômeno em estudo. Esse princípio garantirá melhores capacidades preditivas do modelo para além do intervalo estudado, embora esse tipo de extrapolação deva ser evitado ou realizado com muito cuidado. Por fim, é importante considerar também a validade da conhecida expressão "*alguns fenômenos da natureza não se deixam traduzir em fórmulas de nenhuma espécie*". Isso significa que, algumas vezes, temos que aceitar o fato de que os dados não se enquadram em nenhum modelo de regressão, o que não necessariamente desqualifica o trabalho realizado. Também não significa necessariamente que os dados não possuam uma tendência. Mesmo não se ajustando a nenhum modelo matemático os dados podem apresentar tendência de crescimento, decrescimento, etc., e serem discutidos como tal.

Tabela 7.2 - Nove modelos simples de grande aplicabilidade para estudo de uma ampla gama de fenômenos

Categoria do modelo	Nome do modelo	Modelo
Polinomial simples	Linear	$y = y0 + ax$
	Quadrático	$y = y0 + ax + bx^2$
Logarítmico ou raiz	Raiz quadrada[*1]	$y = y0 + ax + bx^{0.5}$
	Logarítmico simples	$y = y0 + a \ln(x)$
	Logarítmico linear	$y = y0 + ax + b \ln(x)$
Exponencial ou hiperbólico	Exponencial	$y = y0 + ae^{bx}$
	Exponencial simples	$y = ae^{bx}$
	Mitscherlich[*2]	$y = y0 + a(1 - e^{-bx})$
	Michaelis-Menten	$y = y0 + ax /(b+x)$
Sigmoidal	Logístico	$y = y0 + a/[1 + (x/c)^b]$

A constante *"e"* corresponde ao número irracional de Euler, também conhecida como constante neperiana (2.71828...). Ln corresponde ao logaritmo na base natural (base e).
[*1] Também conhecido como modelo "quadrático inverso". [*2] Não considerado como um décimo modelo desta lista pelo fato de ser um modelo equivalente ao modelo exponencial (apenas reparametrizado). [*2] Modelo adaptado e equivalente ao modelo originalmente proposto por Mitscherlich discutido por Ware et al. (1982). Cuidado: em alguns softwares, $1+e^{bx}$ é sinônimo de "1+e^(bx)" ou "1+exp(bx)", mas em outros "exp" é sinônimo de "10 elevado a ...".

O modelo polinomial cúbico não foi inserido na lista dos modelos selecionados da Tabela 7.2. Ele permite modelar uma curva em "S deitado", e esse "sobe e desce" do modelo pode ser muito atraente para modelar dados com estranhas oscilações. Na maioria dos casos, as oscilações repetitivas de "sobe e desce" modeladas pelo modelo cúbico não possuem uma explicação biológica ou plausível para uma variável preditora que foi perfeitamente isolada em condições experimentais e imposta em níveis crescentes. Dessa forma, apesar da popularidade do modelo cúbico, ele frequentemente induz a interpretações errôneas dos fenômenos. No caso de dados de crescimento (seja para plantas, animais, microrganismos, etc.), por exemplo, é difícil explicar oscilações repetitivas de sobe e desce como resposta a níveis crescentes de um recurso qualquer (água, luz, nutrientes, etc.). Evidentemente, há casos em que o modelo cúbico pode ser justificado, em fenômenos onde estas oscilações repetitivas possuam um sentido teórico ou explicável. Em várias destas exceções, no entanto, um modelo segmentado pode permitir uma melhor capacidade preditiva (veja item 7.1.8).

Estes nove modelos básicos podem ser desdobrados em modelos "com" ou "sem" o termo independente (y0) e em modelos com parâmetros "a" e "b" com valores positivos ou negativos. Estes e outros modelos podem receber nomes diferentes em cada software estatístico. A maior parte dos fenômenos estudados nas ciências agrárias e biológicas exibe um comportamento ajustável a pelo menos um destes nove modelos básicos. Cada um dos parâmetros dos modelos de regressão possui um significado que pode ser útil na descrição do fenômeno em estudo ou na comparação entre tratamentos. Um adequado entendimento do significado destes parâmetros pode, em muitos casos, inclusive dispensar a representação gráfica do modelo ajustado, o que pode gerar uma considerável economia de espaço nos trabalhos científicos.

Em muitas situações pode ser útil explorar valores estimados de "x" que correspondem, de acordo com o modelo ajustado, a "z" % da resposta máxima ou mínima da variável "y". Em experimentos de adubação, por exemplo, o valor máximo de produtividade não necessariamente corresponde ao ponto ótimo em termos de rentabilidade e risco. Assim, frequentemente o ponto ótimo de rentabilidade é obtido com um nível de adubação (eixo x) estimado como sendo aquele correspondente a 95, 90, 80 ou até 70 % da produtividade máxima, a depender do valor pago pelo produto, do custo da adubação, do risco do investimento, etc. Para calcular esse valor de "x" correspondente a z % da produção máxima é preciso isolar "x" nos modelos. Na Tabela 7.3 são apresentadas as equações correspondentes ao "isolamento de x" dos nove modelos da Tabela 7.2. Os modelos quadrático e de raiz quadrada possuem duas raízes teóricas. Na grande maioria dos casos apenas uma delas resultará em valores de "x" contidos dentro do intervalo estudado.

Além disso, em muitas situações é útil estimar um valor de "y" máximo ou mínimo previstos pelo modelo. O valor de "x" correspondente a este valor de "y" máximo ou mínimo corresponde ao ponto em que a reta tangente à curva possui inclinação igual a zero, e pode ser estimado derivando-se a equação e igualando-a a zero. Na Tabela 7.3 também são apresentadas as derivadas de alguns dos modelos da Tabela 7.2. Em alguns casos o valor de máximo ou mínimo é de sentido apenas teórico, pois não é atingido no intervalo de valores de "x" estudado. Vale lembrar também que nem todos os modelos possuem um valor de y máximo ou mínimo.

Tabela 7.3 - Raízes, pontos de máximo/mínimo e outras propriedades dos modelos da Tabela 7.2

Modelo	Isolando "x" no modelo	Y máx ou mín	X de Ymáx/mín	Obs
$y = y0 + ax$	$X = (y-y0)/a$	$Y = y0+a*(X$máx ou Xmín$)$	Xmáx ou Xmín	1
$y = y0 + ax + bx^2$	duas raízes (Bhaskara)	$Y = ((4*b*y0)-a^2)/(4*b)$	$X = -a/(2*b)$	
$y = y0 + ax + bx^{0.5}$	duas raízes (mét. da tangente)	$Y = y0-((0.25*b^2)/a)$	$X = (0.25*b^2)/a^2$	2
$y = y0 + a \ln(x)$	$X = e^{((y-y0)/a)}$	$Y = y0+(a*\ln(X$máx ou Xmín$))$	Xmáx ou Xmín	3
$y = y0 + ax + b \ln(x)$	graficamente/iterativo	$Y = y0-b+(b*\ln(-b/a))$	$X = -b/a$	3
$y = y0 + ae^{bx}$	$X = (\ln(y-y0) - \ln(a))/b$	variável[4]	$X = \infty$	4
$y = ae^{bx}$	$X = [\ln(a) - \ln(y)]/-b$	$Y = a$ ou ∞	$X = \infty$	
$y = y0 + a(1 - e^{-bx})$	$X = -\ln((-y+y0+a)/a)/b$	$Y = y0 + a$	$X = \infty$	5
$y = y0 + ax /(b+x)$	$X = (b*(y-y0))/(a+y0-y)$	$Y = y0 + a$	$X = \infty$	
$y = y0 + a/[1 + (x/c)^b]$	$X = c*[(a+y0-y)/(y-y0)]^{(1/b)}$	$Y = y0$ e $Y = y0 + a$	$X = \infty$	6

[1]Não há um ponto de máximo ou mínimo (apenas um maior e um menor no intervalo estudado). [2]Só há um valor de máximo ou mínimo se 'a' e 'b' tiverem sinais opostos. [3]Y máx ou min corresponde apenas ao maior ou menor valor de y observado. [4]Neste modelo, se b < 0 o valor de y varia de y0 até y0+a; se b > 0 o valor de y varia de y0+a até ∞. [5]Uma vez que o expoente é "-b", se o modelo ajustado apresenta, por exemplo ... $e^{0.2x}$, significa que b = -0.2. [6]Não há derivada, mas para x→+∞, y = Ymax/min ou para x→0+, y = Ymax/min.

7.1.2. Modelos linear e quadrático

No modelo linear, o mais simples dos modelos, o parâmetro "a" (Tabela 7.2) representa a inclinação da reta, ou seja, a taxa constante de crescimento (se a > 0) ou de decrescimento (se a < 0) do fenômeno estudado em função da variável "x" controlada/testada. Quando maior o valor de "a" mais inclinada a reta será, o que significa que maior é a taxa de crescimento da variável "y" em função do aumento da variável "x" (se a > 0). O parâmetro independente, aqui indicado como "y0", corresponde ao valor de "y" quando x=0 (intercepto), ou seja, o ponto onde a reta intercepta o eixo das ordenadas (eixo y).

Se, por exemplo, o crescimento de uma planta (inferido pela sua altura em cm) em função da presença de um determinado nutriente essencial no solo (em mg/dm^3) for descrito pelo modelo linear y = 15.22x + 2.35 significa que para cada elevação de 1 mg/dm^3 do nutriente no solo haverá uma expectativa de crescimento de 15.22 cm. O intercepto 2.35 indica, segundo o modelo, que

173

mesmo não havendo a presença do nutriente a planta tende a apresentar um crescimento de 2.35 cm. No entanto, se o zero não estiver dentro do intervalo estudado de "x", tal resposta em "y" será improvável. É recomendável, mas não obrigatório, que o modelo linear seja escolhido preferencialmente em relação aos demais modelos quando a ANOVA da regressão indicar que este modelo é estatisticamente apropriado. No entanto, se outro modelo também adequado do ponto de vista estatístico, possuir um AICc menor pode ser interessante optar-se pelo outro modelo.

O modelo linear permite explicar com facilidade a limitação inerente a toda equação de regressão ajustada a um determinado conjunto de dados. Dificilmente um fenômeno natural terá uma resposta linear indefinidamente. Os modelos de regressão são, a rigor, válidos apenas dentro do intervalo estudado e a extrapolação deste intervalo é quase sempre duvidosa, mesmo para modelos não lineares. Em alguns casos, no entanto, a depender da adequação teórica do modelo ao fenômeno, o risco na extrapolação para um intervalo não muito distante do intervalo estudado pode ser aceitável. Essa limitação inerente a qualquer modelo de regressão explica, também, porque não é muito usual, e quase sempre desnecessário, ajustar modelos lineares "forçando" a passagem da reta pelo ponto zero dos eixos ("forçando" que y0 seja igual a zero). Além de frequentemente desnecessário, forçar a passagem pelo ponto zero sempre irá reduzir o coeficiente de determinação (R^2) da equação.

No modelo quadrático o parâmetro "b" (Tabela 7.2) será tanto maior (em módulo) quanto mais "fechada" for a parábola observada. Além disso, se b > 0 a parábola terá concavidade voltada para cima (e a curva terá um ponto de mínimo) e se b < 0 a concavidade será voltada para baixo (e a curva terá um ponto de máximo). O parâmetro "a" no modelo quadrático representa a presença de um componente linear no modelo, de modo que quanto maior for este parâmetro mais a parábola "se abrirá" até a curva se aproximar de uma reta quando este parâmetro for muito maior que o parâmetro "b". Em um modelo quadrático, muito raramente o componente linear será desprezível (verdadeiramente igual a zero) ao ponto de poder ser removido do modelo sem grande prejuízo à qualidade do ajuste.

O ponto de máximo ou de mínimo de um modelo quadrático pode ser facilmente calculado derivando-se a equação ajustada e igualando-a à zero. Por exemplo, se a equação for y = $-2.15x^2$+ 6.02x + 1.18, o valor de x correspondente ao maior valor de y será: 2 . -2.15x + 6.02 = 0, ou seja, x = 1.4. As raízes da equação de segundo grau, quando houver, correspondem aos valores de "x" em que "y" será igual à zero e é obtida pela conhecida fórmula de Bhaskara. Esta mesma fórmula, evidentemente, pode ser usada para calcular outros valores de "x" correspondentes a quaisquer valores de "y".

Para a maioria dos casos, os modelos quadráticos são ajustados num intervalo de "x" em que a parábola correspondente não é completa (o maior ou o menor valor de "x" estudado fica próximo de um valor de máximo ou mínimo). A principal limitação do modelo quadrático para descrever a maioria dos fenômenos está no fato dele prever uma "inversão" simétrica do comportamento de "y" ao longo dos valores de "x". Por exemplo, nos primeiros níveis de "x" estudados, um modelo quadrático com b < 0 prevê uma elevação de "y" até um ponto de máximo seguido imediatamente por uma queda de igual magnitude e intensidade (simetria). Essa simetria pode até ser observada em alguns fenômenos, como em algumas respostas de crescimento microbiano a diferentes condições de temperatura ou pH. Mas, é mais comum ocorrer fenômenos onde após um ponto de máximo (ou mínimo) há uma estabilização ainda que temporária na resposta "y" (o que aproximaria o fenômeno de um modelo exponencial) ou então uma queda ou elevação em taxa distinta daquela observada no início da curva. Nesse último caso aproximaria o fenômeno de um modelo "assimétrico", como o modelo de raiz quadrada ou o modelo logarítmico e não de um modelo simétrico como uma parábola. Apesar disso, o modelo quadrático tem um uso muito frequente na literatura científica pela facilidade de cálculo dos parâmetros, que pode ser obtida, por exemplo, pelo método dos polinômios ortogonais ou por linearização, ambos facilmente programáveis.

7.1.3. Modelos raiz quadrada e logarítmico

O modelo de raiz quadrada (também conhecido como modelo "quadrático inverso") é um modelo muito versátil que, a depender das estimativas dos parâmetros, pode assumir uma forma semelhante a uma "parábola assimétrica" ou uma forma semelhante a um modelo exponencial. Ele assumirá a forma de uma parábola assimétrica quando os parâmetros "a" e "b" do modelo tiverem sinais opostos. Assumirá uma forma semelhante ao exponencial (sempre tendendo à estabilização) quando os parâmetros "a" e "b" do modelo tiverem sinais iguais. Quando assume a forma de uma parábola assimétrica o modelo prevê um vértice, ou seja, um valor de máximo (para curvas com b>0) ou mínimo (para curvas com b<0).

Para um mesmo conjunto de pares de dados, os parâmetros "a" e "b", no modelo raiz quadrada, serão sempre estimados com sinal inverso aos parâmetros "a" e "b" do modelo quadrático. Assim, no modelo raiz quadrada a concavidade voltada para cima da parábola é indicada por valores de "b" < 0 e não maiores que zero como ocorre no modelo quadrático. O sentido teórico dos parâmetros, no entanto, não é tão claro e útil como nos modelos exponenciais (por este motivo podem ser entendidos como "parâmetros empíricos"). Alguns estatísticos preferem utilizar o modelo geral de raiz ($Y = ab^{1/x} + ax$) que inclui tanto os modelos de raiz quadrada, raiz cúbica, raiz de quarta ordem, etc. No software SPEED Stat é utilizado apenas o modelo de raiz quadrada (Tabela 7.2) pela maior simplicidade e popularidade.

175

Quando o modelo de raiz quadrada possui um vértice este pode ser calculado derivando-se a equação e igualando-a a zero. A partir dela, o valor de "x" correspondente a esse ponto de vértice é calculado por $x = 0.25b^2/a^2$. Além disso, isolar "x" no modelo pode ser útil para estimar o valor de "x" correspondente a "z" % do valor máximo ou mínimo. Isolando "x" a equação pode assumir duas raízes mas provavelmente apenas uma delas estará dentro do intervalo de "x" estudado.

A falta de clareza quanto ao significado dos parâmetros no modelo raiz quadrada tem sido apontada como principal limitação deste modelo. Apesar de frequentemente se afirmar que os parâmetros precisam estar relacionados aos fenômenos ou processos em estudo, é preciso ponderar que em alguns casos este relacionamento se dá apenas quanto ao comportamento final do modelo. Esse comportamento final, independente do significado preciso de cada parâmetro, é que precisa estar coerente com a expectativa teórica sobre o fenômeno. Esse comportamento final (aspecto ou formato da curva ajustada) é que precisa ter boa capacidade preditiva dentro do intervalo estudado.

Os modelos logarítmicos "$y = y0 + a \ln(x)$" e "$y = y0 + ax + b \ln(x)$" podem ser entendidos como modelos inversos ao modelo exponencial. Estes modelos se ajustam bem a fenômenos que evoluem de maneira exponencial decrescente, tendendo à estabilização. No entanto, são modelos que não possuem um valor de máximo ou mínimo teórico, pois a estabilização final nunca ocorre. O modelo combinado com linear permite uma suavização da curvatura inerente ao modelo logarítmico simples. Os modelos logarítmicos sugeridos na Tabela 7.2 poderiam ser ajustados com log na base 10, ao invés de log na base "e" (ln), o que resultaria em modelos com pequena ou nenhuma diferença na qualidade de ajuste. O logaritmo natural foi escolhido pela provável maior frequência desta base nos processos naturais do que a base dez (origem do nome logaritmo "natural").

Em algumas situações, os modelos logarítmicos permitem modelar dados obtidos de ensaios de adsorção, substituindo com qualidade o modelo de Freundlich, para quando não se observa um limite tendendo a um valor de máximo (coerente com a concepção de múltiplas camadas de adsorção). O modelo de Freundlich ($y = a\ x^{1/b}$) é um modelo potencial, que pode ser simplificado para $y = a\ x^b$ com a mesma qualidade de ajuste (mesmo R^2), com alteração apenas no significado dos parâmetros.

7.1.4. Modelo exponencial

Os modelos exponenciais se ajustam com qualidade a uma ampla gama de fenômenos naturais, seja para expressar crescimento exponencial, seja para expressar decrescimento exponencial. Eles podem ser escritos de várias formas, mas a forma apresentada na Tabela 7.2 se destaca pela popularidade e simplicidade. A qualidade dos ajustes obtidos pelos diferentes modelos

176

exponenciais tende a ser semelhante, sendo as diferenças entre os modelos mais ligadas às estimativas dos parâmetros e ao significado dos mesmos. Dessa forma, o ajuste obtido para o modelo exponencial apresentado na Tabela 7.2 será sempre semelhante ao obtido para o modelo exponencial de Mitscherlich. Em outras palavras, pode-se dizer que são modelos equivalentes.

Os modelos exponenciais ajustam-se a três tipos básicos de fenômenos. O primeiro é o clássico comportamento de decrescimento exponencial seguido de uma tendência à estabilização em um valor mínimo (modelo em " L "). O segundo refere-se ao comportamento de crescimento exponencial sob taxas crescentes ("˩ "). O terceiro é o frequente comportamento de crescimento exponencial sob taxas decrescentes seguido de uma tendência à estabilização em um valor máximo (" ˥ "). A opção pelo uso do modelo exponencial em lugar do modelo exponencial de Mitscherlich está tradicionalmente ligada aos primeiros dois tipos de fenômenos. Para o terceiro tipo, o modelo de Mitscherlich é mais usual. No modelo exponencial de Mitscherlich há a vantagem de que o parâmetro "y0" representa exatamente o intercepto do eixo na curva (valor de "y" quando "x" igual a zero), enquanto no modelo exponencial não. No modelo exponencial, no entanto, o parâmetro "y0" representa o ponto de estabilização teórico da curva (nos casos de crescimento sob taxas decrescentes) ou o ponto inicial de crescimento (nos casos de crescimento sob taxas crescentes).

O modelo "exponencial" difere do modelo "exponencial simples" apresentado na Tabela 7.2 apenas pela presença do parâmetro independente y0. A ausência deste parâmetro pode ser útil no estudo de alguns fenômenos de decaimento exponencial quando, teoricamente, "y" necessariamente se aproxima de zero na medida que "x" aumenta. É o caso, por exemplo, dos estudos de cinética de degradação de serapilheira, redução da umidade ao longo de um processo de secagem, % de sobrevivência em função do tempo ou dose de um biocida, etc. Em algumas áreas do conhecimento o modelo exponencial simples é nomeado como modelo Henderson-Pabis. Conforme apresentado na Tabela 7.3, no modelo exponencial simples, o valor de "x" correspondente à metade do decaimento em "y" (por vezes referido como tempo de meia-vida, dose correspondente à 50% do efeito, etc) pode ser facilmente calculado considerando a expressão: $x = [\ln(a)-\ln(y)]/-b$.

7.1.5. Modelo Exponencial de Mitscherlich

Em diversas áreas da biologia, agronomia e zootecnia, boa parte das curvas de crescimento de organismos seguem uma tendência que não é bem definida pelos modelos linear e quadrático, pois são curvas de crescimento exponencial cuja taxa decresce lentamente até a estabilização. Segundo Pimentel-Gomes (2009) em curvas de crescimento vegetal ou em curvas de produtividade, obtidas como resposta à aplicação de fertilizantes, por exemplo,

177

deve-se evitar o uso dos modelos lineares e quadráticos, dando preferência ao ajuste pelo modelo de Mitscherlich.

Tal recomendação é fundamentada pela conhecida "lei de Mitscherlich", ou "lei dos incrementos decrescentes", a qual afirma que os incrementos no crescimento resultantes do fornecimento de um determinado recurso necessário ao crescimento vegetal são cada vez menores à medida em que se eleva a disponibilidade deste recurso. Matematicamente isso corresponde a um crescimento inicial rápido (exponencial ou próximo a uma tendência linear de crescimento) seguido por uma gradual redução desse crescimento até a estabilização (o modelo tende a um valor máximo quando "x" tende ao infinito). O modelo é, portanto, bastante coerente com a resposta teórica esperada para diversos fenômenos, incluindo os fenômenos que descrevem a resposta ao fornecimento de diversos recursos necessários ao crescimento vegetal (como água, luz, nutrientes, CO_2, etc.) e de outros organismos. Seu uso, portanto, deveria ser incentivado e certamente resultaria em estimativas melhores, e comumente menores, dos valores de "x" correspondentes aos valores críticos de nutrientes no solo ou em folhas ou aos valores máximos de produtividade se comparado aos valores estimados com a utilização de modelos quadráticos.

A dificuldade de cálculo dos parâmetros do modelo de Mitscherlich, para pontos de "x" não-equidistantes, é provavelmente o principal motivo que explica a ausência deste modelo em diversos softwares. Essa dificuldade é inerente a todos os modelos não linearizáveis, também conhecidos como intrinsicamente não-lineares (MAZUCHELI; ACHCAR, 2002) que incluem, além do Mitscherlich, os modelos sigmoidais e vários outros. O método mais utilizado para estimativa dos parâmetros nestes modelos é o método iterativo de Gauss-Newton (VIANA, 2001). Outros modelos da Tabela 7.2, como o exponencial e o modelo de Michaelis-Menten, embora sejam linearizáveis por transformação, são mais bem ajustados quando os parâmetros são estimados pelo método iterativo de Gauss-Newton. Nesse método há também certa dificuldade na estimativa inicial dos parâmetros, que pode depender da existência de mais de um algoritmo de cálculo para obtenção destas estimativas iniciais.

O entendimento do significado dos parâmetros da equação de Mitscherlich pode ser de grande utilidade na interpretação de fenômenos e na comparação de curvas de crescimento/resposta. O parâmetro "y0" representa a resposta em "y" quando x=0. A soma "y0 + a" representa o valor máximo teórico de "y" quando "x" tende a infinito (o modelo prevê uma assíntota horizontal superior). O parâmetro "b" representa um "coeficiente de eficácia" de modo que, quando maior o seu valor (em módulo) maior é a resposta média em "y" por unidade de incremento de "x". Graficamente, quanto maior (em módulo) o parâmetro "b" mais inclinada (rápida) será a fase inicial anterior à estabilização e menos gradual tenderá a ser a mudança para a fase de estabilização. Em muitas situações pode ser útil determinar, por exemplo, qual é o valor de "x" correspondente a 95 % da resposta máxima de "y". Ou o valor de "x" corresponde à qualquer outro valor de "y" de acordo com o modelo ajustado. Nesse caso, será preciso isolar "x" na equação, resultando em X = - ln((-y+y0+a)/a)/b (Tabela 7.3).

O modelo inicialmente proposto por Mitscherlich, que é $Y = \alpha(1-10^{-\delta(x+\beta)})$, é um pouco distinto do apresentado na Tabela 7.2. O modelo apresentado na Tabela 7.2, $y = y0 + a(1 - e^{-bx})$, foi provavelmente sugerido por Ware et al. (1982). A inserção do termo "y0" substitui o termo "γ" discutido por Ware et al. (1982), sendo adicionado para permitir ajustes às situações em que há alguma resposta em "y" mesmo quando x=0. Embora possa parecer distinto do modelo original, o modelo de Mitscherlich modificado por Ware et al. (1982) permite ajustes idênticos (mesmo valor de R^2 pois são equações equivalentes), possui parâmetros com significado semelhante e é de notação mais simples.

Segundo Pimentel-Gomes & Conagin (1991) e Pimentel-Gomes (2009), no modelo original o significado dos parâmetros é de grande utilidade prática em ensaios agronômicos, uma vez que "α" corresponde à produtividade máxima teórica (y máximo teórico), "δ" corresponde a um coeficiente de eficácia e "β" é um termo independente que pode estimar a disponibilidade inicial do recurso em estudo. Os parâmetros do modelo apresentado na Tabela 7.2 possuem, basicamente, o mesmo significado, mas "b" está em uma escala diferente de "δ". Para obter o valor de "α" da equação apresentada por Pimentel-Gomes & Conagin (1991) basta somar os valores de "a" e "y0" da equação apresentada na Tabela 7.2. Para obter o valor de "δ" basta multiplicar o valor de "b" por log de e, assim: $\delta = b.\log(e)$. A interpretação do valor "β" da equação original, no entanto, é um pouco mais complexa e não possui um correspondente exato na equação modificada apresentada na Tabela 7.2.

Em experimentos de adubação, por exemplo, o valor de "β" representaria a disponibilidade inicial do nutriente em estudo no solo (PIMENTEL-GOMES, 2009). A validade da precisão desta estimativa, no entanto, é limitada a condições específicas da distribuição dos pontos de "x" (INKSON, 1964). Além disso, essa estimativa pode ser mais facilmente obtida a partir da caracterização química do solo da área experimental, o que tornaria desprezível o significado deste parâmetro. E por fim, o modelo original não foi inserido na Tabela 7.2 também pelo fato de não estar disponível nos softwares estatísticos mais usuais, o que dificultaria uma maior popularização do uso do modelo.

Em síntese, o modelo de Mitscherlich modificado por Ware et al. (1982) apresentado na Tabela 7.2 é um modelo geral de crescimento exponencial com taxas decrescentes que tendem a um valor máximo. Ele substitui o modelo originalmente proposto por Mitscherlich sem provocar alterações importantes no significado dos parâmetros e sem alterar a qualidade do ajuste (não altera o

R^2 nem o R^2 ajustado, pois trata-se apenas de uma reparametrização do modelo original). Possui apenas dois parâmetros dependentes, relativa simplicidade e parâmetros com claro significado biológico. Além disso, é um modelo que substitui muito bem boa parte dos demais modelos não-lineares desenvolvidos para a finalidade de modelar curvas de crescimento, como o modelo linear-platô, o modelo de Bertalanffy, $y = a[1-e^{-b(x-c)}]$, modelo de Chapman, $y = a/(1+e^{-kx})^m$, alguns modelos logísticos, $y = a/[1+(x-c)^b]$ ou o modelo de Gompertz, $y = ae^{-e^{\wedge}(x-c)/b}$. Uma listagem de modelos não-lineares de crescimento é discutida por Calbo et al. (1989) e Freitas (2005). Quando o comportamento do crescimento segue uma curva "sigmoidal" o modelo de Mitscherlich perde utilidade, devendo ser dado preferência para um modelo tipicamente sigmoidal como o de Gompertz, o logístico ou o Chapman.

7.1.6. Modelo de Michaelis-Menten

O modelo de Michaelis-Menten é um dos mais famosos modelos hiperbólicos, sendo amplamente utilizado para modelar curvas de cinética enzimática, respostas de fármacos, cinéticas de adsorção, cinéticas de absorção de nutrientes, entre diversas outras aplicações. Ele possui a mesma qualidade de ajuste (mesmo R^2 pois a curva é idêntica) do também conhecido modelo de Langmuir ($y = abx / 1 + bx$), que pode ser simplificado para $y = ax / (1 + bx)$. A diferença entre os modelos de Langmuir e Michaelis-Menten está, evidentemente, apenas no significado teórico e nas estimativas dos parâmetros. O desenvolvimento da isoterma de Langmuir foi baseado no coeficiente de adsorção do complexo catalisador-substrato, enquanto a equação de Michaelis-Menten é baseada na constante de dissociação deste complexo (AUGUSTINE, 1996).

O segundo parâmetro da equação de Michaelis-Menten é o "b", a constante de meia saturação. Esse parâmetro fornece o valor da variável "x" em que o rendimento da variável "y" é a metade da assíntota. Quanto menor o "b" mais rápido a curva chega à assíntota. Pode, portanto, ser interpretado como uma medida inversa da afinidade entre a enzima e o substrato ou entre o adsorvente e o adsorvato. No entanto, deve-se tomar cuidado na comparação de valores de "b" de diferentes equações de Michaelis-Mentem ajustadas pois "b" é um índice de afinidade/eficiência em relação à Vmáx de cada equação. Ou seja, um "b" menor em um determinado tratamento não significa exatamente que nele há mais afinidade/eficiência de adsorção, absorção ou o que estiver sendo estudado. Significa apenas que nesse tratamento atinge-se mais rapidamente o valor máximo, mas esse máximo pode ser pequeno se comparado a outros tratamentos com Km maior. O valor de Cmín, por outro lado, que independe de Vmáx, pode ser mais útil em muitos casos. Ele corresponde a um valor estimado de "x" correspondente a y = 0, que pode ser estimado por x = (-b.y0) / (a+y0).

180

7.1.7. Modelo Logístico

O modelo logístico da Tabela 7.2 permite modelar curvas sigmoidais com qualidade de ajuste igual ou superior aos famosos modelos de Gompertz, Weibull e Chapman para a maioria das situações. Na maioria dos casos, os modelos Logístico e de Gompertz possibilitam ajustes muito semelhantes se comparados aos demais. O parâmetro "a", nestes dois modelos, é inclusive muito próximo. É importante não confundir "modelo Logístico" com "regressão logística", nome que também se dá para uma técnica de análise de regressão multivariada para dados categóricos binários.

O modelo logístico prevê duas assíntotas, uma para um valor máximo e outra para um valor mínimo. O valor de "y" correspondente à assíntota inferior é o termo "y0". O valor de "y" correspondente à assíntota superior é a soma "y0+a". O parâmetro "a" deste modelo representa, portanto, a distância entre as duas assíntotas. O modelo logístico, como outros modelos sigmoidais, possui um ponto de inflexão onde a curva passa de uma tendência exponencial crescente para uma exponencial decrescente ou vice-versa. Este ponto de inflexão ocorre num valor de "y" correspondente à metade da distância entre as duas assíntotas (a/2 + y0). E o valor de "x" correspondente à esta inflexão é o próprio parâmetro "c" do modelo. Por fim, o parâmetro "b" descreve a inclinação da curva no ponto de inflexão. O parâmetro "b", no entanto, é positivo para inclinações descendentes e negativo para inclinações ascendentes. É importante lembrar que esse "significado biológico" dos parâmetros (por vezes referido como "funções dos parâmetros") deve ser utilizado com cuidado quando o intervalo estudado de valores de "x" não contemplar as regiões próximas das assíntotas. Quando isso ocorre, os valores de máximo e mínimo definidos pelo modelo são apenas estimativas teóricas, já que o intervalo estudado está muito distante destas regiões.

Entre suas diversas aplicações, o modelo logístico é muito adequado para bioensaios de mortalidade ou de inibição, como resposta a níveis crescentes de algum agente biocida ou biostático, seja sintético ou natural. O valor de "x" correspondente a 50 % da mortalidade máxima causada pelo agente biocida (conhecida como DL 50 ou CL 50) é o ponto de inflexão e, como já mencionado, é correspondente ao parâmetro "c". Como já mencionado "c" somente estimará corretamente a DL50 quando ambas as assíntotas estiverem representadas. Caso contrário a DL50 poderá ser estimada isolando-se "x" no modelo após "y" ser substituído pelo valor correspondente a 50 % do máximo. Esta aplicação do modelo Logístico permite que o mesmo substitua as famosas transformações logit e probit usualmente utilizadas para estimativa da DL 50 (SOUZA et al., 2000). Evidentemente, em diversos casos as transformações logit e probit se justificam quando a variável resposta em si é binária. Mas, mesmo nestes casos, uma solução simples é utilizar a transformação rank para obter uma estimativa do modelo logístico mais coerente com a assimetria dos resíduos que tende a ocorrer em variáveis binomiais. Importante lembrar que, evidentemente, em ensaios de mortalidade os dados também podem ser bem ajustados com modelos exponenciais e a DL50 pode ser estimada nesses casos pelas equações das raízes dos modelos (Tabela 7.3).

A equação logística é muito adequada também para modelar curvas de crescimento, curvas de progresso de doenças e curvas padrões de crescimento microbiano ao longo do tempo quando o organismo é submetido a uma nova fonte de carbono ou outro recurso. Nesse caso, a assíntota inferior representa um tempo de adaptação ao novo recurso, que é seguido de um crescimento exponencial até um platô (assíntota superior) que representa a saturação do crescimento.

7.1.8. Modelos de regressão segmentada

Existem fenômenos cuja modelagem adequada não pode ser realizada com modelos simples com apenas um ou dois parâmetros dependentes de x. Embora não sejam frequentes, em alguns poucos casos até existem modelos com três ou quatro parâmetros que permitem um bom ajuste e um bom significado para os parâmetros. Na maioria das vezes, no entanto, estes fenômenos mais complexos podem ser bem modelados com o uso de dois modelos simples (três parâmetros ou menos), o que é conhecido como regressão segmentada ou regressão local.

A grande vantagem de usar dois modelos simples no lugar de apenas um mais complexo é a facilidade de cálculo na estimativa dos parâmetros dos modelos simples e o claro significado dos parâmetros. A desvantagem evidente é que o número de níveis de "x" exigido é maior (em geral, exige-se um mínimo de quatro níveis ou pontos diferentes de x para cada modelo a ser ajustado). A segmentação de modelos pode permitir, por exemplo, que complexas curvas de retenção de água (com mais de duas assíntotas) sejam modeladas por duas equações logísticas. Nesses casos, a ANOVA pode ser, simplesmente, desdobrada de forma análoga ao procedimento usual de análise de regressão em experimentos fatoriais, ainda que com número de níveis distintos em cada segmento. Outra opção, também possível para proceder a uma análise de regressão segmentada no SPEED Stat, é utilizando-se dos mesmos procedimentos da análise de regressão parcial descrita no item 7.3.4.

7.2. Critérios para escolha do modelo de regressão adequado

Conforme discutido anteriormente, a ANOVA da regressão indicará se um determinado modelo é "estatisticamente adequado", pois ela informa a qualidade do ajuste (pela significância do F da SQRegressão, pelo R^2 e por fornecer as informações necessárias ao cálculo de outros critérios complementares, como o AIC) e o nível de afastamento dos dados ao modelo (pela significância da falta de ajuste). No entanto, o modelo mais adequado para um conjunto de dados, do ponto de vista puramente matemático, pode não ser o modelo mais compatível com a expectativa do fenômeno em estudo. Dois casos clássicos devem ser lembrados aqui. O primeiro é o caso, já discutido anteriormente, dos modelos quadráticos sendo usados erroneamente para descrever fenômenos que não possuem comportamento parabólico. O segundo é o caso dos modelos cúbicos sendo usados erroneamente para conseguir ajustes a dados que "oscilam significativamente" para cima e para baixo no intervalo estudado.

Além disso, é comum um determinado conjunto de pares de dados (X,Y) apresentar mais de um modelo estatisticamente adequado. Nesses casos, permanecerá a dúvida sobre qual modelo escolher, dentre os vários que satisfazem os critérios da ANOVA da regressão. Em geral, é muito recomendado o princípio da parcimônia, no qual um modelo mais simples (com menor número de parâmetros dependentes de x) deve ter prioridade sobre modelos com muitos parâmetros. Como já discutido anteriormente, modelos matemáticos com apenas um ou dois parâmetros são suficientes para a grande maioria dos fenômenos numa regressão univariada. Exceção se faz apenas para o modelo Logístico, que possui três parâmetros e descreve comportamentos sigmoidais biologicamente explicáveis e não muito raros. Um modelo mais parcimonioso, como o linear, portanto, deve ser preferível em relação ao modelo quadrático, exponencial, etc., desde que satisfaça os critérios da ANOVA da regressão.

Quando mais de um modelo é estatisticamente adequado, é comum optar-se pelo modelo que possui um maior R^2. O coeficiente de determinação (R^2) é a percentagem da SQTratamentos que é contemplada pela SQRegressão para o modelo em questão, ou R^2 = SQRegressão/SQTratamentos x 100. Simplificadamente, o R^2 indica o quanto o modelo foi capaz de explicar a variação das médias. Nesse sentido, é comum se afirmar que, no contexto da experimentação, um modelo deve explicar, no mínimo, a maior parte da variação dos dados (ou seja, $R^2 > 0.5$) para ser um bom modelo para aquelas médias. O problema básico desse critério é que quanto mais parâmetros um modelo tem, maior será seu R^2. Dessa forma, é preciso ponderar o R^2 pelo número de parâmetros do modelo para poder fazer uma comparação justa da qualidade do ajuste permitida pelo modelo. Dentre as formas de realizar essa ponderação, destaca-se o "R^2 ajustado", que é calculado pela expressão:

$$R^2_{ajustado} = 1 - [\left(\frac{n-1}{n-(p+1)}\right)(1-R^2)]$$

Nela, "n" é o número de pontos usados para obtenção dos parâmetros do modelo (número de médias ou número de pontos distintos no eixo x) e "p" é o número de parâmetros do modelo (considerando apenas os termos dependentes de x, ou seja, sem "y0"). O "R^2 ajustado" permitirá distinguir se um modelo

183

exponencial com dois parâmetros dependentes e com R^2 de 0.900 possui realmente mais qualidade matemática de ajuste que um modelo linear com R^2 de 0.880. Esse critério também ilustra por quê modelos com menor número de parâmetros são preferíveis, uma vez que muitas vezes o uso de modelos com mais de dois parâmetros dependentes não eleva o R^2 ajustado.

É preciso lembrar que vários outros critérios para comparação de modelos já foram desenvolvidos e validados, destacando-se o critério de informação de Akaike (AIC). Apesar disso, o R^2 ajustado é, na grande maioria das vezes, bem correlacionado ao valor de AIC, ainda que inversamente proporcional. Por este motivo e pela maior simplicidade, o uso do R^2 ajustado para seleção de modelos é mais conhecido. No entanto, como o critério de Akaike e, especialmente, o critério de Akaike corrigido (AICc) valorizam ainda mais a parcimônia dos modelos, eles podem ser muito úteis para dados experimentais (onde geralmente há poucos níveis em estudo). Quanto menor o AIC, maior será o R^2_{aj} e melhor tende a ser o modelo. Embora o AIC seja mais frequentemente empregado para seleção de modelos para ajuste de correlação espacial ou temporal em modelos mistos, seu uso para outras finalidades também é interessante. Simplificadamente, para resíduos normais em condições experimentais, o AIC pode ser estimado, segundo Bello (2018), de acordo com:

$$AIC = n \ln(SQRes \text{ da regressão}/n) + 2p$$

e o AICc (AIC corrigido):

$$AICc = AIC + ((2p^2 + 2p)/(n-p-1))$$

Embora seja interessante considerar a magnitude do R^2 ajustado (ou do AIC ou do AICc) como critérios para escolha entre dois modelos que atendem aos requisitos da ANOVA da regressão, estes critérios não necessariamente devem prevalecer sobre o critério do "sentido teórico do fenômeno" em estudo. Isso porque, ao priorizar o sentido teórico esperado para o fenômeno, o modelo tende a descrever melhor o comportamento da população, e não apenas da amostra em estudo. Alguns pesquisadores mencionam este "sentido teórico" em outros termos e atribuem importância variada a ele. Segundo Floriano et al. (2006), por exemplo, a qualidade de um modelo também depende de sua "interpretabilidade" e de sua "plausibilidade global", o que implica em algum nível de julgamento inerentemente subjetivo, mas não menos importante.

Dessa forma, considerando o exposto até o momento, pode-se sintetizar os critérios de escolha dos modelos de regressão, dentre os nove modelos citados anteriormente, utilizando-se os critérios da Tabela 7.4.

Seguindo-se estas etapas a partir de um conjunto pré-selecionado de modelos simples (como os modelos apresentados na Tabela 7.2) a escolha pelo modelo de regressão mais adequado ficará relativamente simples.

7.3. Dificuldades na Análise de Regressão

Ocasionalmente os critérios da ANOVA da regressão são mal interpretados quando a Falta de Ajuste permanece como significativa, para os mais variados modelos testados, mesmo com valores de R^2 muito altos (CECON et al., 2012). Esta situação ocorre quando o QMResíduo é baixo o suficiente para que mesmo restando uma pequeníssima percentagem (como 0.01%) da SQTratamentos não explicada pelo modelo, esta fração permanece estatisticamente significativa. Assim, embora seja raro, existem casos em que os dados permitem ajuste para um dos modelos da Tabela 7.2 com R^2 de 0.98, ou até 0.99, mas estes modelos não são estritamente adequados porque a Falta de Ajuste "insiste" em permanecer como significativa. Este tipo de situação indica que a pequena fração não explicada pelo modelo não é estritamente insignificante em relação à magnitude do erro. Nesses casos, o ajuste a modelos com mais parâmetros poderá permitir um pequeno ganho na SQRegressão e assim permitir que a Falta de Ajuste se torne não-significativa.

Tabela 7.4 - Três etapas para escolha dos modelos de regressão para dados experimentais

Etapas	Critérios	OBS.
Etapa 1	ADEQUAÇÃO ESTATÍSTICA: Quais modelos atendem os critérios da ANOVA da regressão?	Ou seja, quais modelos de regressão são estatisticamente significativos pelo teste F da ANOVA da regressão e possuem Falta de Ajuste não significativa pelo teste F?
Etapa 2	MELHOR AJUSTE: Se houver mais de um modelo estatisticamente adequado para os dados, qual(is) possui(em) maior R^2 ajustado ou, preferencialmente, menor AICc?	Lembrando que o R^2 ajustado é um valor sempre menor que o R^2.
Etapa 3	SIMPLICIDADE E ADEQUAÇÃO AO SENTIDO TEÓRICO DO FENÔMENO: Entre os modelos que permitem os maiores valores de R^2 ajustado, qual modelo é mais simples (AICc menor) ou é mais adequado ao sentido teórico do fenômeno em estudo?	Lembrando que o teste F geral ou do desdobramento (prévio à análise de regressão) deve sustentar que existe alguma diferença entre os níveis em estudo.

Quando este tipo de "problema" acontece, ou seja, quando nenhum modelo parcimonioso (como os listados na Tabela 7.2) passa pelo critério da Falta de Ajuste mas um ou alguns modelo(s) possui(em) valor(es) alto(s) de R^2, é razoável assumir que, embora a Falta de Ajuste não seja estatisticamente insignificante ela é, na prática, desprezível. Isso equivale a "rebaixar o critério da Falta de Ajuste" à um segundo plano nesses casos (apenas), assumindo que é mais útil ajustar um modelo parcimonioso (com poucos parâmetros) que possua um bom ajuste e uma boa adequação ao fenômeno que utilizar modelos excessivamente complexos. Embora esta possibilidade de desconsiderar a significância da falta de ajuste possa ser aceitável nesses raros casos é importante lembrar que ela não deve se estabelecer como regra. Sempre é válido considerar também que em muitos casos simplesmente "os fenômenos naturais não se deixam ajustar a nenhum modelo". A experiência do pesquisador, para definir a partir de que nível de R^2 pode-se desconsiderar o critério da Falta de Ajuste nestes casos, é um ponto crítico. Aparentemente não deveríamos fazê-lo quando o R^2 for menor que 0.900.

Outro problema relatado com as análises de regressão é a possibilidade da ANOVA da regressão indicar um modelo estatisticamente adequado mas este modelo assumir um R^2 ajustado igual ou inferior a zero. Este tipo de situação indica que embora o modelo tenha um R^2 não ajustado > 0.500 há uma tendência de sobreajuste do modelo (*overfitting*) e que, portanto, este modelo não seria o mais adequado para modelar a relação entre as variáveis em questão. O R^2 ajustado sempre será negativo se $R^2 < p/(n-1)$.

Outro problema relatado nas análises de regressão é a dificuldade de interpretação dos modelos ajustados para dados previamente transformados. A transformação deve ser feita apenas quando comprovadamente necessária para atender aos pressupostos para análise de variância (veja item 2.6). Diferentemente dos testes de médias, não é possível apresentar as médias não transformadas e também os resultados estatísticos correspondentes dos dados transformados. Isso porque os resultados estatísticos incluem a própria curva de regressão em si, e é fácil perceber como uma curva exponencial, por exemplo, obtida de dados que sofreram uma transformação do tipo arco seno da raiz quadrada ou do tipo Box-Cox com lambda -0.5, pode ser de interpretação complexa.

A opção mais simples para dados que deveriam ser submetidos a uma análise de regressão, mas que possuem uma distribuição assimétrica ou são heterocedásticos, é realizar a regressão com as medianas (com QMRes obtido a partir da análise rotineira, porém corrigido pela eficiência *f* conforme discutido no capítulo 2). A opção pela regressão com valores de medianas pode ser entendida como uma adaptação simplificada da técnica de regressão não-paramétrica quantílica. Uma opção mais poderosa que a utilização apenas da correção *f* é considerar a significância do F (geral e/ou do desdobramento) da variável na escala transformada (rank, por exemplo) mas considerar os modelos ajustados com as medianas (utilizando-se o QMRes obtido com os dados originais e corrigido por um fator *f* pouco conservador, como 0.75). Sem uma correção por um fator *f* as estimativas dos erros padrões e dos intervalos de confiança das medianas serão imprecisas, mas ao se aplicar uma correção *f* de

0.75 evita-se valores muito subestimados. Estudos por simulação demonstram que esta alternativa de análise tem um adequado controle do erro tipo I. Outra opção é, evidentemente, apresentar a curva de regressão com os dados transformados e tirar alguma informação útil dela mesmo na escala transformada.

Por fim, uma outra dúvida recorrente é como apresentar os dados que diferem significativamente entre si, mas que não foi encontrado nenhum modelo estatisticamente adequado. A opção mais simples nestes casos é apenas plotar os valores médios (ou medianas se for regressão não-paramétrica) no mesmo padrão de plano cartesiano dos demais dados. É importante não confundir a ausência de uma curva de regressão no gráfico com a ausência de diferença significativa entre os níveis de "x" testados. A ausência de diferença significativa entre os níveis de x (indicada pela estatística F na ANOVA) é frequentemente representada graficamente como uma reta paralela ao eixo x.

7.3.1. O modelo não precisa ser testado quanto à significância de cada parâmetro?

É comum a afirmativa de que a significância dos parâmetros dependentes (ou regressores) precisa ser testada quanto à hipótese de que os mesmos diferem estatisticamente de zero. Embora não seja a forma mais comumente usada para representar a adequação estatística de um modelo em experimentos (TAVARES et al., 2016), esta concepção tem ganhado força, provavelmente, pela importância deste procedimento em regressões múltiplas. Essa questão é esclarecida por Cecon et al. (2012) ao considerar que, nas situações univariadas experimentais (com repetições), a presença de duas estimativas para a variância residual (o resíduo da ANOVA geral e o resíduo da ANOVA da regressão) permite que o próprio teste F seja usado para verificar a adequabilidade do modelo. Em síntese, testar a significância de cada parâmetro pelo teste t é desnecessário em relação à ANOVA da Regressão (veja os passos na Tabela 7.4), levando à conclusões semelhantes na maioria dos casos (DANCEY et al., 2017). Basta, portanto, realizar apenas um dos procedimentos.

Um exemplo interessante para ajudar a esclarecer essa questão é quando um modelo quadrático não possui o regressor linear significativo, por exemplo: $\hat{y} = 0.087 + 0.0002^{ns}x + 0.0034^{**}x^2$. Exemplo semelhante é apresentado também por Alvarez & Alvarez (2003). Mesmo que este modelo atenda aos critérios da ANOVA da Regressão, o leitor poderia pensar que este modelo não está adequado, pois um dos regressores da equação não é significativo ao nível de 5 % de probabilidade. Mas, se esse regressor não significativo for retirado do modelo, o novo modelo pode não possuir mais um ajuste adequado (PIEPHO & EDMONDSON, 2018). O mesmo pode ocorrer com modelos intrinsicamente não lineares (como os modelos exponenciais), onde os modelos precisam ser vistos como um todo, já que não é interessante separá-los em partes.

Embora um dos parâmetros não seja significativo pelo teste t, o modelo quadrático exemplificado no parágrafo anterior é adequado pois não pode ser substituído por outro mais simples (como o linear simples ou um logarítmico simples, que possuem apenas um parâmetro). Logo, se ele se adequa bem ao sentido teórico do fenômeno que está sendo estudado se comparado a outros modelos simples de dois parâmetros, ele é sim um modelo estatisticamente adequado. Ou seja, mesmo que um dos regressores seja não-significativo ele pode ser adequado se atender a ANOVA da Regressão. Portanto, testar os regressores pelo teste t nesses casos trará dúvidas ao pesquisador e ao leitor, já que um modelo significativo pode conter, em alguns casos, parâmetros não significativos.

É importante ter em mente que os dois procedimentos (testar os parâmetros pelo teste t ou testar as ANOVAS das regressões) podem levar à erros na escolha do modelo. No entanto, através de simulação de dados é fácil demonstrar que ambos os procedimentos funcionam razoavelmente bem, já que o teste F prévio mantem as taxas empíricas de erro tipo I não superiores a 5% (ou outro nível α especificado). O erro é maior apenas na seleção do modelo. Para demonstrar isso, foram simuladas 200 variáveis respostas com comportamento linear (modelo verdadeiro) e adicionado um erro aleatório com distribuição normal. Nesta situação, o procedimento de regressão baseado em testar os parâmetros pelo teste t resultou em 6.0 % de casos com modelo quadrático significativo (modelo errado nestes casos pois o modelo verdadeiro era linear). Para estes mesmos dados, usando o procedimento baseado em ANOVA da regressão e menor AICc ocorreram 17 % de casos com modelo quadrático significativo (Tabela 7.5). No entanto, em um cenário um pouco diferente, com 200 variáveis respostas simuladas com comportamento quadrático, o procedimento de regressão baseado em testar os parâmetros resultou em 44.5 % de casos em que o modelo linear foi escolhido em detrimento ao quadrático (escolha errada). Neste mesmo cenário, o procedimento baseado em ANOVA da regressão resultou em apenas 3.5 % de casos com este erro (Tabela 7.5). Ainda que nem todos os "acertos" do procedimento baseado em ANOVA da regressão apontaram o modelo quadrático com menor AICc que o linear (dados não mostrados na tabela), ele ao menos permite a escolha por este modelo caso ele seja plausível para o fenômeno em estudo. Em um terceiro cenário com dados cujo modelo verdadeiro era o exponencial de Mitscherlich (precisamente $y = 10 + 84(1-e)^{-0.8x}$), o procedimento baseado em testar os parâmetros pelo teste t resultou em 100% dos casos ajustados significativamente para os modelos linear ou quadrático, enquanto o procedimento baseado em ANOVA da regressão reduziu um pouco este erro (90 %) (dados não mostrados).

É importante não considerar estes números (Tabela 7.5) como exatos para todo e qualquer cenário com modelos verdadeiros linear, quadrático ou exponencial. Se mais modelos estivessem sendo testados simultaneamente, as taxas de erro também mudariam, em ambos os procedimentos. Estes números apenas ilustram que existindo uma diferença significativa entre os tratamentos ou níveis (evidenciado pelo teste F prévio), a seleção exata do modelo verdadeiro não é uma tarefa simples e não acontece com taxas de erro sob controle em nenhum dos procedimentos. Caso seja do interesse do pesquisador reduzir consideravelmente a probabilidade de erro na escolha do modelo, é recomendado planejar o experimento com um maior número de níveis (como, por exemplo, oito níveis ou mais).

Dessa forma, a escolha do modelo será estatisticamente aceitável quando estes quatro quesitos forem atendidos: *i.* a ANOVA geral (sem estrutura fatorial) ou a ANOVA do desdobramento (para os fatoriais) indicar que há diferenças entre os tratamentos em questão; *ii.* a soma de quadrados do modelo de regressão testado for significativa (na ANOVA da regressão); *iii.* a soma de quadrados dos desvios da regressão for não-significativa (na ANOVA da regressão); *iv.* quando mais de um modelo atender aos dois requisitos anteriores, deve-se priorizar o modelo com sentido biológico plausível/esperado ou com maior R^2 ajustado ou, preferencialmente, com menor AICc. O item "iv" não pode ser ignorado pois, evidentemente, quanto mais parâmetros o modelo tiver, mais facilmente ele passará pelos critérios da ANOVA da regressão, desde que ainda reste ao menos um (1) GL para testar a falta de ajuste.

Tabela 7.5. Frequência (%) empírica de erros e acertos (poder) dos procedimentos para análise de regressão para dados experimentais

Procedimento	Erros e acertos (poder)	Linear	Quadr.
Procedimento I (teste *t* para os parâmetros)	erro (ajustou quadrático)	6.0	-
	erro (não ajustou quadrático, apenas linear)	-	44.5
	poder	100.0	55.5
Procedimento II (ANOVA da regressão)	erro (quadrático ajustou e com < AICc)	17.0	-
	erro (não ajustou quadrático, apenas linear)	-	3.5
	poder (passou na ANOVA da regressão)	94.0	96.5
	poder (passou na ANOVA da regressão e com < AICc)	83.0	57.0

Frequências empíricas obtidas com experimentos simulados com erros normais e homocedásticos com 5 tratamentos (correspondentes aos níveis 1, 2, 3, 4 e 5) e 4 repetições, cujos tratamentos possuíam um comportamento real linear (y = 3x + 20) (n=200) ou quadrático (y = $-3x^2$ + 25x + 10) (n=200) e com CV médio de 10 e 19%, respectivamente. Dados do autor.

7.3.2. Análise de regressão de fatoriais "quali x quanti"

Os fatoriais duplos com níveis qualitativos no primeiro fator (fator A) e quantitativos no segundo fator (fator B) são muito comuns. Quando o número de níveis quantitativos é maior que três é altamente recomendável que estes níveis sejam comparados por análise de regressão, de modo a melhor compreender o efeito contínuo da variável preditora. O caso é também exemplificado por Banzatto & Kronka (2006), Barbin (2013), entre outros.

Como em todo fatorial, é útil (mas nem sempre obrigatório) obter a ANOVA do desdobramento, onde o efeito dos preditores é desdobrado em efeito dos níveis de "B" dentro de cada nível de "A" e em efeito dos níveis de "A" dentro de cada nível de "B". Quando estes níveis forem comparados por testes de médias, a ANOVA do desdobramento não é obrigatória porque os testes de médias com bom controle do erro tipo I familiar dispensam o teste F. No entanto, quando os níveis precisarem ser comparados por análise de regressão, o desdobramento da ANOVA passa a ser obrigatório para os níveis quantitativos dentro de cada nível qualitativo. Isso porque as significâncias das SQRegressão dependem menos da significância da SQTratamentos (ou da SQ dos níveis de B dentro de A1, A2, etc.). Considerando um adequado controle do erro tipo familiar, a ANOVA da regressão apenas dispensaria a ANOVA prévia se existisse apenas uma regressão a ser realizada e se esta regressão fosse testada para apenas um modelo possível.

Por fim, é importante lembrar que nos fatoriais "quali x quanti" com análise de regressão também há problemas de inflação de erro tipo I (EWER). Num fatorial 3x5, por exemplo, os testes F para os desdobramentos b's/A1, b's/A2 e b's/A3 possuem ~5 % de erro tipo I familiar em cada uma destas 3 subfamílias. Além disso, se um teste de médias fosse aplicado aos níveis de A, haveria mais 5 subfamílias sendo comparadas com 5% de erro tipo I em cada uma delas. Dessa forma, se nenhuma correção for realizada, ocorrerá inflação do erro tipo I acumulado entre todas estas subfamílias. No entanto, uma análise de regressão passa por 2 critérios que reduzem o risco de erro tipo I, que é o teste F para b's/A e o teste F para a significância do modelo de regressão. Logo, um fatorial quali x quanti submetido à análise de regressão tem menor EWER que um fatorial quali x quali analisado por TCM. Essa menor EWER permite que a correção da EWER, nos fatoriais quali x quanti, possa ser realizada através da correção de Benjamini-Hochberg sobre os p-valores do desdobramento b's/A's. Nesse caso, mesmo utilizando-se o método de Benjamini-Hochberg, a EWER é controlada, ao menos nos fatoriais com poucos níveis nos fatores qualitativos e sob condições adequadas de normalidade e homocedasticidade.

7.3.3. Análise de regressão no SPEED Stat: um exemplo resolvido

Considere um experimento hipotético com estrutura fatorial "quali x quanti" 2x4+1 correspondente à dois isolados de uma espécie de bactéria solubilizadora de fosfato aplicadas em quatro doses sobre o solo, mais um tratamento controle sem aplicação (Tabela 7.6).

A análise de regressão no software SPEED Stat (speedstatsoftware.wordpress.com) pode ser realizada muito facilmente para este tipo de situação comum. Este software exige que os níveis de natureza quantitativa sempre sejam alocados ao fator B nos fatoriais duplos ou ao fator C nos fatoriais triplos. Após inserir os dados e informar as opções de análise na subplanilha "Entrada" pode-se solicitar uma análise de regressão na célula "L45" (opção 1). Quando a análise de regressão é solicitada, o usuário deve informar os nomes dos níveis de B (no caso as doses) na coluna "Y" na mesma subplanilha "Entrada". Nesse caso, esses nomes dos níveis de B devem ser apenas números, pois estes serão utilizados pelo programa para estimar as equações de regressão. O nome do tratamento extra (que deve ser nomeado nesse caso com apenas um "0", sem as aspas) deve ser informado logo abaixo nesta mesma coluna "Y". Se este tratamento extra for nomeado com caracteres de texto ele automaticamente deixará de fazer parte da análise de regressão. Neste exemplo, não será considerada a possibilidade de correção da EWER. Se esta correção for do interesse do pesquisador, a célula M35 deve ser marcada com "1" na "Entrada" do software.

Tabela 7.6 - Dados simulados de fósforo disponibilizado no solo (0 a 10 cm) de um experimento hipotético em DIC com estrutura fatorial 2x4+1, sendo 2 isolados bacterianos cujos inóculos foram aplicados ao solo em 4 doses (200, 400, 800 e 2000 mL ha^{-1}) mais um tratamento controle sem aplicação (0 mL ha^{-1}). Como o fator B possui quatro ou mais níveis quantitativos, os dados devem ser analisados por análise de regressão e, como o tratamento extra também é de natureza quantitativa, ele também pode fazer parte da regressão

Tratamentos	P disponibilizado (mg dm^{-3})	Tratamentos	P disponibilizado (mg dm^{-3})
a1b1	3.505	a2b1	8.024
a1b1	4.491	a2b2	8.088
a1b1	5.146	a2b2	11.651
a1b2	6.753	a2b2	11.165
a1b2	7.221	a2b3	9.588
a1b2	7.261	a2b3	12.804
a1b3	6.825	a2b3	12.779
a1b3	5.298	a2b4	12.299
a1b3	7.645	a2b4	8.251
a1b4	7.108	a2b4	10.712

a1b4	9.985	e1	2.807
a1b4	13.249	e1	4.447
a2b1	5.717	e1	3.192
a2b1	8.946		

Inseridas as informações necessárias pode-se consultar os resultados gerados na subplanilha "Saída", onde a ANOVA Geral estará indicando efeitos significativos para os fatores A e B, respectivamente ($F_{1,18}$ P < 0.001; $F_{3,18}$ P = 0.003). O efeito da interação é, como discutido no item 6.1.2, difícil de ser ignorado pela sua magnitude ($F_{3,18}$ P = 0.147) e será considerado o desdobramento da interação. Se a ANOVA do desdobramento da interação indicar que os níveis de B dentro de A1 (cuja notação é "B's d/ A1") diferem significativamente, o comportamento destes deverá ser estudado por análise de regressão. O mesmo raciocínio se aplica aos B's d/ A2. O SPEED Stat realiza a ANOVA do desdobramento, mas apresenta seu resultado de forma apenas resumida.

Em seguida, descendo a barra de rolagem da subplanilha "Saída", pode-se perceber que, como foi solicitado uma análise de regressão, os TCMs foram aplicados pelo SPEED Stat apenas entre os níveis qualitativos do fator A (os níveis do fator B serão comparados por regressão). Caso opte-se por apresentar estes resultados na forma de tabela (tal como o exemplo da Tabela 10.3) essas comparações poderão ter alguma utilidade.

Em seguida, descendo mais a barra de rolagem da subplanilha "Saída", deve-se ignorar ou excluir as linhas referentes aos gráficos de barras (não são pertinentes para este experimento). Mais abaixo, o SPEED Stat irá apresentar as análises de regressão. No entanto, antes de proceder a uma análise de regressão deve-se verificar se, de fato, os níveis de B diferem entre si. O SPEED apresenta o resultado da ANOVA do desdobramento de B's d/ A1, que neste exemplo foi: "Isolado 1   F(4;18) = 10.03**". Note que "F(4;18)" evidencia que 4 GL's foram considerados para os níveis de B, ou seja, que o tratamento extra foi considerado também no cálculo da SQB's d/ A1. Note ainda que o GL do resíduo se mantém em 18, como na ANOVA geral. Se este desdobramento indicasse um efeito não significativo para os níveis de B d/A1 não haveria motivo para realizar uma análise de regressão.

Em seguida, o SPEED Stat apresenta um resumo das nove ANOVAs das regressões calculadas pelo programa para B's d/A1, marcando com um ">>" as ANOVAS das regressões cujas "SQRegressão" foram significativas e cujas "Falta de ajuste" foram não-significativas. No caso desse exemplo, seis modelos atendem a estes critérios, mas apenas quatro são escolhidos automaticamente pelo programa para a construção dos gráficos. Os critérios que o programa utiliza para escolher apenas quatro (às vezes menos) envolvem o valor do R^2 ajustado, a popularidade do modelo para o comportamento observado, a parcimônia, entre outros critérios. Como todo software, no entanto, o SPEED não sabe qual é o fenômeno em estudo, cabendo ao pesquisador a decisão final sobre qual modelo adotar em cada caso (veja Tabela 7.4). Neste exemplo, os quatro modelos pré-selecionados pelo SPEED para B's d/ A1 foram Raiz, Linear, Mitscherlich e Quadrático. Embora todos os quatro modelos sejam estatisticamente adequados, a regressão linear tende a ser a melhor escolha neste caso uma vez que possui o menor AICc.

Em seguida, logo abaixo, o SPEED Stat informará as análises de regressão para os níveis de B's d/A2, evidenciando, primeiramente, que há um efeito significativo para estes níveis de B ("Isolado 2 F(4;18) = 8.11**"). As ANOVAS das regressões indicaram cinco modelos apropriados e o SPEED Stat pré-selecionou três deles: Mitscherlich, Raiz e Quadrático. Nessa pré-seleção eles sempre aparecem ranqueados pelo R^2 ajustado. No quadro de "*informações geradas pelos melhores modelos*", que aparece ao lado, pode-se consultar outras informações úteis, como R^2 ajustado, qual possui menor AICc, assíntotas, raízes dos modelos, etc., em sua maioria calculadas no SPEED por derivação ou por métodos iterativos.

Por fim, após a opção final pelos modelos linear (para o Isolado 1) e Mitscherlich (para o Isolado 2) resta a opção por apresentar os gráficos destes dois modelos num mesmo plano cartesiano ou em planos separados (veja item 10.2.2). No SPEED Stat é possível solicitar ao programa que ele gere automaticamente gráficos combinados dois-a-dois (como na Figura 7.1) ou três-a-três. Para solicitar, o usuário deve marcar com um "x" o modelo escolhido na coluna "B" imediatamente ao lado dos quadros "*informações geradas pelos melhores modelos*". Uma vez marcados, estes modelos escolhidos aparecerão nos gráficos gerados ao final da planilha "Saída" (a partir da linha 907). As equações podem ser apresentadas dentro do plano ou fora dele (geralmente abaixo ou acima), indicando-se com "*" ou "**" que os modelos escolhidos atendem aos critérios da ANOVA da Regressão.

Importante notar que, nesse caso, um teste de identidade de modelos não se faz necessário para poder evidenciar que os dois modelos são diferentes entre si. Embora os testes de identidade de modelos (veja por exemplo Regazzi (1999) e Regazzi & Silva (2004)) sejam testes formais úteis em vários casos, na maioria das vezes a semelhança dos modelos pode ser avaliada satisfatoriamente por estatísticas descritivas (margem de erro no caso da Figura 7.1). Além disso, o simples fato de serem modelos distintos (um é linear e o outro não) já sugere que eles possuem diferenças entre si.

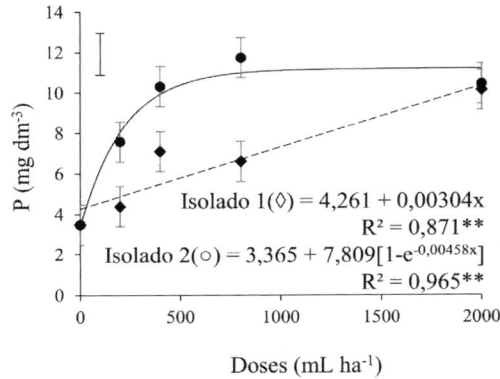

Figura 7.1 - Gráfico com o resultado final da análise de regressão para os dados da Tabela 7.6. Neste exemplo, os dois modelos escolhidos foram apresentados num mesmo plano cartesiano. Barras que acompanham as médias representam o erro padrão do experimento. Barra isolada representa a margem de erro definida pelo intervalo de confiança ($\alpha = 0.05$, não corrigido) do experimento. Modelos seguidos por "**" e "*" indicam não-significância da falta de ajuste ($p > 0.05$) e significância da regressão aos níveis de 1 e 5 % de probabilidade, respectivamente, sem correção da EWER.

7.3.4. Análise de regressão de apenas uma parte dos tratamentos

Embora não seja comum, é possível que um experimento sem estrutura fatorial apresente uma parte dos tratamentos de natureza qualitativa e outra parte quantitativa. Por exemplo, um experimento com nove tratamentos, sendo seis deles correspondentes a doses de um determinado fertilizante e os outros três correspondentes à três outros fertilizantes (cada um em dose única, por exemplo). Nesse caso, seis tratamentos devem ser estudados por análise de regressão e os outros três não. Um experimento como este poderia ser interpretado também como um fatorial incompleto do tipo (1x6)+3. A análise de regressão poderá ser realizada de forma análoga aos fatoriais "quali x quanti", ou seja, as ANOVAs das regressões serão construídas com apenas uma parte da SQTratamentos, a "SQTratamentos quantitativos". O QMRes e o GL do resíduo, no entanto, serão únicos, estimados pela ANOVA geral.

No SPEED Stat esta análise será possível fixando-se o GL e o QMRes nas células "Q46" e "Q48" da subplanilha "Entrada". Este exemplo pode ser resolvido no SPEED Stat da seguinte forma: i. proceda à ANOVA dos dados como uma estrutura monofatorial; ii. anote o QMRes e o GLRes obtido; iii. rode novamente os dados, mas agora excluindo do conjunto de dados os dados que não fazem parte da análise de regressão; iv. nas células "Q46" e "Q48" da subplanilha de "Entrada" do software, informe o QMRes e o GLRes anteriormente anotados (referentes ao conjunto completo dos dados); v. na subplanilha de "Saída" consulte as análises de regressão apresentadas a partir da linha 257.

7.3.5. Modelando medidas repetidas no tempo ou espaço

Quando se obtém medidas sobre as unidades experimentais ao longo do tempo (ou ao longo de camadas sucessivas) pode-se querer modelar o efeito do tempo ou da profundidade. No entanto, esta condição viola o pressuposto de independência, e o modelo ANOVA a ser escolhido para o cálculo do erro deveria ser o modelo de medidas repetidas. No entanto, é possível se desfazer desta estrutura de dependência dos dados coletados ao longo do tempo e obter uma única informação temporal para cada repetição. Dessa forma, é possível modelar uma curva de resposta para cada repetição e extrair destes modelos a informação de interesse (taxa, inclinação, assíntotas, etc) para cada repetição de cada tratamento separadamente. Depois desta etapa, utiliza-se apenas a informação extraída como uma nova variável resposta.

Além desta opção, pode-se recorrer à uma análise multivariada (usando índices multivariados, por exemplo) ou recorrer à um modelo de Anova de medidas repetidas, como visto no item 6.3.1.

7.4. Regressão múltipla e superfície de resposta em estudos experimentais

Quando um fatorial duplo apresenta dois fatores de natureza quantitativa, ou seja, cujos níveis são apenas doses ou quantidades diferentes de algo aplicado, pode ser interessante realizar uma análise de regressão simultânea para os dois fatores. Isso é possível inserindo os níveis do fator A num eixo "x", os do fator B num eixo "z" e a variável resposta num eixo "y", gerando um gráfico em três dimensões conhecido como superfície de resposta. Opcionalmente, pode-se simplesmente eleger um dos fatores como o "quantitativo mais importante" e proceder a análise tal como num fatorial "quali x quanti". Esta última opção é mais simples e permitirá o ajuste a modelos não-lineares com mais facilidade. A opção pela superfície de resposta, no entanto, pode permitir uma melhor visão global do comportamento da variável resposta em função dos dois fatores. A modelagem da superfície de resposta, no entanto, ficará restrita a um modelo polinomial múltiplo na quase totalidade dos softwares disponíveis.

O modelo múltiplo deve ser escolhido entre aqueles que contiverem o menor número de parâmetros (princípio da parcimônia) e satisfizerem os critérios da ANOVA da regressão. Em geral, os modelos múltiplos para superfícies de resposta são obtidos de modelos polinomiais contendo um componente linear, um quadrático e uma interação, cuja complexidade aumenta aproximadamente na seguinte ordem (com ou sem um termo independente "y0"):

$Y = aX + bZ$ (2 parâmetros dependentes)

$Y = aX + bZ + cXZ$ (3 parâmetros dependentes)

$Y = aX + bZ + cZ^2$ ou $Y = aX + bX^2 + cZ$ (3 parâmetros dependentes)

$Y = aX^2 + bZ + cZ^2$ ou $Y = aX + bX^2 + cZ^2$ (3 parâmetros dependentes)

$Y = aX + bX^2 + cXZ$ ou $Y = aZ + bZ^2 + cXZ$ (3 parâmetros dependentes)

$Y = aX + bZ^2 + cXZ$ ou $Y = aX^2 + bZ + cXZ$ (3 parâmetros dependentes)

$Y = aX + bX^2 + cX^2Z$ ou $Y = aZ + bZ^2 + cXZ^2$ (3 parâmetros dependentes)

$Y = aX + bX^2 + cXZ^2$ ou $Y = aZ + bZ^2 + cX^2Z$ (3 parâmetros dependentes)

$Y = aX + bX^2 + cZ + dZ^2$ (4 parâmetros dependentes)

$Y = aX + bX^2 + cZ + dXZ$ ou $Y = aX + bZ + cZ^2 + dXZ$ (4 parâmetros dependentes)

$Y = aX + bX^2 + cZ + dX^2Z$ ou $Y = aX + bX^2 + cZ + dXZ^2$ (4 parâmetros dependentes)

$Y = aX + bZ + cZ^2 + dX^2Z$ ou $Y = aX + bZ + cZ^2 + dXZ^2$ (4 parâmetros dependentes)

E assim sucessivamente, incluindo outras combinações não mostradas.

De forma análoga à regressão univariada, se for elegido um modelo estatisticamente apropriado com o menor número de parâmetros possível, será dispensável testar a significância dos parâmetros pelo teste t. Entende-se por "modelo estatisticamente apropriado" aquele que satisfaça uma SQRegressão significativa e uma Falta de Ajuste não-significativa. Importante lembrar que uma ANOVA da regressão múltipla somente será simples se o fatorial em questão não for em esquema de parcelas subdivididas, faixas, etc.

7.5. Regressão múltipla em estudos observacionais

Nos estudos observacionais, os modelos de ANOVA mais comuns (DIC, DBC e fatorial duplo simples) nem sempre atendem adequadamente pois são restritos quanto ao número de fatores em estudo, podem ser complexos para dados desbalanceados e não permitem lidar com várias variáveis interferentes simultaneamente (vários níveis de controle local). Nos estudos experimentais, fatoriais de quarta ordem, por exemplo, são amplamente desencorajados, sendo mais simples substituí-los por um modelo de regressão linear múltipla. Portanto, os modelos de regressão múltipla ou regressão multivariada são muito versáteis e especialmente úteis à maioria dos estudos observacionais. Além disso, dele derivam as técnicas de regressão múltipla com variáveis *dummies* e regressão logística, encerrando um pequeno conjunto de técnicas especialmente úteis nas pesquisas observacionais.

Simplificadamente, a regressão linear múltipla pode ser entendida como uma expansão da regressão univariada para os casos em que há múltiplas variáveis preditoras. Por exemplo, se quisermos saber se a qualidade da bebida de café é afetada pelo teor de matéria orgânica do solo, temos duas opções: montar um experimento (que nesse caso seria um experimento caro, demorado e, de certa forma, limitado quanto à compreensão de outros interferentes sobre

196

a bebida de café) ou podemos conduzir um estudo observacional, amostrando áreas já produtivas e relativamente contrastantes quanto aos teores de matéria orgânica do solo (MOS). Nesse exemplo hipotético temos até agora uma variável resposta de interesse principal (a qualidade da bebida, que pode ser avaliada de forma quantitativa) e uma variável preditora de interesse principal (o teor de MOS, uma variável também quantitativa). O problema é que amostrando lavouras reais de café (não casualizadas nem implantadas sob as mesmas condições) existirão vários outros interferentes, como idade das lavouras, variedade dos cafés, altitude das lavouras, tipo de manejo, etc. Estas outras variáveis podem ser tratadas como simples "interferentes" ou pode existir um objetivo claro de também evidenciar suas interferências.

Na regressão múltipla comum, todas as variáveis preditoras e interferentes são tratadas da mesma maneira, e todas precisam ser quantitativas. Se alguma delas for qualitativa, a técnica precisará ser alterada para a "regressão múltipla com variáveis *dummies*". Se a variável resposta (Y) for qualitativa será necessário utilizar a técnica de "regressão múltipla logística", mas esta depende da variável resposta ser dicotômica ou binária, ou seja, ser do tipo "sim" ou "não". Mesmo que ela não seja dicotômica, em muitos casos pode ser suficiente "dicotomizar" a variável.

Simplificadamente, os requisitos mínimos de uma regressão múltipla comum são: **i.** variáveis quantitativas; **ii.** normalidade dos resíduos do modelo (note que não é estritamente necessário que cada variável isoladamente possua erros com distribuição normal); **iii.** unidades amostrais independentes (o melhor possível); **iv.** erros independentes e homogêneos; **v.** n total de unidades amostrais correspondente a, no mínimo, ~5 vezes o número de preditores considerados; **vi.** evitar multicolinearidade das variáveis preditoras. Além disso, o pesquisador precisa ter em mente que as variáveis preditoras de interesse (não obrigatoriamente as interferentes) precisam ter valores minimamente contrastantes entre as n unidades amostrais estudadas. Isso também evidencia a importância de se definir previamente quais variáveis são de interesse principal e quais serão consideradas apenas como possíveis interferentes. O requisito "v" pode ser parcialmente flexibilizado a depender das restrições da pesquisa ou quando uma das variáveis a serem consideradas é a combinação de outras já presentes, como "x_1x_2", "x_1^2", "$x_1x_2^2$", "x_1/x_2", etc. O requisito "vi" pode ser entendido como "evitar variáveis muito redundantes entre si", o que pode ser evidenciado de várias formas (falaremos sobre esse requisito no capítulo 9).

Os dados da Tabela 7.7 (abaixo) são dados hipotéticos para a situação exemplificada anteriormente. O interesse principal neste caso é responder a seguinte pergunta de pesquisa: estaria o teor de MOS no solo associado à qualidade da bebida de café? O pesquisador, no entanto, deve suspeitar que existem outros interferentes sobre a qualidade da bebida, e nesse caso, decidiu

197

mensurar os seguintes possíveis interferentes: altitude da lavoura, produtividade da lavoura e fertilidade do solo (cujo indicador simples escolhido foi a saturação por bases (V)).

Note que, para este mesmo conjunto de dados (Tabela 7.7), o objetivo poderia ser avaliar a associação entre a nota final da bebida e a fertilidade do solo e os teores de matéria orgânica. Neste caso, os interferentes avaliados seriam apenas a altitude e a produtividade. Definir quais variáveis preditoras são de interesse e quais são apenas consideradas como interferentes pode parecer irrelevante num primeiro momento, mas será útil no momento de considerar os níveis ajustados de significância dos parâmetros, já que um menor número de hipóteses científicas estará sendo testado.

Para proceder à regressão múltipla dos dados da Tabela 7.7 utilizaremos o Excel (instale o suplemento "Análise de Dados"). Os passos são: na aba "Dados" vá em "Análise de Dados" e depois em "Regressão". Em seguida selecione a variável resposta de interesse (Y), nesse caso correspondente a NF. Selecione as variáveis preditoras (sempre inclua os títulos ou rótulos das variáveis). Nesta mesma janela marque "rótulos" e marque "resíduos". A Tabela 7.8 apresenta os resultados principais da análise do exemplo em questão.

Tabela 7.7. Dados fictícios de cinco variáveis relacionadas à talhões de cultivo de café de 40 agricultores em uma determinada região. O objetivo da pesquisa, neste caso hipotético, é avaliar a associação entre a nota da bebida de café e os teores de matéria orgânica do solo.

	NF (bebida)	MOS no solo (%)	Altitude (m)	Prod (sc/ha)	V (%)
Agricultor 1	90	5.82	1166	21.3	59.1
Agricultor 2	77	1.05	1079	32.1	44.3
Agricultor 3	75	3.19	981	17.7	55.9
Agricultor 4	80	4.31	1122	27.0	44.4
Agricultor 5	83	5.35	992	10.8	49.6
Agricultor 6	79	5.43	1027	38.9	58.3
Agricultor 7	87	1.30	1018	20.8	46.8
Agricultor 8	81	5.76	1137	17.1	58.0
Agricultor 9	78	3.60	1087	42.5	61.8
Agricultor 10	73	4.20	953	12.1	62.0
Agricultor 11	90	3.11	1172	10.0	43.5
Agricultor 12	79	1.50	1030	18.1	75.5
Agricultor 13	78	4.97	925	23.2	31.6
Agricultor 14	77	5.16	925	20.5	49.2
Agricultor 15	74	1.77	1043	17.6	44.4
Agricultor 16	78	4.56	1086	27.6	50.5
Agricultor 17	74	1.17	901	22.9	64.3
Agricultor 18	74	5.78	881	27.2	50.0
Agricultor 19	78	2.39	1021	22.9	59.4
Agricultor 20	75	3.60	970	31.0	45.5

Agricultor 21	79	5.58	944	24.3	45.4
Agricultor 22	86	1.34	1205	37.7	60.7
Agricultor 23	79	4.19	1016	27.2	55.6
Agricultor 24	76	5.15	988	24.5	39.8
Agricultor 25	74	1.59	892	23.8	39.2
Agricultor 26	76	4.68	1070	21.9	50.4
Agricultor 27	75	2.17	1047	18.6	37.9
Agricultor 28	80	1.87	1116	31.1	49.4
Agricultor 29	79	2.49	1022	24.3	51.4
Agricultor 30	70	0.95	841	19.1	62.7
Agricultor 31	74	5.48	1038	29.5	35.1
Agricultor 32	86	3.95	1204	28.8	59.8
Agricultor 33	79	3.72	1033	37.7	39.8
Agricultor 34	84	2.81	1089	40.6	49.0
Agricultor 35	80	4.14	965	33.9	35.9
Agricultor 36	79	5.45	1105	42.0	51.8
Agricultor 37	77	3.16	927	23.6	33.0
Agricultor 38	75	6.00	1041	30.4	51.2
Agricultor 39	84	4.47	1010	10.4	49.1
Agricultor 40	79	4.32	943	31.8	55.7

Tabela 7.8. Resultado da análise de regressão múltipla dos dados fictícios da Tabela 7.7.

ANOVA	gl	SQ	MQ	F	p-valor
Regressão	4	384.40	96.10	7.81	0.0001
Resíduo	35	430.57	12.30		**R^2 = 0.472**
Total	39	814.98			**R^2 aj = 0.411**

	Coeficientes	Erro padrão	Stat t	p-valor	p-valor (JB):
Interseção	44.054	6.922	6.364	2.57E-07	0.762
MOS (%)	0.157	0.357	0.440	0.663	
Altitude (m)	0.036	0.007	5.497	3.56E-06	
Prod (sc/ha)	-0.091	0.067	-1.342	0.188	
V (%)	-0.014	0.060	-0.235	0.815	

Resultados obtidos no Excel, exceto o teste de normalidade, que foi realizado no SPEED stat. Os resíduos do modelo foram calculados automaticamente e foram inseridos na coluna 'A' do SPEED para aplicação do teste de normalidade. Para verificar a homogeneidade dos resíduos do modelo, foi verificada a correlação entre os resíduos e os valores da variável NF, que resultou não-significativa, também utilizando o SPEED stat.

O quadro de ANOVA da análise de regressão (parte superior da Tabela 7.8) evidencia que o modelo escolhido "explicou" significativamente apenas ~47 % da variação de NF. Ou seja, o modelo escolhido (que previa apenas a associação linear simples destas 4 variáveis consideradas como preditoras) "explicou" uma fração não muito elevada da variação da nota final da bebida. Em estudos observacionais, um R^2 ≥ 0.500 já pode ser considerado como um bom nível de ajuste, não sendo proibitivo considerar como válidos valores de R^2 ainda menores, desde que associados à um F global significativo. Note que,

199

apesar do R^2 não muito elevado, o F da regressão foi significativo (p=0.0001), indicando que sim, o modelo completo ajustado está correlacionado à uma fração significativa da variação da NF. Mas isso significa que todos os parâmetros do modelo são realmente importantes para explicar a variação da NF? Para responder a esta pergunta vejamos a segunda parte da análise (parte inferior da Tabela 7.8). Nela, os parâmetros do modelo completo ajustado (que foi NF = 44.054 + 0.157^{ns}MOS + 0.036**Alt − 0.091^{ns}Prod − 0.014^{ns}V R^2 = 0.472**) são testados quanto a sua significância pelo teste t. Note que, dentre os parâmetros dependentes de x, apenas "Alt" obteve um p-valor < 0.05. Ou seja, para as demais variáveis não houve evidência suficiente de que elas estejam associadas à nota final da bebida.

Há, no entanto, uma questão muito importante a ser lembrada. Cada parâmetro testado pelo teste t corresponde à uma (1) hipótese estatística testada. Tal como ocorre com os testes de médias, quanto mais hipóteses são testadas maior a chance de ocorrer ao menos um falso positivo na família de hipóteses testadas. Portanto, para manter a taxa familiar de erro tipo I em 5% devemos aplicar a correção de Bonferroni ou a de Holm para aumentarmos a segurança na inferência de que a variável "Altitude" de fato está correlacionada à "nota final" da bebida de café. Nesse caso, como 4 hipóteses foram testadas, o *p-valor* crítico pelo método Bonferroni, corresponde a 0.05/4 = 0.0125. O *p-valor* encontrado (3.56 . 10^{-6}) ainda é inferior a este valor crítico, confirmando que a probabilidade de ser um falso positivo, mesmo considerando-se a probabilidade acumulada nas 4 hipóteses testadas, é menor que 5%. No caso deste exemplo, para um maior nível de poder, a correção de Bonferroni ou Holm pode ser aplicada apenas para os parâmetros associados às hipóteses de interesse (que no caso, era apenas a associação entre NF e MOS). A correção de Holm pode ser facilmente aplicada sobre os *p-valores* de múltiplos testes t usando planilhas simples (GAETANO, 2018).

Note que fica evidente que parâmetros positivos e significativos indicam correlação positiva com a NF. Esta notação nos conduz a seguinte pergunta: e quais seriam as estimativas dos parâmetros e a força da correlação se mantivéssemos apenas os parâmetros significativos do modelo? Essa pergunta é importante de ser feita, especialmente se as hipóteses de interesse tivessem sido confirmadas ou se houvesse necessidade de utilizar o modelo para predição da NF em outras amostras. De toda forma, para o exemplo em questão podemos obter o modelo reduzido (apenas com os parâmetros significativos) de várias formas (como, por exemplo, *stepwise*, *backward*, *forward*). Simplificadamente, no método *backward*, o modelo reduzido seria obtido da seguinte forma:

i. refazer a análise retirando-se a variável (apenas uma) corresponde ao coeficiente de maior p-valor;

ii. após inspeção dos novos resultados, repetir o passo anterior sucessivamente até restar apenas as variáveis com parâmetros significativos.

No caso do exemplo em questão, o resultado final para o modelo reduzido, se ele for útil para os objetivos da pesquisa, é apresentado na Tabela 7.9. Note que a estimativa do parâmetro "Altitude" (coeficiente) mudou de 0.036 (Tabela 7.8) para 0.034 (Tabela 7.9) na ausência das variáveis interferentes. O R^2 ajustado também mudou de 0.411 para 0.427, evidenciando que as demais variáveis não eram explicativas da NF. Importante frisar que numa regressão múltipla a magnitude dos parâmetros não deve ser interpretada como indicativo seguro da importância ou força da associação das variáveis, pois isso dependeria da condição de covariância nula entre os preditores (KARPEN, 2017) e dependeria de uma padronização prévia de escala. E, mesmo que as variáveis preditoras tivessem sido previamente padronizadas quanto à escala (por *z-scores*, por exemplo), a importância de um preditor poderia não ser adequadamente avaliado apenas pela magnitude do seu parâmetro (embora isso seja útil em alguns casos). Isso porque não é possível distinguir efeitos relacionados à relação causal de efeitos meramente indiretos.

Por fim, não é demais recordar que resultados não-significativos não devem ser interpretados como "a MOS não está associada à qualidade da bebida de café" e sim como "não houve evidência suficiente de que a MOS esteja associada à qualidade da bebida". Este detalhe na forma de descrever o resultado evidenciará um melhor entendimento sobre erro tipo II e será melhor interpretado se um trabalho futuro demonstrar que, em outras condições ou regiões, a MOS estiver associada à qualidade da bebida.

Tabela 7.9. Resultado da análise de regressão múltipla para o modelo reduzido da Tabela 7.8.

ANOVA	gl	SQ	MQ	F	p-valor
Regressão	1	359.74	359.74	30.03	$2.942 . 10^{-6}$
Resíduo	38	455.23	11.98		$R^2 = 0.441$
Total	39	814.98			R^2 aj = 0.427

	Coeficientes	Erro padrão	Stat t	p-valor	p-valor (JB):
Interseção	43.713	6.422	6.807	4.49E-08	0.320
Altitude (m)	0.034	0.006	5.480	2.94E-06	

7.6. Regressão múltipla com preditores qualitativos: variáveis *dummies*

Na pesquisa observacional com frequência busca-se compreender a possível influência de variáveis diversas sobre uma variável principal de interesse. Embora não sejam condições controladas com preditores impostos, é possível considerar que a variável principal de interesse seja, hipoteticamente, uma variável resposta das demais variáveis (que seriam preditores). Nestes casos, geralmente seria mais correto afirmar que se trata de uma análise de correlação (veja item 7.7). Quando estas variáveis preditoras são de natureza qualitativa, no entanto, a regressão ou correlação múltipla simples não se aplica, já que será preciso primeiro converter as categorias em números. Esta opção de análise é conhecida como regressão com variáveis *dummies* (ou *dummy*, no singular).

Imagine que no caso hipotético do exemplo da Tabela 7.7 o pesquisador tomasse a decisão de insistir na sua hipótese inicial de que a MOS do solo interfere sobre a nota final da bebida de café. Com bons conhecimentos de estatística ele sabe que o resultado não-significativo obtido na Tabela 7.8 não deve ser interpretado como prova de que a sua hipótese esteja errada. Afinal, mais de 50 % da variação total da NF não foi explicada por nenhuma das variáveis da Tabela 7.7. É possível que os interferentes avaliados não tenham sido uma boa escolha. O pesquisador resolveu então adequar a pesquisa e obter informações sobre outros interferentes. Dessa vez, tomou nota das seguintes variáveis possivelmente interferentes: altitude da lavoura, variedade do café, presença ou não de adubação com pó de rocha silicatadas e tipo de secagem do café (em terreiro convencional ou do tipo "suspenso"). Parte dessas variáveis, no entanto, não são numéricas, são apenas categorias (Tabela 7.10). Nesse caso, a variável resposta de interesse (NF) continua sendo numérica e contínua, bem como altitude e MOS.

Tabela 7.10. Dados fictícios de sete variáveis relacionadas à cultura do café de 40 agricultores em uma determinada região.

	NF (bebida)	Altitude (m)	MOS no solo (%)	Pó de rocha	Variedade	Secagem
Agricultor 1	90	1166	5.82	não	Catuaí	conv.
Agricultor 2	77	1079	1.05	não	Acauã	suspenso
Agricultor 3	75	981	3.19	sim	Mundo Novo	suspenso
Agricultor 4	80	1122	4.31	sim	Acauã	suspenso
Agricultor 5	83	992	5.35	não	Mundo Novo	suspenso
Agricultor 6	79	1027	5.43	não	Catuaí	suspenso
Agricultor 7	87	1018	1.30	sim	Acauã	suspenso
Agricultor 8	81	1137	5.76	sim	Mundo Novo	suspenso
Agricultor 9	78	1087	3.60	não	Catuaí	suspenso
Agricultor 10	73	953	4.20	sim	Acauã	suspenso
Agricultor 11	90	1172	3.11	não	Mundo Novo	conv.
Agricultor 12	79	1030	1.50	sim	Acauã	suspenso
Agricultor 13	78	925	4.97	não	Catuaí	suspenso
Agricultor 14	77	925	5.16	não	Mundo Novo	suspenso
Agricultor 15	74	1043	1.77	sim	Mundo Novo	conv.
Agricultor 16	78	1086	4.56	não	Catuaí	suspenso
Agricultor 17	74	901	1.17	não	Acauã	suspenso
Agricultor 18	74	881	5.78	sim	Acauã	suspenso
Agricultor 19	78	1021	2.39	sim	Catuaí	conv.
Agricultor 20	75	970	3.60	não	Catuaí	suspenso
Agricultor 21	79	944	5.58	não	Acauã	conv.
Agricultor 22	86	1205	1.34	não	Catuaí	suspenso
Agricultor 23	79	1016	4.19	sim	Acauã	suspenso
Agricultor 24	76	988	5.15	sim	Catuaí	suspenso
Agricultor 25	74	892	1.59	sim	Mundo Novo	conv.
Agricultor 26	76	1070	4.68	não	Mundo Novo	conv.
Agricultor 27	75	1047	2.17	não	Mundo Novo	suspenso
Agricultor 28	80	1116	1.87	sim	Catuaí	conv.

Agricultor 29	79	1022	2.49	não	Mundo Novo	suspenso
Agricultor 30	70	841	0.95	não	Acauã	conv.
Agricultor 31	74	1038	5.48	sim	Acauã	conv.
Agricultor 32	86	1204	3.95	sim	Catuaí	conv.
Agricultor 33	79	1033	3.72	não	Catuaí	conv.
Agricultor 34	84	1089	2.81	não	Catuaí	conv.
Agricultor 35	80	965	4.14	sim	Mundo Novo	conv.
Agricultor 36	79	1105	5.45	não	Acauã	suspenso
Agricultor 37	77	927	3.16	sim	Catuaí	suspenso
Agricultor 38	75	1041	6.00	sim	Catuaí	conv.
Agricultor 39	84	1010	4.47	sim	Catuaí	suspenso
Agricultor 40	79	943	4.32	não	Mundo Novo	suspenso

Para proceder à uma regressão múltipla nesses casos, as variáveis qualitativas precisam primeiro serem convertidas em uma escala numérica fictícia (por isso o nome "*dummy*") do tipo 0 ou 1. Quando a variável qualitativa tiver apenas dois níveis, como é o caso da variável "pó de rocha" em nosso exemplo, bastará atribuir o valor 0 a um dos níveis e o valor 1 ao outro. Geralmente, em se tratando de "sim" e "não" atribuímos 1 à "sim" e 0 à "não". No caso da variável "secagem", deve-se apenas atribuir 1 para um dos níveis e 0 para o outro. Nesse caso, consideraremos 1 como secagem do tipo "suspenso". O caso mais complexo está na variável "variedade" já que esta possui 3 níveis (Mundo Novo, Catuaí e Acauã). Nesse caso, não se pode atribuir "0, 1 e 2", e sim criar duas variáveis dicotômicas do tipo 0 e 1. Sempre que uma variável qualitativa tiver k níveis > 2, deverão ser criadas k-1 variáveis *dummies*. Nesse caso, chamaremos uma das variáveis *dummy* de "Acauã" (com resposta sim (1) ou não (0)) e a outra variável de "Catuaí" (também com resposta sim ou não). Note que não é necessário criar uma variável *dummy* chamada Mundo Novo, pois Acauã com resposta 0 e Catuaí com resposta 0 pressupõe que se trata de Mundo Novo. Uma vez realizado este procedimento, obteremos a Tabela 7.11.

Tabela 7.11. Dados da Tabela 7.10 com variáveis qualitativas convertidas para variáveis *dummies*. O objetivo da pesquisa, neste caso hipotético, é avaliar a associação entre a nota da bebida de café e os teores de matéria orgânica do solo. Todas as demais variáveis serão consideradas apenas como possíveis interferentes.

	NF (bebida)	MOS (%)	Altitude	Pó de rocha	Catuai	Acauã	Secagem
Agricultor 1	90	5.82	1166	0	1	0	0
Agricultor 2	77	1.05	1079	0	0	1	1
Agricultor 3	75	3.19	981	1	0	0	1
Agricultor 4	80	4.31	1122	1	0	1	1
Agricultor 5	83	5.35	992	0	0	0	1
Agricultor 6	79	5.43	1027	0	1	0	1
Agricultor 7	87	1.30	1018	1	0	1	1
Agricultor 8	81	5.76	1137	1	0	0	1
Agricultor 9	78	3.60	1087	0	1	0	1
Agricultor 10	73	4.20	953	1	0	1	1

203

Agricultor 11	90	3.11	1172	0	0	0	0
Agricultor 12	79	1.50	1030	1	0	1	1
Agricultor 13	78	4.97	925	0	1	0	1
Agricultor 14	77	5.16	925	0	0	0	1
Agricultor 15	74	1.77	1043	1	0	0	0
Agricultor 16	78	4.56	1086	0	1	0	1
Agricultor 17	74	1.17	901	0	0	1	1
Agricultor 18	74	5.78	881	1	0	1	1
Agricultor 19	78	2.39	1021	1	1	0	0
Agricultor 20	75	3.60	970	0	1	0	1
Agricultor 21	79	5.58	944	0	0	1	0
Agricultor 22	86	1.34	1205	0	1	0	1
Agricultor 23	79	4.19	1016	1	0	1	1
Agricultor 24	76	5.15	988	1	1	0	1
Agricultor 25	74	1.59	892	1	0	0	0
Agricultor 26	76	4.68	1070	0	0	0	0
Agricultor 27	75	2.17	1047	0	0	0	1
Agricultor 28	80	1.87	1116	1	1	0	0
Agricultor 29	79	2.49	1022	0	0	0	1
Agricultor 30	70	0.95	841	0	0	1	0
Agricultor 31	74	5.48	1038	1	0	1	0
Agricultor 32	86	3.95	1204	1	1	0	0
Agricultor 33	79	3.72	1033	0	1	0	0
Agricultor 34	84	2.81	1089	0	1	0	0
Agricultor 35	80	4.14	965	1	0	0	0
Agricultor 36	79	5.45	1105	0	0	1	1
Agricultor 37	77	3.16	927	1	1	0	1
Agricultor 38	75	6.00	1041	1	1	0	0
Agricultor 39	84	4.47	1010	1	1	0	1
Agricultor 40	79	4.32	943	0	0	0	1

Após a nova organização dos dados, os demais procedimentos são idênticos aos descritos para a regressão múltipla comum, e podem ser realizados facilmente apenas com o Excel. Os requisitos desta análise também são os mesmos da regressão múltipla comum. Vale lembrar que, na maioria dos casos, o pesquisador tem interesse em verificar mais de uma hipótese e os p-valores precisarão ser comparados ao valor crítico corrigido pelo método de Bonferroni (0.05/n hipóteses) ou pelo método de Holm-Bonferroni. Para evitar má interpretação sobre a significância da correlação das variáveis interferentes, pode-se não apresentar os p-valores delas. Importante recordar também que as conclusões obtidas em estudos observacionais sempre estão passíveis de questionamento sobre a relação causal entre os preditores testados e as respostas de interesse. Dessa forma, deve-se preferir interpretações como "a altitude das lavouras está significativamente associada à nota da bebida" em lugar de interpretações como "a nota final da bebida é afetada pela altitude das lavouras". Afinal, como as condições não foram controladas e há dezenas de outros interferentes, não se pode concluir categoricamente que a altitude é a causa primária de uma bebida de melhor qualidade. Para se afirmar este tipo de relação causal baseando-se em estudos observacionais seria necessário um forte respaldo de trabalhos anteriores e um mecanismo plausível para tal associação.

Neste exemplo a variável de interesse principal foi uma variável quantitativa (nota da bebida). Se, no entanto, essa variável fosse dicotômica ou binária (por exemplo, "café especial" ou "não especial") uma análise de regressão múltipla também seria possível, embora com modificações importantes na interpretação dos resultados. Nesse caso, a regressão múltipla em questão será um tipo especial de análise conhecido como "regressão logística". Resumidamente, a regressão logística pode ser entendida como a extensão da aplicação da regressão linear múltipla para quando o Y de interesse é uma variável binária ou dicotômica. Nesse caso, a regressão múltipla não irá estimar Y, mas apenas uma probabilidade de ocorrência de Y, mais precisamente o Y estimado será $\ln(p/(1-p))$, em que p é a probabilidade de ocorrência do fenômeno "1" da variável dicotômica. Não entraremos em maiores detalhes sobre esta técnica neste livro pois, na maioria dos estudos nas ciências agrárias, variáveis dicotômicas podem ser substituídas por variáveis discretas do tipo "contagens". Afinal, basta que cada unidade experimental ou observacional possua ~5 ou mais indivíduos para que a contagem ou % dos indivíduos que sofreram o "evento dicotômico" assuma uma distribuição de erros distinta da Binomial.

7.7. Análise de correlação

A diferenciação entre os termos "análise de regressão" e "análise de correlação" nem sempre é clara e consensual (GOTELLI & ELLISON, 2011). Como visto, a "análise de regressão" inclui obter um modelo de regressão e testá-lo estatisticamente. Geralmente o termo "análise de regressão" é mais empregado nas situações experimentais, onde os preditores controlados e as repetições verdadeiras dão mais segurança para se afirmar que a equação de regressão modela uma relação de causa e efeito, direta ou indiretamente.

O termo "análise de correlação", por outro lado, é mais empregado para se medir ou definir a existência de possíveis associações ou relações entre variáveis. Relações estas que, não necessariamente, pode-se estabelecer como sendo de causa e efeito. Em outras palavras, com frequência se fala em "regressão" para relações entre tratamentos e variáveis-resposta e se fala em "correlação" para relações entre duas variáveis-resposta. A relação é definida matematicamente por uma equação ou modelo. A equação, portanto, é a mesma, independentemente de ser uma "regressão" ou uma "correlação". Além disso, com frequência afirma-se que uma "análise de regressão" exige que os valores da variável independente sejam exatamente conhecidos e que não estejam sujeitos a erros de medição (GOTELLI & ELLISON, 2011), diferentemente da "análise de correlação". Em outras palavras, alguns pesquisadores defendem que a "análise de regressão" exige que a variável "x" não seja uma variável aleatória, enquanto a "análise de correlação" não possui esta exigência.

Na estatística experimental a análise de correlação é muito útil na discussão dos trabalhos por subsidiar uma sequência hipotética de eventos entre a imposição dos tratamentos e a manifestação do efeito/resposta. Ela vai permitir medir e validar o nível de associação entre duas variáveis mensuradas. No entanto, somente uma análise mais minuciosa e com sustentação teórica poderá estabelecer que existe uma relação de causa e efeito entre duas variáveis associadas. Portanto, a simples existência de associação entre duas variáveis não pode ser interpretada como relação de causa e efeito. Pode ser simplesmente que ambas estejam sob o efeito de uma mesma terceira variável. Uma opção de análise que pode permitir mais segurança no estabelecimento de relações de causa e efeito, ainda que não independente de uma avaliação teórica, é a "análise de trilha", tema não abordado neste livro.

A correlação mais simples é aquela que pode ser modelada por uma equação linear, embora correlações com outros modelos também seja possível. A correlação linear também é conhecida como correlação de Pearson, cujo índice de correlação de Pearson nada mais é que a raiz quadrada do coeficiente de determinação ($\sqrt{R^2} = R$). O R de Pearson varia de -1 a +1, sendo -1 correspondente a uma correlação inversa perfeita e +1 uma correlação direta perfeita. O valor zero (0) indica ausência de qualquer relação entre as variáveis. O índice pode ser testado estatisticamente, quanto a hipótese de R = 0, pelo teste t. Embora não seja consensual, uma correlação de Pearson > 0.7 estatisticamente diferente de zero (pelo teste t) pode ser considerada "forte" e um R > 0.9 pode ser considerada "muito forte". Valores de R de Pearson < 0.3, mesmo quando significativos pelo teste t, frequentemente são tratados como desprezíveis.

Tanto em estudos observacionais quanto experimentais é comum apresentar-se uma matriz de correlação das variáveis avaliadas. Esta matriz é uma tabela que apresenta todas estas correlações e indica quais foram significativas pelo teste t. Alternativamente, esta matriz poderá ser apresentada como um diagrama ou uma figura (correlograma). Como foi visto no capítulo 5, aplicar múltiplas vezes um teste t resultará em multiplicidade do erro tipo I, o que significa que numa matriz de correlação haverá um risco inflacionado de falsas correlações significativas (a probabilidade de alguma das correlações significativas serem falsos positivos será certamente maior que 5%).

Por fim, é importante lembrar que "correlação" é diferente de "concordância". Simplificadamente, a concordância indica o quanto "os números batem", ou seja, quando uma variável possui o valor 2.6 a outra também possui valor 2.6. Já a correlação, pode ser perfeita (R=1) mesmo que os valores "não batam" como, por exemplo, quando uma variável é sempre 10 vezes maior que outra. Entre os índices de concordância, destaca-se o índice modificado de Willmott (d_1) ou índice de precisão de Willmott (WILLMOTT et al., 1985), que é calculado automaticamente quando se realiza uma análise de correlação no SPEED stat.

7.7.1. Correlação de Pearson no Excel e no SPEED stat

Como visto anteriormente a correlação linear simples ou correlação de Pearson é uma relação linear entre duas variáveis. Como uma relação linear, a qualidade desta relação pode ser avaliada pela qualidade de ajuste a um modelo linear (y = ax + b), independentemente de qual variável seja considerada x ou y. A significância do coeficiente de correlação de Pearson é igual à significância da estatística t para o coeficiente angular "a".

No Excel, considerando que as duas variáveis em questão estejam inseridas, por exemplo, nas colunas A e B, e nas linhas de 1 a 100, o coeficiente de correlação de Pearson pode ser obtido assim:

=PEARSON(A1:A100;B1:B100) ou: =CORREL(A1:A100;B1:B100)

E, considerando que este coeficiente tenha sido calculado na célula C1, e que o número de pares de valores "n" esteja informado em C2, um teste t pode ser aplicado a este coeficiente. O teste t e o p-valor (bicaudal) associado a este teste pode ser obtido da seguinte forma:

=DISTT((IMABS(C1)*RAIZ(C2-2))/RAIZ((1-(C1*C1)));(C2-2);2)

Que nada mais é que a programação de: $t_0 = r \sqrt{\dfrac{n-2}{1-r^2}}$

Para evitar que a fórmula acima resulte numa mensagem de erro no Excel quando o R = 1, pode-se alterá-la para:

=DISTT((IMABS(C1)*RAIZ(C2-2))/RAIZ((1.0000001-(C1*C1)));(C2-2);2)

Se existirem valores faltantes no conjunto de dados, o ideal é que as linhas onde constam valores faltantes (seja na coluna A ou na B) sejam excluídas ou apagadas. O número "n" pode ser obtido com a função CONT.NÚM, mas deve-se tomar o cuidado de contar apenas uma das colunas pois n representa o número de pares de dados.

No software SPEED stat, uma análise de correlação sempre será realizada quando uma variável é informada na coluna A da "Entrada" e outra é informada na coluna H da "Entrada" e o número de repetições não é informado (célula T9). A análise de correlação é mostrada entre as linhas 15 e 19 da "Saída". A análise de correlação disponível no SPEED stat não gera automaticamente um gráfico de correlação, mas informa:

i. o modelo linear ajustado;

ii. os indicadores de qualidade do ajuste (ρ de Spearman (correlação não-paramétrica), R de Pearson, r^2, desvio padrão, desvio médio e CV);

iii. a significância da correlação (*p-valor* do teste *t* para o ρ de Spearman e para o R de Pearson);

iv. a significância do teste de normalidade dos resíduos do modelo linear;

v. a presença de resíduos discrepantes/*outliers* (teste de Grubbs);

vi. a presença de pontos de alavancagem (pontos individuais que alteram consideravelmente a qualidade do ajuste);

vii. a presença de correlação entre os resíduos e os valores de X (por vezes mencionada como teste de homocedasticidade da correlação);

viii. a presença de estruturas de correlação não lineares (para auxiliar o usuário a identificar que pode existir uma correlação não linear entre as variáveis);

ix. o índice de concordância modificado de Willmott (d_1).

7.8. Síntese das principais recomendações e entendimentos

i. Nas situações experimentais é comum recorrer-se à análise de regressão para modelar/predizer a relação contínua entre as médias da variável resposta (Y) e os níveis quantitativos da variável preditora (X). Note, portanto, que este uso é distinto da "regressão" associada ao modelo estatístico geral.

ii. Em pesquisas observacionais é comum se recorrer à técnica de regressão linear múltipla (com ou sem variáveis *Dummies*), situação em que o próprio modelo de regressão ajustado é o modelo estatístico geral. Nas regressões lineares múltiplas, testar a significância de cada um dos parâmetros do modelo poderá ser útil para a seleção do modelo final e para uma inferência segura de quais variáveis estão, de fato, correlacionadas à variável resposta.

iii. Nas situações experimentais com repetições verdadeiras, a análise de regressão univariada consiste em 2 etapas básicas: obter a equação/função que modela a relação entre X e Y; testar a adequabilidade estatística deste modelo. Uma maneira simples para verificar a adequabilidade estatística de um modelo é através da ANOVA da regressão, que deverá evidenciar que: *i.* há um efeito significativo dos níveis em questão; *ii.* a fração explicada pelo modelo é estatisticamente significativa e; *iii.* a fração não explicada (ou falta de ajuste) é não-significativa. Se mais de um modelo/função atender aos critérios da ANOVA da regressão será importante comparar a qualidade destes modelos através de critérios complementares (preferencialmente AICc ou critérios teóricos relacionados à expectativa de resposta para o fenômeno em estudo). Testar a significância de cada um dos parâmetros do modelo, portanto, não é necessário nas condições experimentais univariadas.

iv. Independentemente do procedimento utilizado para análise de regressão para dados experimentais (testando os parâmetros da regressão ou realizando ANOVAs da regressão), a seleção exata do modelo mais adequado poderá não ter taxas de erro sob controle.

v. Idealmente, para facilitar o correto cálculo da falta de ajuste, deve-se realizar uma ANOVA da regressão separadamente para cada modelo de regressão que se pretende testar. Importante lembrar que para testar a qualidade do ajuste de modelos com 2 parâmetros dependentes deve-se dispor de 4 ou mais níveis quantitativos na variável preditora, sem o qual não restará GL para testar a falta de ajuste.

vi. Se a pesquisa for de natureza confirmatória, nos fatoriais "quali x quanti" será necessário atentar-se para o controle da EWER. Para um conjunto não muito numeroso de modelos a serem testados, a ANOVA da regressão precedida do teste F para cada um dos níveis de B/A's com a correção de Benjamini-Hochberg permite um adequado controle da EWER. Este procedimento é realizado automaticamente no SPEED Stat quando o controle da EWER é solicitado.

vii. Em condições experimentais univariadas, utilizar apenas os modelos linear e quadrático para modelar o comportamento da resposta poderá ser limitado ou fornecer estimativas imprecisas para valores de máximo, doses ótimas, pontos de inflexão, etc. Dessa forma, modelos logarítmicos, de raiz quadrada e modelos exponenciais podem ser especialmente úteis para diversos fenômenos. Além disso, deve-se ter em mente que o uso de um modelo para predizer respostas fora do intervalo de X estudado é sempre limitado.

viii. O modelo cúbico deve ser evitado pois seu comportamento "oscilatório" frequentemente não possui sustentação teórica em fenômenos estudados sob condições experimentais controladas. Em alguns casos de fenômenos mais complexos, uma regressão segmentada poderá ser mais coerente que um modelo cúbico.

ix. Uma análise de regressão também pode ser realizada com dados transformados. No entanto, neste caso a interpretação do modelo poderá ser muito limitada já que a transformação poderá, por exemplo, alterar um comportamento exponencial de resposta para um comportamento linear ou outro. É preciso inspecionar, caso a caso, quando este tipo de alteração está ocorrendo para poder discutir mais adequadamente os resultados da pesquisa.

x. A regressão linear múltipla para estudos observacionais requer um número de amostras independentes a serem utilizadas ao menos 5 vezes maior que o número de variáveis preditoras consideradas. Além disso, após o ajuste do modelo múltiplo (que será também o próprio modelo estatístico) os resíduos deste modelo devem ser verificados quanto à normalidade e homocedasticidade.

xi. Se a pesquisa for de natureza confirmatória, deve-se aplicar a correção de Holm ou de Bonferroni sobre a estatística t aplicada aos parâmetros do modelo múltiplo ajustado. A aplicação da correção, no entanto, pode ser restrita aos parâmetros associados às hipóteses de interesse.

8. OUTLIERS E DADOS PERDIDOS

8.1. Outliers: como detectá-los?

Outliers são dados (observações) aparentemente inconsistentes ou não representativos presentes em uma determinada amostra ou repetição de um determinado tratamento. Sua presença pode gerar problemas diversos, como aumentar o erro experimental e comprometer a estimativa da média de um determinado tratamento (preditor). A identificação de outliers nem sempre é tarefa fácil e ainda carece de procedimentos e recomendações consensuais entre os estatísticos.

Primeiramente é importante esclarecer que um pesquisador experiente e diretamente envolvido na experimentação é quem melhor poderá definir se uma determinada observação (numericamente discrepante ou não) deve ser interpretada como um outlier, muitas vezes até antes de se obter qualquer mensuração de variável resposta. Isso porque, se o pesquisador sabe de antemão que houve algum problema com uma determinada UE durante o experimento, ele não precisa, evidentemente, recorrer a um teste estatístico para poder julgar aquela UE como um outlier.

Em segundo lugar é importante considerar que, pelos procedimentos mais usuais, uma observação só pode ser tratada como discrepante se confiarmos que os erros da variável em questão pertencem à uma distribuição Gaussiana. Dependendo da distribuição dos erros (Poisson, binomial, beta, Cauchy, entre outras) que frequentemente está associada ao tipo de variável em questão, o "valor discrepante" em questão pode ser um valor genuíno e que não deve ser excluído. Assim, aqui trataremos como outliers valores discrepantes oriundos de variáveis que possuem uma distribuição simétrica como a normal. Se a variável em estudo é frequentemente associada a uma distribuição assimétrica com caudas pesadas, por exemplo, um valor discrepante da média poderá ser genuíno. Por este motivo é altamente recomendável que, antes de se excluir um outlier detectado por um teste específico para este fim, se verifique o atendimento à normalidade dos resíduos e se busque uma transformação que permita o ajuste às condições paramétricas sem que seja necessário excluir observações.

Embora, com frequência, seja recomendado que um outlier apenas deva ser substituído ou removido quando exista uma razão conhecida para tal (ou seja, quando se possa confirmar o que causou a discrepância) (VIEIRA, 2006; PIMENTEL-GOMES, 2009), existem situações em que, de fato, essa verificação é impraticável. Vejamos alguns motivos. Existem casos em que o pesquisador não toma nota de alguma irregularidade durante a condução, tomada de dados ou determinação analítica pelo simples fato de tal irregularidade não produzir efeitos perceptíveis num primeiro momento,

211

principalmente em experimentos conduzidos fora do laboratório. Quando detecta alguma irregularidade (por exemplo uma planta que recebeu erroneamente menos água por alguns dias ou uma planta que foi atacada por alguns pulgões) o pesquisador nem sempre poderá prever se esta pequena irregularidade irá desencadear em um valor discrepante em alguma variável resposta. Eliminar previamente uma UE com base nessas observações pode ser um risco muito grande, haja visto que se não puder ser reobtida, a UE perdida implicará em menor precisão (pelo desbalanceamento) e em menor sensibilidade (pelo menor GL do resíduo) dos testes estatísticos. Soma-se a isso o fato, ainda que possa ser minimizado, de que nem sempre todos os envolvidos na execução dos projetos são experientes em todos os procedimentos. Basta lembrar que atividades de pesquisa são realizadas, como é desejável, também por instituições de ensino.

Com base no exposto acima, é razoável sugerir que se recorra a um procedimento estatístico para melhor decidir sobre a veracidade de uma suspeita de irregularidade (um suspeito de outlier) mesmo que não se confirme sua causa. Uma vez detectado um outlier, o ideal é buscar uma nova obtenção do dado perdido. Quando isso não é possível, o mesmo será simplesmente excluído e considerado como uma UE perdida, desbalanceando o experimento.

Segundo Barnett & Lewis (1996) é relativamente frequente a falta de critérios para detecção de outliers, o que pode levar à seleção tendenciosa de pontos discrepantes. Além disso, Tavares et al. (2016) observaram que a presença de outliers não foi descrita em nenhum artigo de uma amostra de 200 trabalhos publicados em revistas brasileiras renomadas, indicando uma clara tendência à omissão dessa informação. Essa omissão poderia ser evitada pela simples menção dos p-valores associados ao F calculado (por exemplo, $F_{4,24} = 0.024$, em que "4,24" indicam os GL de tratamentos e resíduo, respectivamente).

Os procedimentos estatísticos mais comuns para identificação de outliers são:

a. Distância de Cook (COOK, 1977): procedimento indicado para dados pareados (X,Y), comuns em dados provenientes de estudos observacionais analisados por regressão múltipla ou por outras estatísticas multivariadas;

b. Gráfico de resíduos (também referido como gráfico de análise de resíduos), onde busca-se identificar quais são os maiores resíduos e compará-los visualmente com os demais resíduos do experimento (procedimento este menos indicado pela sua maior subjetividade);

c. Critério de Chauvenet (CHAUVENET (1863), citado por BARNETT; LEWIS (1996)): baseia-se no conceito de desvio-padrão padronizado, que consiste na razão entre o desvio de cada observação e o desvio-padrão do experimento. Os maiores valores de desvio-padrão padronizado (em módulo) são comparados a um valor tabelado variável conforme o número total de observações. Após a remoção de um outlier por este critério o teste não deve ser reaplicado ao conjunto de dados remanescente. Este critério originou adaptações posteriores, como os testes de Grubbs e ESD, e simplificações como o "critério do desvio-padrão padronizado máximo" (cujo valor crítico tabelado é fixado em 3.0 (três)). A limitação principal do teste de Chauvenet é detectar outliers muito facilmente, o que, no caso de um teste para outlier, pode ser perigoso. No entanto, é um critério muito interessante para detecção de valores discrepantes em valores correspondentes às sub-repetições (nesse caso com os resíduos calculados de maneira simplificada, apenas pela diferença em relação à média de cada repetição verdadeira). No entanto, para os demais casos é um teste muito liberal, conduzindo a falsos positivos com muita facilidade.

d. Teste de Dixon (DIXON, 1950): especialmente útil no caso de réplicas analíticas (RORABACHER, 1991), mas deficiente por não considerar a variabilidade experimental como um todo na análise de outliers de um tratamento específico. A detecção de um outlier pelo teste de Dixon depende muito da proximidade das demais observações de um dado tratamento sem considerar a magnitude dos resíduos do experimento como um todo. Assim, com frequência, este teste pode considerar como discrepante uma UE com resíduo relativamente pequeno (se comparado a outros resíduos de outros tratamentos) pelo fato de os demais resíduos daquele tratamento serem muito próximos ou até mesmo iguais (por exemplo: 54.00; 53.00 e 53.01, onde o valor 54.00 é considerado discrepante pelo teste de Dixon).

e. Teste de Grubbs (GRUBBS & BECK, 1972): este teste também apoia-se no conceito de desvio padrão padronizado, porém os valores críticos tabelados são mais seguros que os valores críticos de Chauvenet. É usualmente indicado para identificação de outliers em situações experimentais com grande segurança de que a distribuição dos resíduos é normal e homocedástica. Portanto, a limitação principal deste teste é realmente conhecer a distribuição dos resíduos, razão pela qual um teste mais robusto (que suporte algum nível de afastamento da normalidade e da homocedasticidade) pode ser mais indicado em pesquisas confirmatórias.

f. Teste ESD Generalizado (ROSNER, 1983): neste teste os valores de desvio padrão padronizados são comparados à um valor crítico um pouco mais robusto, principalmente em sua versão não-reduzida ou não-sequencial. É considerado um dos melhores procedimentos para este fim por Walfish (2006) e Manoj & Senthamarai-Kannan (2013), podendo ser utilizado inclusive para analisar desvios em relação a modelos de regressão ajustados (PAUL & FUNG, 1991). O teste pode ser aplicado considerando múltiplos outliers (portanto considerando a redução sucessiva no *n* total e a redução correspondente no desvio padrão experimental) ou considerando um único outlier com não redução no *n* total (os valores de desvio padrão padronizados são calculados uma única vez e considerando a interferência do(s) possíveis outliers sobre suas estimativas). É simples perceber que o teste ESD em sua forma não-reduzida será mais conservador, porém será consideravelmente mais robusto, ainda que continue sendo um teste paramétrico.

É importante lembrar que os dados podem pertencer a uma distribuição de erros diferente da Gaussiana. Se isso for confirmado por um teste de normalidade, idealmente nenhum outlier deverá ser excluído até que se determine a transformação apropriada. Por fim, é muito importante considerar também que, em um experimento bem conduzido, o volume de outliers é sempre pequeno ou mesmo nulo. Na prática, é razoável considerar que um bom experimento não deverá ter mais que ~1 % do volume de dados como dados discrepantes. Significa dizer que, num experimento com n = 50 e com quatro variáveis-resposta, não deverá haver mais que 2 outliers (1 % do total de dados).

8.1.1. O teste ESD para outliers

O teste ESD Generalizado (Generalized Extreme Studentized Deviate) é uma adaptação do teste de Chauvenet com valores críticos tabelados revistos por Rosner (1983). A revisão do procedimento e dos valores tabelados permitiu que mais de um outlier fosse excluído do conjunto de dados (os valores de desvio padrão padronizados são recalculados sucessivamente sem a interferência da(s) observação(ões) suspeita(s) de outlier). O teste também se baseia no conceito de desvio-padrão padronizado, calculado pela razão entre o desvio de uma observação e o desvio-padrão experimental (amostral). Esta razão indica, portanto, quantas vezes um determinado desvio é maior que o desvio-padrão experimental. Quando o *n* é grande, os resíduos padronizados não diferem muito dos resíduos semi-studentizados, razão pela qual não trataremos aqui sobre os resíduos studentizados. Para uma distribuição normal de erros, a probabilidade de um desvio-padrão padronizado ser maior que 3.0 é de aproximadamente 0.1 %. Na realidade, a probabilidade de ocorrência de desvios-padrão padronizados em todos os intervalos é conhecida para a distribuição normal, razão pela qual pode-se construir histogramas da distribuição normal teórica (Figura 8.1).

Conhecendo-se a distribuição de probabilidade de ocorrência de desvios de diferentes magnitudes é simples compreender a lógica básica do teste ESD. Se é sabido que uma determinada variável resposta possui distribuição normal, é sabido que não se espera desvios-padrão padronizados > |2| em grande frequência nesta variável. O teste, portanto, tem forte sustentação teórica e não deve ser tratado como um artifício fraudulento, como infelizmente é sugerido por alguns pesquisadores. É importante considerar que as principais críticas a este e a outros testes para outliers são provenientes de pesquisadores nas áreas de ecologia, onde uma menor parcela dos estudos é realizada sob condições experimentais controladas. Num experimento controlado, ainda que uma UEoutlier tenha uma razão de ser, os motivos que levaram ao valor discrepante não devem ser tratados como "parte do efeito" ou como "inerente ao efeito" do tratamento. Usar corretamente um bom teste para outliers, portanto, não é fraude, e sim um procedimento que evita que dados suspeitos resultem em efeitos significativos fantasiosos para tratamentos.

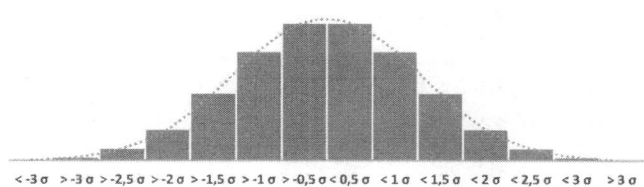

Figura 8.1 - Histograma da distribuição Gaussiana ou normal de erros. Intervalos em "x" estão expressos em desvio-padrão padronizado (σ), escala que permite que dados em qualquer escala sejam comparados. A altura das colunas corresponde a frequência esperada (em %) de desvios para a distribuição normal (95.4 % dos desvios de um conjunto de dados devem estar entre -2 e +2 desvios-padrão padronizado para que estes dados sejam considerados perfeitamente normais). Em outras distribuições de erros, essas frequências são diferentes. Linha tracejada evidencia formato de "sino" da distribuição Gaussiana e nos ajuda a lembrar que se trata uma distribuição contínua.

Os valores críticos assumidos no teste ESD baseiam-se na frequência teórica esperada dos desvios na distribuição normal, no volume de dados em estudo e no número máximo de possíveis outliers existentes nos dados ("L+1"). Para uma mesma probabilidade de erro (α), os valores críticos tabelados disponíveis em Rosner (1983), portanto, variam em função do tamanho do experimento (n) e em função de "L+1" (Tabela 8.1). A partir da versão 2.9 do software SPEED Stat, o valor tabelado consultado é sempre considerando um "L+1" de 1, embora o valor crítico para o teste de Grubbs também seja mostrado na célula T45 da "Entrada". O teste ESD para L+1 = 1 é pouco sensível quando n > 50, podendo ser recomendável, em alguns casos, recorrer à um valor crítico menor (como o do teste de Grubbs).

Um detalhe é muito importante sobre o teste ESD. Ele pode ser aplicado em sua forma original, com reduções sucessivas no n total (e consequente reestimativas dos valores de desvio padrão padronizado em função da remoção da interferência dos possíveis outliers) ou pode ser aplicado em sua forma não-reduzida. A forma não-reduzida (correspondente a considerar a possível presença de apenas 1 outlier e sem desconsiderar a interferência do possível outlier sobre as estimativas de desvio padrão padronizado) é consideravelmente

215

mais robusta que a forma originalmente proposta. Vale lembrar que o próprio trabalho de Rosner (1983) alertou para a necessidade de avaliações futuras sobre a robustez do método. Portanto, considerando o risco dos dados não pertencerem à uma distribuição normal, o teste ESD não-reduzido é consideravelmente mais seguro que o teste ESD original. Por este motivo, o teste ESD disponibilizado no SPEED Stat corresponde ao teste ESD não-reduzido.

Tabela 8.1 - Valores críticos da estatística ESD para L+1=1 e α = 0.05. Os valores de desvio-padrão padronizado máximo (σ máx.) são sempre maiores que nos testes de Chauvenet e Grubbs

n	σ máx.	n	σ máx.	n	σ máx.	n	σ máx.	n	σ máx.	n	σ máx.
25	2.82	31	2.92	37	3.00	43	3.07	49	3.12	150	3.52
26	2.84	32	2.94	38	3.01	44	3.08	50	3.13	200	3.51
27	2.86	33	2.95	39	3.03	45	3.09	60	3.20	250	3.57
28	2.88	34	2.97	40	3.04	46	3.09	70	3.26	350	3.77
29	2.89	35	2.98	41	3.05	47	3.10	80	3.31	400	3.80
30	2.91	36	2.99	42	3.06	48	3.11	100	3.38	500	3.86

Fonte: adaptado de ROSNER (1983). Não confundir "desvio padronizado" com desvio "externamente studentizado". Deve-se ter em mente que utilizar o teste de Grubbs para dados com resíduos com suspeita de não-normalidade ou não homogeneidade é um risco maior que utilizar os valores críticos para o teste ESD com "L+1=1".

É importante lembrar ainda que o teste ESD também pode ser aplicado em dados não provenientes de experimentos, ou mesmo para dados sem preditores pré-estabelecidos. Neste último caso, o desvio-padrão experimental deve ser substituído pelo desvio-padrão de todos os dados da coluna de dados (no Excel =DESVPAD(dados)). No caso de dados não experimentais muito cuidado deve ser tomado na detecção de outliers. O risco de se excluir um dado genuíno é muito maior nestes casos, uma vez que não há condições controladas e padronizadas nem repetições perfeitamente independentes ou perfeitamente casualizadas.

8.2. Dados perdidos em DIC

Dados perdidos podem ocorrer por diversos motivos, como acidentes, extravio de amostras, problemas de condução experimental (entrada de animais numa UE, erosão, etc.) ou valores discrepantes (outliers) que não puderam ser reobtidos. Quando eles aparecem, surge uma célula vazia na coluna de dados, e o experimento é dito "desbalanceado". Num DIC a célula vazia na coluna de dados não deve ser preenchida com nenhum valor, muito menos valores médios, erro comum que gera uma redução artificial no erro experimental.

Evidentemente, imputar um valor de média ou de mediana num conjunto de dados resultará em um viés de importância variável em função do número de repetições. Nesse sentido, em estudos com muitas repetições (como 10 ou mais) ou em um contexto de análise multivariada poderá ser aceitável imputar um valor de mediana ao conjunto de dados, algo que não seria válido no contexto univariado com experimentos pequenos.

O desbalanceamento pode gerar complicações diversas nas análises estatísticas, uma vez que muitos dos procedimentos de cálculo dependem da simetria do volume de dados entre tratamentos, blocos, faixas, etc. (WECHSLER, 1998). No desenho experimental mais simples (sem estrutura fatorial e em DIC) não há nenhuma complicação na ANOVA, mas já há nos TCMs. Nos desenhos experimentais com estrutura fatorial, mesmo que em DIC, já aparecem dificuldades na estimativa exata dos efeitos dos fatores e da interação. A soma de quadrados dos tratamentos (soma de quadrados do tipo I, mais comum), obviamente, permanece inalterada em relação ao experimento desbalanceado sem estrutura fatorial.

As complicações resultantes do desbalanceamento sobre os TCMs e contrastes complexos são bem conhecidas, sendo executadas de modo automático pela grande maioria dos aplicativos estatísticos. Já as complicações sobre a análise de agrupamento de Scott-Knott são tratadas com menor frequência, sendo mais difíceis de serem programadas. As complicações sobre a as análises de regressão também são pequenas, já que estas dependem apenas da soma de quadrado de tratamentos e do quadrado médio de resíduos. Quando em fatoriais do tipo qualitativo x quantitativo, a exatidão da análise de regressão pode ser levemente comprometida pela exatidão do desdobramento da interação na ANOVA.

8.3. Dados perdidos em DBC e em parcelas subdivididas

Dados perdidos em experimentos conduzidos em blocos casualizados sempre geram complicações de cálculo diversas se comparado aos experimentos em DIC. Isso porque, uma unidade experimental (UE) perdida significa a ausência do efeito de um dos blocos na estimativa do efeito do tratamento onde o desbalanço ocorreu. Considere, por exemplo, os dados da Tabela 8.2, provenientes de um experimento hipotético em DBC com 5 tratamentos e 3 blocos.

Com um olhar pouco atento sobre os dados da Tabela 8.2 pode-se não perceber que estes dados possuem variância zero para o erro experimental. Toda a variação existente entre as repetições de cada tratamento, nesse exemplo hipotético, é devido ao efeito de blocos. Nesse exemplo, é simples perceber que o bloco 1 tem um efeito de reduzir o efeito médio dos tratamentos, enquanto bloco 2 tem o efeito contrário. Fica claro que, diferentemente do que ocorre num DIC, se uma UE do bloco 2 for perdida, o tratamento ficará, conhecidamente, subestimado. Se o efeito do bloco 2 fosse mais pronunciado, a perda de uma UE dentro deste bloco resultaria num prejuízo enorme ao tratamento em questão. É por este motivo que a perda de UEs em experimentos em DBC exige que a célula vazia (perdida) seja substituída por um número que permita uma estimativa razoável para o efeito do tratamento. Afinal, a estimativa da média do tratamento não deve ser prejudicada devido a simples falta de uma repetição.

Tabela 8.2 - Dados de um experimento hipotético em DBC com 5 tratamentos

Tratamentos	Blocos	Y (resposta)	médias
T1	1	0.35	
T1	2	0.92	
T1	3	0.68	**0.65**
T2	1	5.45	
T2	2	6.02	
T2	3	5.78	**5.75**
T3	1	2.85	
T3	2	3.42	
T3	3	3.18	**3.15**
T4	1	1.65	
T4	2	2.22	
T4	3	1.98	**1.95**
T5	1	3.95	
T5	2	4.52	
T5	3	4.28	**4.25**

Mas como estimar o valor perdido num experimento em DBC? Este problema foi resolvido por Yates (1934), que elaborou um algoritmo relativamente simples para decompor os efeitos aditivos de tratamentos e blocos e assim poder estimar o valor perdido. Para se ter uma ideia da genialidade desta estimativa, insira os dados da Tabela 8.2 no SPEED Stat e confira a estimativa de Yates calculada automaticamente após a exclusão de qualquer um dos valores da tabela. A estimativa de Yates será capaz de "adivinhar" qualquer um dos valores que for excluído. Experimente em seguida excluir dois valores. Ainda assim a fórmula de Yates conseguirá estimá-los com precisão. O valor estimado é informado no SPEED Stat na coluna "B" ao lado da coluna de entrada de dados.

A estimativa de Yates para UEs perdidas em DBC é obtida pela fórmula:

$$x_{ij} = \frac{IT + JB - G}{(I - 1)(J - 1)}$$

Em que: I = número de tratamentos do experimento; T = soma das UEs existentes no tratamento que teve a UE perdida; J = número de blocos do

218

experimento (neste caso, quando número de blocos é igual ao número de repetições); B = soma das UEs existentes no bloco que teve a parcela perdida; G = soma de todas as UEs existentes no experimento.

Se houver mais de uma UE perdida, uma delas deve ser inicialmente substituída por um valor médio e a outra pela fórmula descrita. Depois da estimativa da segunda UE perdida, retorna-se estimando novamente a primeira UE perdida e assim sucessivamente. Este método iterativo, descrito em Cochran & Cox (1957), deve ser repetido até que os valores reobtidos não difiram consideravelmente, o que geralmente é atingido com três iterações. Uma vez estimada(s) a(s) UE(s) perdida(s) o quadro de ANOVA é calculado normalmente como se não houvesse a perda. Ao final, no entanto, um GL deve ser descontado para cada unidade experimental perdida. O QMRes ficará, dessa forma, corretamente estimado. A SQ dos tratamentos, no entanto, ficará levemente superestimada, devendo ser também corrigida descontando-se um valor "U", que é estimado pela fórmula:

$$U = \frac{I-1}{I} (x_{ij} - \frac{B}{I-1})^2$$

Quando existir mais de uma UE perdida um valor U deverá ser descontado para cada UE perdida. Em experimentos fatoriais, o desdobramento da SQ tratamentos poderá ser feito ignorando-se a correção U (BANZATTO & KRONKA, 2006) ou proporcionalmente à correção U (obtendo valores apenas aproximados).

O procedimento de Yates para estimativa de UEs perdidas em experimentos em DBC é um procedimento de grande utilidade prática. Ele, no entanto, é dependente da condição de aditividade do modelo, sem a qual em alguns casos as estimativas geradas poderão resultar em valores absurdos, como valores menores que zero. Não há um consenso sobre como proceder nestes casos. Evidentemente, manter valores absurdamente altos ou absurdamente baixos só porque eles foram estimados pela fórmula de Yates não é uma atitude sensata. Embora a frequência deste problema seja pequena, no SPEED Stat ele é contornado pela substituição do valor absurdo por um valor limite estimado pela estatística ESD.

Por fim, uma dificuldade adicional da estimativa de Yates é obter estimativas seguras para desenhos experimentais em parcelas subdivididas ou em faixas. Nesses casos, a fórmula para a estimativa de subparcelas perdidas deve considerar os efeitos de parcela a qual a unidade perdida se encontra (mesmo que em DIC):

y = [rP + b(A$_i$B$_j$) - Ai] / [(r-1)(b-1)]
Em que:
r = n de repetições
b = n de trat's B testados (n de níveis de B, considerando que estes estão alocados nas subparcelas)

219

P = total da parcela onde há a UE perdida

A = total de Ai onde está a UE perdida

A_iB_j = total do tratamento onde está a UE perdida

A complexidade destas fórmulas para desenhos em faixas, por exemplo, valoriza a recomendação de optarmos preferencialmente pelos desenhos experimentais simples.

8.4. Síntese das principais recomendações e entendimentos

i. Nenhum teste para outliers substitui o acompanhamento atento do experimento pelo pesquisador. Revisar as anotações dos dados e anotar as imperfeições/acidentes/imprevistos graves ocorridos em alguma unidade experimental são procedimentos muito úteis para auxiliar na identificação de outliers posteriormente. No entanto, um bom teste estatístico para outliers evita que o pesquisador julgue de maneira subjetiva e imprecisa o quão discrepante uma determinada unidade experimental é. Em estudos observacionais, no entanto, a segurança dos testes para outliers pode ser muito comprometida.

ii. Em um estudo experimental, a presença de um outlier poderá resultar em uma média inflacionada erroneamente ou resultar em um erro experimental inflacionado. Dessa forma, identificar um outlier poderá evitar que diferenças fantasiosas sejam consideradas como estatisticamente significativas ou permitir uma redução do erro experimental. Por outro lado, identificar e excluir erroneamente um outlier (o que pode ocorrer facilmente diante de dados com resíduos não-normais ou não homogêneos) também eleva o erro tipo I consideravelmente.

iii. Deve-se ter em mente que, em um experimento bem conduzido, o volume total de outliers é pequeno ou nulo. Portanto, desconfie de qualquer teste que identifique como outlier mais que ~1% do volume total de dados do seu experimento (considerando o volume total de dados de todas as variáveis respostas avaliadas).

iv. A identificação segura e não-subjetiva de um valor outlier depende de se conhecer a distribuição dos resíduos. No entanto, os testes de normalidade são sensíveis à presença de outliers. Dessa forma, quando um teste paramétrico para identificação de outliers (como os testes ESD não-reduzido ou Grubbs não-reduzido) detectam a presença de um outlier mas, simultaneamente, a não-normalidade é significativa tem-se uma situação perigosa e de difícil distinção. Seria uma cauda pesada de uma distribuição assimétrica ou seria um outlier? Para ajudar a distinguir esses casos, pode-se simular a remoção do possível outlier e verificar se o *p-valor* do teste de não-normalidade representa um valor seguramente não-significativo ($P > 0.250$ ou até $P > 0.500$). Em caso afirmativo, aumenta-se a chance do valor removido ser mesmo um outlier. Evidentemente tal estratégia não será segura se o *n* total for menor que 30, pois nesses casos o poder do teste de normalidade poderá ser muito baixo.

220

v. Em alguns casos de suspeita de presença de outliers, mas que não puderam ser seguramente confirmados conforme as recomendações do item anterior (iv), pode-se realizar uma análise que reduza a interferência da observação suspeita. Um método simples para isso é realizar uma transformação rank (RT), o que permitirá uma análise com menor influência da observação suspeita e sem a necessidade de excluir a observação suspeita.

vi. Diante de dados cujos resíduos alimentem qualquer suspeita de não-normalidade ou de não-homogeneidade haverá um menor risco de erro tipo I em suas análises se uma transformação na escala for realizada (para otimizar o ajuste à normalidade e/ou homogeneidade) antes de se considerar a possibilidade de exclusão de um outlier.

vii. Dados desbalanceados podem gerar complicações diversas nas análises dos dados, especialmente nos modelos em blocos, parcelas subdivididas, faixas, medidas repetidas, etc, pois as unidades experimentais faltantes não podem ser substituídas por um valor médio e nem podem ficar vazias (sem nenhuma estimativa). Além disso, o desbalanço exige correções nas estimativas de alguns componentes da ANOVA.

viii. As estimativas dos dados perdidos em blocos, parcelas subdivididas e outros desenhos experimentais serão cada vez menos precisas quanto maior o volume de dados faltantes. Dessa forma, quando o volume de dados faltantes for muito grande, a análise poderá se tornar inviável, especialmente nos modelos mais complexos, como parcelas subdivididas, faixas e outros.

9. PRINCÍPIOS DE ESTATÍSTICA MULTIVARIADA

9.1. Conceitos

No contexto da experimentação, comumente entende-se por análise multivariada a análise simultânea de mais de uma variável resposta como efeito de uma variável preditora. Distingue-se, portanto, dos tradicionais testes que apenas comparam o efeito dos preditores sobre uma única variável resposta isoladamente, limitados pela falta de uma visão mais ampla ou "de todos os efeitos". A estatística multivariada, portanto, permite romper, ainda que apenas parcialmente, com um velho paradigma da ciência: o paradigma cartesiano, de pretensamente entender o todo pelo somatório das partes.

A visão mais holística permitida por abordagens multivariadas é sempre limitada pelo número de variáveis-resposta observadas. Nem sempre, no entanto, incluir mais variáveis numa análise multivariada vai resultar em conclusões melhores. Há um conjunto enorme de procedimentos multivariados disponíveis nos mais diversos softwares de análise, sendo que aqui serão apresentados apenas os mais acessíveis e especialmente úteis para a maior parte das pesquisas agrícolas.

De modo geral, as técnicas multivariadas de análise podem ser agrupadas em dois grupos: técnicas exploratórias e técnicas confirmatórias. As técnicas exploratórias são aquelas que nos permitem explorar os dados do ponto de vista multivariado, especialmente úteis para evidenciar relações e padrões que não tenham sido percebidos pelos métodos univariados. As técnicas exploratórias são muito úteis também para sintetizar várias variáveis em um conjunto menor de variáveis e explorar diferenças possivelmente existentes a serem confirmadas em pesquisas futuras. "Explorar diferenças possivelmente existentes" significa que não será possível confirmar com segurança que essas diferenças não sejam devido ao acaso, apenas sugerir. As técnicas exploratórias mais famosas são a análise de componentes principais e a análise de cluster, que se aplicam relativamente bem tanto para estudos experimentais quanto observacionais.

Por outro lado, as técnicas multivariadas confirmatórias são aquelas que se aplicam para confirmar hipóteses sob um mais rigoroso controle das taxas de erro tipo I (o que é essencial para qualquer inferência confirmatória segura). Elas são especialmente úteis para controlar a taxa máxima de erro tipo I familiar (MFWER), ou seja, para controlar a taxa de erro tipo I familiar acumulada quando um experimento possui várias variáveis respostas (veja item 5.2.1). Fazem parte destas técnicas confirmatórias a MANOVA, os índices de seleção e os índices PCA. Importante frisar que as técnicas multivariadas confirmatórias raramente possuem poder superior às análises univariadas, sendo sua aplicação quase que exclusivamente útil apenas para controlar a

MFWER. Esta abordagem sobre a utilidade das técnicas multivariadas confirmatórias é especialmente simples e pode substituir, geralmente com vantagens, as estratégias baseadas em razão de verossimilhança como as apresentadas por Johnson (2019).

9.2. Índices multivariados simples

Uma estratégia simples para poder considerar mais de uma variável resposta simultaneamente numa mesma análise estatística univariada, ou seja, para poder avaliar o efeito dos tratamentos sobre um conjunto de variáveis resposta e não sobre as partes isoladamente, é criar índices compostos por mais de uma variável. Preferencialmente estes índices devem ser buscados em índices e conceitos já estabelecidos na literatura científica. Estes índices podem ser desde combinações simples de duas variáveis resposta, como relações (variável 1/variável 2), médias ponderadas ou simplesmente somas de certas variáveis (padronizadas para uma mesma escala).

É recomendável também, mas não obrigatório, que índices não sejam criados a partir de variáveis essencialmente redundantes. A redundância, quando não percebida previamente, pode ser evidenciada por uma simples correlação entre as variáveis mensuradas. A presença de muitas variáveis altamente correlacionadas entre si, fenômeno conhecido como multicolinearidade, poderá viciar ou inflacionar artificialmente o índice a ser criado. Considere, por exemplo, que se um solo possui baixos teores de Ca, provavelmente terá também uma soma de bases e uma saturação por bases (V %) baixos, já que Ca é o principal componente destes índices.

Uma maneira simples de verificar quais variáveis estão significativamente correlacionadas entre si é aplicar uma análise de correlação de Pearson às variáveis resposta. Se a correlação entre duas variáveis for estatisticamente significativa ($p < 0.05$) e o coeficiente de correlação de Pearson for muito alto ($R > 0.95$) há evidência de redundância entre estas variáveis (mas há também outros critérios melhores para se avaliar isso). Para mais detalhes sobre correlação de Pearson veja item 7.7.

Alguns exemplos de índices famosos que podem ser usados sob uma abordagem multivariada são o "índice de saturação por bases do solo", o "índice de Shannon" (índice de diversidade), o "índice de estabilidade de agregados", índice de qualidade de mudas de Dickson, "índices de qualidade do solo", relações alométricas, entre outros. Outros exemplos comuns incluem variáveis como "relação C/N", "biomassa total" (soma da biomassa da parte aérea com a biomassa de raízes), "produtividade total do sistema" (soma da produtividade das diversas culturas que compõe um determinado esquema de consórcio ou de rotação de culturas), "disponibilização total de nutrientes", "produtividade comercial ponderada" (média ponderada da produtividade de diferentes classes ou categorias de produtos de acordo com o valor comercial

224

específico de cada categoria) ou mesmo variáveis resposta de natureza qualitativa, como "impressão global", "índice de sustentabilidade", "avaliação geral", entre outras que possam posteriormente ser convertidas em escalas de valores discretos ou contínuos.

É interessante notar que muitos índices úteis são baseados na simples razão entre duas variáveis. Uma razão entre duas variáveis gera um índice relativo de variação da variável considerada no numerador por unidade da variável considerada no denominador. Por exemplo, a razão entre crescimento de plantas (em g/planta) e conteúdo de um determinado nutriente na planta (mg/planta) gera um índice que poderia ser denominado "razão de incremento relativo", ou incremento relativo de massa por unidade de nutriente acumulado (ou coeficiente de utilização biológica (CUB)). Embora este tipo de razão possa ser útil em alguns casos, deve-se tomar cuidado com o uso excessivo dessas "razões", tanto porque elas podem ter um sentido biológico confuso quanto porque podem resultar em um índice com distribuição de erros muito distinto da distribuição Gaussiana. Dessa forma, em alguns casos seria mais recomendável uma ANCOVA do que uma razão.

9.2.1. Índices multivariados simples em experimentos com consórcios de plantas

Em experimentos agronômicos com consórcios de plantas é comum o pesquisador necessitar avaliar o crescimento ou a produção de diferentes plantas que ocupam uma mesma unidade experimental. Por exemplo, em um experimento com diferentes formas de consórcio milho+feijão, a produtividade das UEs sob consórcio pode ser avaliada pelas produtividades de milho e feijão separadamente ou conjuntamente. Por razões óbvias, geralmente não é interessante simplesmente somar as produtividades de culturas diferentes. Por isso, um índice multivariado simples poderá ser empregado para expressar essa produtividade conjunta do sistema consorciado.

Embora existam diversas formas de se expressar a produtividade conjunta de um sistema de cultivo diversificado, Ferreira (2018) destaca três delas:

i. *Produção equivalente* $(Ye) = Y_1 + rY_2$, em que Y_1 é a produtividade da cultura 1 (considerada como referência), Y_2 é a produtividade da cultura 2 e r é a relação de preços entre as culturas, que pode ser obtida como uma estimativa regional ou nacional. Dessa forma, as produtividades de Y_1 e Y_2 podem ser somadas (se estiverem numa mesma unidade, obviamente), mas ponderando-se pela diferença no valor econômico entre as culturas. Se, por exemplo, em um experimento com consórcios de milho+feijão considerou-se como preço do milho 120 R$/saca e do feijão 380 R$/saca teremos $r = 380/120 = 3.17$. Se, por exemplo, uma UE obteve produtividade de milho de 6.84 t/ha e de feijão de 1.71 t/ha a "produtividade milho equivalente" será Ye = 6.84 + (3.17 . 1.71) = 12.26 t/ha.

ii. *Uso Eficiente da Terra* (UET) = (Y_1 no consórcio/Y_1 solteiro) + (Y_2 no consórcio/Y_2 solteiro). Este índice tem como desvantagem o fato de exigir que exista um tratamento com a cultura Y_1 no manejo solteiro (monocultivo). Uma opção para contornar essa limitação é substituir o valor de "Y_1 solteiro" por uma constante correspondente à produtividade média da cultura em monocultivo (média regional ou nacional). Um valor de UET de 1.2, por exemplo, indica que o sistema consorciado é 20% mais eficiente no uso da terra que o sistema em monocultivo. O UET também é conhecido como "índice de equivalência de área" (IEA) (PERDONÁ et al., 2015; GUEDES et al., 2010).

iii. *Uso Eficiente da Terra/Tempo* (UET/T) = [(t_1.Y_1 no consórcio/Y_1 solteiro) + (t_2.Y_2 no consórcio/Y_2 solteiro)] / T, em que t_1 e t_2 são os tempos de duração das culturas dentro do consórcio (geralmente em dias até a colheita) e T é o tempo total do cultivo consorciado (que coincide com o tempo da cultura de ciclo mais longo).

9.3. Índice *Desirability*

A expansão da concepção de "índices multivariados" resultou no desenvolvimento de índices mais complexos, como os "índices de seleção" (muito utilizados no melhoramento genético) e o índice ou função Desirability (muito utilizado nas engenharias para encontrar as condições ótimas para otimização de um processo ou produto sob uma perspectiva multicategórica).

Na maioria dos casos, os índices de seleção e o índice Desirability (que poderia ser traduzido como "desejabilidade" ou "aquilo que se deseja do ponto de vista de um conjunto de aspectos") são usados para dados experimentais. O índice Desirability foi criado por Harrington (1965) e, posteriormente aprimorado por Derringer & Suich (1980). Ele é muito semelhante à concepção dos índices de seleção do tipo "multiplicativo". Nestes índices, variáveis-resposta pouco ou não-correlacionadas são combinadas a partir de fórmulas simples e o índice final é submetido a um teste estatístico usual (ANOVA e testes de médias, por exemplo). Estes índices são úteis do ponto de vista exploratório, mas são especialmente úteis como técnica confirmatória para controlar a MFWER. Dessa forma, quando uma diferença significativa é apontada pelo índice ele dá sustentação para esta mesma diferença apontada pelas análises univariadas individuais. O índice Desirability baseia-se na média geométrica entre variáveis-resposta previamente submetidas a uma padronização para uma escala de 0 (zero) a 1 (um). Cada variável padronizada para a escala de 0 a 1 é chamada de índice individual d_i. Para realizar esta padronização inicia-se localizando-se o maior e o menor valor observado para a variável em questão. Em seguida calcula-se:

$$d_i = (y - Li)\Big/(Ls - Li)$$

Em que: y é o valor de cada observação numa determinada variável resposta; Li e Ls são os limites inferior e superior ou o menor e o maior valor observado na variável resposta. Esta equação simples resultará numa escala em que existirá pelo menos um valor igual a zero (indicando que este é o valor mais indesejável) e pelo menos um valor igual a um (o valor mais desejável). Evidentemente que esta equação precisará ser alterada caso a variável resposta em questão seja de ordem inversa, ou seja, os valores menores indiquem uma situação mais desejável e os maiores uma situação menos desejável. É o que ocorre, por exemplo, com teores de elementos tóxicos no solo, em que "quanto menos melhor". Nestes casos, a equação precisa ser alterada para que sempre valores próximos de 1 indiquem situação "desejável" e próximos de 0 "indesejável":

$$d_i = \left[(Ls - y) \Big/ (Ls - Li) \right]$$

A depender dos objetivos da pesquisa, esta padronização pode ser calculada impondo-se limites pré-definidos para os limites superior e inferior. Ou seja, pode-se substituir o maior e o menor valor na fórmula de d_i por valores de referência ou valores que indiquem situação crítica ou de "desejabilidade". A imposição de valores de referência poderá resultar numa escala padronizada sem valores iguais a 0 (zero) e sem valores iguais a 1 (um). Ou, se os valores de referência estiverem dentro do intervalo dos dados observáveis, resultará numa escala padronizada com vários 0 e vários 1 (nunca menores que zero ou maiores que um). Esta estratégia poderá ser muito útil para atribuir peso 0 às observações ou repetições abaixo de um nível mínimo ou que indiquem uma condição indesejável. Definir Li's menores que os dados também será muito útil para evitar valores iguais à zero, os quais podem resultar em violação da condição de normalidade quando em grande número.

No caso de dados de teores de nutrientes no solo, por exemplo, um Li poderia ser fixado como sendo o limite de quantificação do método de análise para o elemento em questão, ou mesmo como um valor de referência muito baixo (limite da classe "muito baixo", por exemplo). Um Li imposto desta forma evitaria a presença de zeros na variável d_i obtida.

A imposição de Li e Ls pode ser útil também quando se deseja estabelecer a ideia de que "acima de um determinado valor não há ganho de qualidade" ou "abaixo de determinado valor não há mais perda de qualidade", reduzindo a importância de valores extremos. Em outras palavras pode-se definir um valor ideal ou meta para cada parâmetro em questão. Esta concepção é semelhante à ideia de "ideótipo", onde busca-se aquelas UEs que se aproximam de uma situação ideal.

Por fim, a imposição de Li e Ls pode evitar que variáveis pouco importantes à impressão global acabem adicionando variação aleatória aos valores D_i e comprometam a capacidade do índice global de promover separação de grupos. Se, por exemplo, num experimento a variação dos níveis de Al^{3+} está entre 0.20 e 0.45 $cmol_c$ dm^{-3} (uma variação pequena) e a variação nos níveis de K está entre 12 e 120 mg dm^{-3} (uma variação importante), é evidente que K é uma variável resposta mais importante que Al^{3+} para esta situação. No entanto o d_i individual para Al^{3+}, sem imposição de Ls, converterá os valores para uma mesma escala de 0 a 1 tal como fará para o grande intervalo dos valores de K. Claramente o d_i para Al^{3+}, nesse caso, estaria comprometendo a qualidade do índice global conjunto de Al^{3+} e K. Para contornar este problema recorrente deve-se tomar especial cuidado na definição de Li e Ls para cada variável resposta. Uma opção interessante na área de fertilidade do solo é buscar valores de referência conhecidos (como níveis críticos de solo ou foliar) ou valores que indiquem a amplitude comum para cada tipo de variável (como o limite superior da classe "alto" ou "bom", duas vezes o limite superior da classe "alto" ou, para dados de produtividade, duas vezes o valor correspondente à média regional, nacional, etc.).

Embora não seja a situação mais usual, pode-se também converter os dados para uma escala d_i de forma que Ls não seja um valor máximo, mas sim um valor alvo ideal, acima ou baixo do qual é igualmente indesejável (CANDIOTI et al., 2014). Este tipo de d_i é mais utilizado na otimização de processos industriais em que tanto acima quanto abaixo de uma condição ideal geram produtos fora de uma especificação desejável. Nesses casos, os d_i individuais devem ser calculados da seguinte forma:

$$d_i = \frac{(y - Li)}{(A - Li)} \quad \text{para quando y} \le \text{que o valor alvo (A); ou:}$$

$$d_i = \frac{(y - Ls)}{(A - Ls)} \quad \text{para quando y} > \text{que o valor alvo (A).}$$

Após calcular os d_i individuais para cada variável resposta (com ou sem atribuição de pesos) aplica-se uma média geométrica dos índices individuais para obter-se o índice global Desirability (D_i):

$$D_i = (d_1^{r1} \cdot d_2^{r2} \cdot d_3^{r3} \dots d_n^{n})^{\wedge \frac{1}{\Sigma ri}}$$

Em que r1, r2, r3, etc. indicam pesos que podem ser atribuídos aos d_i individuais. Ou seja, pode-se assumir previamente que uma ou algumas variáveis-resposta são mais importantes na composição de um índice final. A atribuição de pesos é realizada elevando-se o d_i por um coeficiente, como por exemplo 0.5; 0.8; 2.0 ou 3.0. Quanto maior o peso, maior a importância daquela variável para a resposta global. É muito importante ressaltar que a atribuição de pesos precisa ser definida sempre *a priori*, caso contrário poderá ser realizado de maneira tendenciosa para favorecer o aparecimento de certas diferenças, o que irá inflacionar as taxas de erro. Uma vez obtida a coluna de valores D_i, esta nova variável é entendida como uma variável latente e pode ser submetida à ANOVA univariada e aos testes posteriores, respeitando-se todas as condições exigidas por estes procedimentos (inclusive pode-se realizar transformações do índice, se necessário para atender as pressuposições da ANOVA).

Em geral, não se recomenda que o número total de variáveis (n) a serem incluídas nos índices de seleção seja muito elevado. Isso porque se as diferenças entre os tratamentos nas diferentes variáveis não forem convergentes ou coerentes (ou seja, apontarem em favor do(s) mesmo(s) tratamento(s)), o índice final poderá perder sua capacidade discriminativa. Dessa forma, quando existirem muitas variáveis respostas estas podem ser agrupadas em dois ou, no máximo, três grupos de variáveis para construir índices multivariados associados a estes grupos (por exemplo, um grupo de variáveis com apenas parâmetros de solo e um grupo com apenas parâmetros das plantas).

Note que o índice Desirability, ao utilizar a média geométrica no lugar de uma simples média aritmética, faz com que a presença de valores iguais a zero (condição indesejável) numa única variável resposta resulte em um D_i igual a zero para aquela observação (independe dos demais d_i serem diferentes de zero para aquela mesma observação). Em muitos casos essa inflação em zeros será prejudicial ao poder do índice, sendo recomendável alterar as equações de padronização anteriormente apresentadas por:

$$d_i = 0.1 + \frac{(y - Li)0.9}{(Ls - Li)} \qquad \text{ou}$$

$$d_i = 0.1 + \frac{(Ls - y)0.9}{(Ls - Li)}$$

O índice Di final obtido, nesse caso, será um índice "sem zeros", ou "Di-zero missing" (Di-zm). Em geral, este índice é consideravelmente mais poderoso que o índice Di tradicional. Além disso, uma modificação adicional no cálculo do índice Di final (... $^{\overline{\frac{1}{0.5 \sum ri}}}$) em lugar da sua forma original permite um incremento de poder ainda maior ao índice original, tornando-o ainda mais útil (MAIA, 2023).

O índice Desirability permite não apenas confirmar diferenças entre o(s) tratamento(s) apontadas pelos testes univariados (que sem o teste multivariado seriam sempre duvidosas em função da MFWER), como permite também uma visão geral multicategórica dos seus dados. Dessa forma, a função Desirability é uma opção simples à ANOVA multivariada (MANOVA), substituindo-a bem na maioria dos casos. Apenas quando existir determinados tipos de correlação entre as variáveis resposta é que a MANOVA será mais poderosa que o índice Di-zm (veja item 9.8). A MANOVA, no entanto, tem como desvantagem não permitir a realização de testes posteriores, o que a torna desinteressante como técnica confirmatória já que não permite inferir qual(is) tratamento(s) difere(em) dos demais.

9.4. Índices de seleção por postos

Entre os diversos índices multivariados, o índice de postos de Mulamba-Mock é bastante utilizado para fins de escolha do(s) melhor(es) tratamento(s) pela sua simplicidade. Este índice, apresentado em Mulamba & Mock (1978), baseia-se na transformação rank ou postos das variáveis a serem consideradas com posterior soma dos postos para cada observação/repetição. Os postos somados são então submetidos à uma ANOVA univariada usual e testes posteriores. Geralmente o poder deste procedimento é um pouco inferior ao poder obtido pelo índice Desirability, mas com a vantagem de não depender da existência de resíduos normais já que é um índice baseado na estatística de postos.

Tal como ocorre para o índice Desirability, se uma variável a ser incluída no índice estiver em escala inversa (ou seja, quanto menor melhor) deve-se inverter a ordem dos postos de modo que o índice final obtido pela soma dos postos tenha um sentido lógico e convergente. Também é permitido atribuir pesos distintos a cada variável. Os pesos são atribuídos pela simples multiplicação dos postos de cada variável por um valor fixo, antes do somatório dos postos. Tal como o índice Desirability, é recomendável uma avaliação prévia da multicolinearidade das variáveis-resposta a serem incluídas no índice, de modo a priorizar variáveis não redundantes.

9.5. Análise de componentes principais (ACP)

A análise de componentes principais (em inglês PCA) é uma das mais conhecidas técnicas de análise multivariada. Seu uso mais comum é como técnica exploratória em estudos observacionais diversos. No entanto, seu uso em estudos experimentais tem aumentado, mesmo que nesses estudos o uso de variáveis canônicas possa ser mais interessante em muitos casos.

A condição ideal de uso da ACP é depende de uma distribuição normal multivariada dos resíduos (MANLY, 1995), embora este aspecto seja frequentemente negligenciado. Alguns pesquisadores consideram que a não-normalidade não é restritiva para se realizar uma PCA, embora sua interpretação seja melhorada quando esta condição é satisfeita. Manly (1995) estabelece uma recomendação mínima simples:

... "A definição exata de uma distribuição normal multivariada não é muito importante. A abordagem da maioria das pessoas, para melhor ou para pior, parece considerar os dados normalmente distribuídos, a menos que haja algum motivo para acreditar que isso não é verdade. Em particular, se todas as variáveis individuais em estudo possuem distribuição normal, então assume-se que a distribuição conjunta é normal multivariada. Isso é, na verdade, um requisito mínimo, já que a definição de normalidade multivariada é um pouco mais complexa do que isso" (15-16 pp).

A análise de componentes principais tem por objetivo, como outras técnicas multivariadas, sintetizar diversas variáveis-resposta em um grupo menor de variáveis, chamadas de índices ou componentes principais. Estes componentes são agrupamentos ou combinações lineares das diversas variáveis-resposta. Cada componente é independente (não-correlacionado) aos demais e a soma deles "explica" a variação total dos dados. Geralmente, apenas os dois componentes mais importantes já são capazes de explicar a maior parte da variação total dos dados (> 70 %), e por isso a plotagem destes dois componentes num plano cartesiano permite distinguir ou agrupar (visualmente ou utilizando uma análise posterior) as diferentes observações (amostras) considerando o conjunto de variáveis-resposta.

Cada componente do PCA é uma simples combinação linear múltipla de todas as variáveis-resposta. Estes componentes nem sempre têm um significado prático. Eles apenas são o resultado da transformação de várias variáveis-resposta numa escala ou índice único, que sugere proximidade ou semelhanças entre as amostras conforme elas se posicionam mais próximas ou mais distantes umas das outras nesta nova escala. Se plotarmos os dois PCAs mais importantes (que são independentes entre si) num plano cartesiano, a distância entre dois pontos (amostras ou unidades de estudo) indica o grau de similaridade destes dois pontos sob uma perspectiva multicategórica. Para mensurar esta distância ou estabelecer agrupamentos pode-se complementar a análise PCA com uma análise de *Cluster* (ou de agrupamento). Como a PCA baseia-se em regressão linear múltipla das variáveis, também é recomendável que o número de amostras seja maior que o número de variáveis.

Para que a combinação linear das múltiplas variáveis gere um índice (um componente principal) com boa capacidade discriminativa é altamente recomendável que estas variáveis sejam padronizadas quanto à escala. Assim, evita-se que uma variável cuja amplitude é de 1000 a 16000 (como produtividade de milho, em kg ha^{-1}, por exemplo) tenha um peso excessivamente maior que outra variável cuja amplitude está entre 0.0 e 6.0 (como disponibilidade de Ca^{2+} no solo, em $cmol_c$ dm^{-3}, por exemplo). Dessa forma, usualmente as variáveis são previamente transformadas ou para uma escala "Z-score" ou para uma escala "d_i" (0 a 1). O mais usual é a padronização por "Z-scores (0,1)", que consiste em:

$$Z_{ij} = \frac{y_{ij} - \bar{y}_j}{s_j} \qquad \text{(padronização com média 0 e variância 1 ou (0, 1))}$$

Em que "s_j" é o desvio-padrão da variável e "$\bar{y}_j$" é a média da variável resposta em questão. Opcionalmente pode-se utilizar o desvio médio absoluto em lugar do desvio-padrão. Os "Z-scores com média zero" resultantes geralmente possuem amplitude entre - 3 e + 3. É importante mencionar que a padronização foi realizada com "Z-scores com média zero", pois existem outras formas de calcular Z-scores, que não possuem média zero. É importante ter em mente que mesmo utilizando "Z-scores" as variáveis com maior amplitude de Z-score irão ter um peso maior na definição dos componentes principais. Nem sempre, no entanto, essa maior amplitude está associada a diferenças mais relevantes. Dessa forma, em algumas situações o uso da padronização d_i com imposição de limites Li e Ls coerentes com amplitudes esperadas (valores baseados na literatura) pode minimizar a participação supervalorizada de algumas variáveis.

Se todas as variáveis estiverem numa mesma escala, ou numa escala comparável, não é necessário realizar a padronização. Muitas vezes a padronização da escala é chamada de "normalização da escala" ou "normalização dos dados", o que gera alguma confusão com o conceito de normalidade dos resíduos. Padronizar a escala não altera a distribuição dos resíduos.

Além de padronizar a escala das múltiplas variáveis que serão usadas na análise de componentes principais, é importante verificar previamente se existem variáveis redundantes ou que sejam diretamente dependentes uma das outras. A redundância pode ser evidenciada por uma avaliação teórica da interdependência das variáveis ou pode ser evidenciada por uma correlação simples ou através da razão entre o maior e o menor autovalor da PCA (razão < 120 indica que a multicolinearidade no conjunto de dados é pequena ou nula). Esta razão entre autovalores também é conhecida como "número de condições" (NC). A forte presença de multicolinearidade (múltiplas variáveis correlacionadas linearmente entre si) deve ser evitada, pois tende a supervalorizar a importância de algumas variáveis. Dessa forma, tal como é recomendável na análise por função Desirability, deve-se primeiramente gerar uma matriz de correlação de Pearson entre as variáveis para identificar e reduzir o número de variáveis redundantes. No entanto, nem tudo que está correlacionado é redundante. É preciso uma avaliação teórica da redundância entre duas variáveis. Importante notar que enquanto técnica que permite discriminar amostras baseando-se em múltiplas variáveis, a PCA se distingue de outros índices multivariados justamente por trabalhar melhor com a existência de algum nível de correlação entre estas variáveis.

9.5.1. PCA em estudos observacionais: um exemplo resolvido no software BioEstat

O *BioEstat* é um software gratuito, simples e intuitivo com boa capacidade analítica (AYRES et al., 2007). Como em outros softwares de foco específico, a realização de algumas análises da estatística multivariada é especialmente simples se comparado a softwares mais abrangentes como R, SAS, SPSS, Statistica, etc. Após baixar o aplicativo

(https://www.mamiraua.org.br/downloads/programas/   ou
http://www2.assis.unesp.br/ffrei/bioestat.html) lembre-se de alterar as
configurações do seu Excel para o separador decimal ".” em substituição à
tradicional vírgula (o *BioEstat* só compreende ponto como separador decimal).
Para tal, com o Excel aberto vá em "Arquivo / Opções / Avançado" e informe
"." como separador decimal e "," como separador de milhar.

Considere um estudo observacional cujas amostras são 25 perfis de
Latossolos que foram avaliados quanto às seguintes variáveis-resposta: teor de
matéria orgânica (MOS) e teor de argila (ARG) nos horizontes A e B e
capacidade de troca catiônica potencial (CTC) no horizonte B (Tabela 9.1).
Estes 25 perfis estão associados a diferentes materiais de origem e condições
bioclimáticas. Uma análise PCA pode ser útil neste caso para, por exemplo,
identificar padrões de similaridade entre estes perfis e assim permitir um
agrupamento (apenas exploratório, não confirmatório) dos mesmos sob uma
perspectiva de todos os parâmetros de solo avaliados.

Tabela 9.1 - Atributos químicos e físicos de 25 perfis de Latossolos do sudeste
brasileiro. Note que, neste caso, não há preditores/tratamentos pré-definidos ou
estes não foram o foco principal do plano de amostragem. No entanto, note que
as amostras (solos) são independentes entre si

SOLOS	MOS-B (%)	ARG-B (%)	CTC-B (cmol$_c$ dm^{-3})	MOS-A (%)	ARG-A (%)
Perfil 1	1.40	84	5.04	6.59	77
Perfil 2	0.95	70	3.12	3.55	62
Perfil 3	1.81	74	4.67	3.81	71
Perfil 4	1.45	77	4.20	3.41	73
Perfil 5	0.62	60	2.64	3.55	54
Perfil 6	0.51	58	3.88	2.69	37
Perfil 7	0.55	45	0.74	3.88	34
Perfil 8	0.86	53	8.86	4.60	52
Perfil 9	1.21	70	4.92	2.24	62
Perfil 10	1.41	86	5.53	3.84	81
Perfil 11	1.79	85	3.71	3.84	83
Perfil 12	0.22	40	4.04	0.93	36
Perfil 13	0.29	17	1.34	1.14	13
Perfil 14	1.09	71	3.94	2.88	67
Perfil 15	0.34	26	2.77	1.72	20
Perfil 16	1.52	92	2.81	4.36	88
Perfil 17	1.67	73	6.35	4.79	76
Perfil 18	0.98	80	4.47	6.09	69
Perfil 19	2.24	59	5.42	3.10	46
Perfil 20	0.90	46	4.66	2.64	36
Perfil 21	1.14	55	5.03	5.65	46
Perfil 22	2.02	82	3.92	3.78	70
Perfil 23	1.40	46	6.97	6.33	38
Perfil 24	2.93	79	9.44	6.84	73
Perfil 25	1.78	78	4.22	3.76	73

O primeiro passo da análise é verificar a condição de normalidade das variáveis, separadamente. Pode-se, por exemplo, utilizar o teste de Jarque-Bera para tal verificação (veja item 2.2.1). Neste caso, como não há preditores com níveis pré-definidos, os resíduos são calculados em relação à média geral de cada variável resposta, o que pode ser de utilidade questionável. No caso dos dados da Tabela 9.1 todas as variáveis possuem distribuição normal. Alternativamente, os resíduos poderiam ser calculados em relação ao modelo linear múltiplo de cada CP. Lembre-se que caso o n seja muito elevado (como por exemplo, um n > 300) pode ser importante considerar um p-valor menor que 0.05 para evidência de não-normalidade. Se necessário uma transformação pode ser aplicada para corrigir uma não-normalidade detectada (como log, raiz, arcoseno, Box-Cox, ou outra, mas não uma transformação rank). Pode-se verificar também a presença de outliers no conjunto de dados de cada variável utilizando-se, por exemplo, do critério de Grubbs ou, preferencialmente, o teste ESD Generalizado (veja item 8.1).

O segundo passo da análise é gerar uma matriz de correlação das variáveis. Usando a correlação de Pearson e testando-se a significância da correlação pelo teste t obtêm-se a Tabela 9.2. Nota-se que a variável "ARG-A" está altamente correlacionada à "ARG-B", sugerindo que uma delas pode ser redundante. Se uma avaliação teórica crítica sobre essas variáveis sugerir redundância, ela deve ser removida do conjunto de dados para evitar supervalorização desta variável na estimativa dos componentes principais. A decisão de remover ou não uma destas variáveis, bem como a decisão sobre qual delas excluir é de caráter teórico e de acordo com a importância da variável para o estudo em questão.

Tabela 9.2 - Matriz de correlação de Pearson entre as variáveis avaliadas para os 25 perfis de Latossolos estudados

	MOS-B	ARG-B		CTC(T)-B	MOS-A	ARG-A
MOS-B	1.000					
ARG-B	0.667	1.000				
CTC(T)-B	0.554	0.257		1.000		
MOS-A	0.544	0.505		0.558	1.000	
ARG-A	0.660	0.974	**	0.289	0.485	1.000

**, *: índices de correlação (R) > 0.700 e significativos a 5 ou 1 % de probabilidade de erro pelo teste t.

Aqui optaremos pela exclusão da variável "ARG-A" para iniciar a análise de componentes principais. A argumentação teórica sobre essa redundância poderia ser: se considerarmos que a gênese de Latossolos não está associada a intensa translocação de argila por eluviação, há poucas razões para sustentar que os teores de argila no horizonte A destes solos sejam muito distintos dos teores no horizonte B. O que significa dizer que, mesmo do ponto de vista

234

teórico, a correlação entre estas duas variáveis deve mesmo ser indicativa de redundância na informação.

O terceiro passo é padronizar a escala das quatro variáveis restantes, uma vez que existem escalas distintas neste conjunto dos dados. Aplicando-se a padronização padrão por Z-scores (0 , 1) obtemos a Tabela 9.3.

O quarto passo é abrir o *BioEstat* e "copiar" e "colar" os dados do Excel para a planilha do programa. No BioEstat, a PCA será mais simples se o usuário não copiar os títulos das colunas e não copiar a coluna que identifica as amostras. Em seguida vá na aba "Estatísticas / Análise Multivariada / Componentes Principais". Selecione as variáveis que serão utilizadas (no caso todas as 4 variáveis inseridas) usando o botão ">>" (Figura 9.1).

Depois clique em "Executar Estatística" para que os resultados sejam mostrados. O *BioEstat* informará nos resultados: uma matriz de correlação entre as variáveis, os autovalores e autovetores dos componentes e, ao final, os valores estimados dos componentes para cada uma das 25 amostras. Nos autovalores é possível consultar a % da variação total explicada por cada componente. No exemplo acima, o CP1 explica 63.82 % da variância total e o CP2 19.14 %. Como estes dois componentes totalizam mais que ~70 % da variação total, um gráfico CP1 x CP2 é representativo da maior parte da variação. Para gerá-lo no Excel basta copiar e colar os resultados gerados pelo *BioEstat* numa planilha do Excel, selecionar os valores dos CP1 e CP2 para as amostras e gerar um gráfico simples (vá em "Inserir / Gráfico de dispersão X,Y"). Em seguida selecione a coluna que definirá o "rótulo dos dados" (vá em "+"/rótulo de dados/mais opções e em "valor a partir das células") (Figura 9.2).

Tabela 9.3 - Variáveis da Tabela 9.1 em escala padronizada por Z-scores

SOLOS	MOS-B	ARG-B	CTC(T)-B	MOS-A
Perfil 1	0.23	1.01	0.27	1.73
Perfil 2	-0.45	0.30	-0.70	-0.18
Perfil 3	0.86	0.50	0.08	-0.02
Perfil 4	0.31	0.66	-0.16	-0.27
Perfil 5	-0.95	-0.22	-0.95	-0.18
Perfil 6	-1.12	-0.32	-0.32	-0.73
Perfil 7	-1.05	-0.99	-1.91	0.02
Perfil 8	-0.58	-0.58	2.21	0.48
Perfil 9	-0.06	0.30	0.21	-1.01
Perfil 10	0.26	1.12	0.52	0.00
Perfil 11	0.84	1.07	-0.41	0.00
Perfil 12	-1.55	-1.25	-0.24	-1.84
Perfil 13	-1.45	-2.43	-1.61	-1.71
Perfil 14	-0.24	0.35	-0.29	-0.61
Perfil 15	-1.37	-1.96	-0.88	-1.34
Perfil 16	0.42	1.43	-0.86	0.33
Perfil 17	0.65	0.45	0.94	0.60

Perfil 18	-0.40	0.81	-0.02	1.42
Perfil 19	1.52	-0.27	0.46	-0.47
Perfil 20	-0.53	-0.94	0.08	-0.76
Perfil 21	-0.16	-0.47	0.27	1.14
Perfil 22	1.18	0.91	-0.30	-0.04
Perfil 23	0.23	-0.94	1.25	1.57
Perfil 24	2.57	0.76	2.51	1.90
Perfil 25	0.81	0.71	-0.15	-0.05

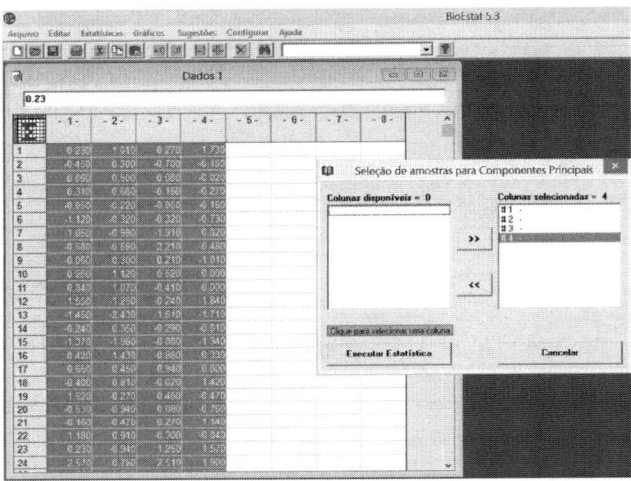

Figura 9.1 - Planilha de entrada do BioEstat e janela de seleção das variáveis para análise multivariada por componentes principais.

Figura 9.2 - Etapas de formatação no Excel de gráfico de dispersão resultante da análise de componentes principais.

Os pontos mais próximos entre si indicam similaridade entre os perfis de solo do ponto de vista das quatro variáveis estudadas. Posteriormente uma

236

análise de cluster poderá ser realizada para facilitar uma definição/separação formal de grupos (veja item 9.6). Note que, clicando sobre a área do gráfico pode-se clicar à direita em "+ elementos do gráfico" e depois em "rótulo de dados/mais opções" para identificar cada ponto do gráfico. Dicas de formatação de figuras e exportação como arquivos ".jpg" ou ".tif" em alta resolução são apresentadas no capítulo 10.

Alguns pontos importantes podem ainda ser discutidos sobre este exemplo. Nos dados mostrados pelo *BioEstat* pode-se observar que 4 componentes foram gerados (sempre em número igual ao número de variáveis). Pode-se ainda consultar os coeficientes usados na regressão linear múltipla que foram usados para estimar os valores de cada componente. Neste exemplo a equação foi: CP1 = 0.5477.MOS-B + 0.4774.ARG-B + 0.4583.CTC + 0.5120.MOS-A. A partir de um exame da magnitude e da direção (positivo ou negativo) dos coeficientes pode-se inferir, com alguma imprecisão devido à padronização Z-score, sobre a importância de cada variável na composição do componente principal em questão. Considerando a magnitude dos coeficientes das variáveis para os dois ou três CPs mais importantes, pode-se identificar quais variáveis são menos importantes para explicar a variação total do conjunto de dados.

Como no exemplo anterior o CP1 representa, sozinho, mais de 50 % da variação total do conjunto de dados, ele pode ser considerado como uma boa variável latente indicadora de similaridades. Em outras palavras, CP1 é um índice multicategórico representativo do conjunto de dados. Se, por exemplo, os 25 perfis forem separados em 3 grupos de acordo com a rocha de origem dos mesmos, pode-se construir um Box-Plot dos escores do CP1 para estes 3 grupos. Com isso, será possível inferir (de maneira exploratória, não confirmatória!) se as diferenças no CP1 entre os perfis em questão estão ou não fortemente relacionadas ao material de origem.

Se o primeiro componente não abrigasse, isoladamente, 50% da variância dos dados, um índice melhor poderia ser gerado pela soma CP1 + CP2 (ponderada pela raiz dos seus respectivos autovalores, ou seja, CP1xRAIZ(autovalor de CP1) + CP2xRAIZ(autovalor de CP2)), cuja correlação (R^2) com a soma de todos os CPs corresponderia a 63.82+19.14 ≈ 83 % (a fração acumulada explicada pelos dois primeiros componentes do exemplo em questão). Ou seja, uma grande utilidade da análise de componentes principais é simplesmente reduzir o volume de informações gerando índices que podem ser usados como variáveis latentes para fins de comparação, seja por meio de box-plots dos CPs, seja por meio de uma análise de cluster ou até mesmo por uma técnica univariada como ANOVA e testes de médias (neste último caso o índice PCA será uma técnica confirmatória).

É muito frequente que a ACP seja complementada ainda com a indicação gráfica dos autovetores padronizados (aparecem como "retas" ou "setas" sobre o mesmo gráfico da ACP). Esse procedimento informa o sentido da influência de cada variável sobre os valores dos CPs, e é conhecido como "mapa dos vetores", "mapa perceptual" ou "factor loadings". Os autovetores padronizados indicam o sinal e a magnitude dos coeficientes das regressões lineares múltiplas que formam os PC1 e 2. Assim, uma seta no primeiro quadrante significa, por exemplo, que o coeficiente associado à este parâmetro é positivo no PC1 e positivo no PC2. Quando dois parâmetros apontam na direção do mesmo quadrante há correlação positiva entre eles. Quanto mais sobrepostas ("juntas") as setas estiverem, mais forte será a correlação entre estes parâmetros. Quando duas variáveis são indicadas por setas que apontam em quadrantes opostos (1° e 3°, por exemplo) há correlação negativa entre elas. Quando apontam em quadrantes vizinhos pode tanto indicar que não há correlação entre eles (ângulo exato de 90 graus entre eles) quanto indicar correlações positivas ou negativas de pequena magnitude. Dessa forma, parte das informações da matriz de correlação entre as variáveis pode ser indicada, ainda que com perda de informação, no mesmo gráfico PCA, gerando economia de espaço. Para padronizar os autovetores, e assim poder indicar esses valores no mesmo gráfico, basta multiplicar cada autovetor (coeficientes) pela raiz do respectivo autovalor (valor não em %). Estes autovetores padronizados frequentemente são apresentados no mesmo gráfico dos scores da PCA, porém em eixos com escala distinta.

9.5.2. PCA em estudos experimentais

Quando os dados são provenientes de estudos experimentais pode ser interessante trabalhar diretamente com as médias dos tratamentos e não com os dados brutos, embora esta opção não seja consensual. Uma vantagem prática/operacional de se trabalhar com todos os dados (e não apenas com as médias dos tratamentos) é que haverá mais amostras. Afinal, as regressões lineares múltiplas que definem cada CP terão propriedades melhores se forem definidas com um número de amostras maior que o número de variáveis.

Quando se trabalha apenas com as médias, a escala das variáveis pode ser padronizada de forma diferente, usando "Z-scores com variância 1 e média qualquer", assim:

$$Z_{ij} = \frac{y_{ij}}{s_j} \qquad \text{(padronização com média variável e variância 1 ou } (Z_j, 1))$$

Em que "s_j" é o desvio-padrão do conjunto de médias da variável em questão (não é um desvio que representa a variabilidade dos dados brutos e sim a variabilidade entre as médias) e "y_{ij}" são as médias de cada tratamento para a variável resposta em questão. Os "Z-scores $(Z_j, 1)$" geralmente possuem amplitudes bem maiores que os do tipo "Z-score $(0, 1)$", o que significa dizer que muitas vezes não é conveniente padronizar as escalas com Z-scores do tipo $(Z_j, 1)$ mesmo que se esteja trabalhando com médias.

Considere, por exemplo, um experimento em que diversas variáveis-resposta foram avaliadas num experimento. O pesquisador poderá estar interessado em agrupar os tratamentos com base numa perspectiva multicategórica e para isso poderá recorrer ao índice Desirability (seguido de uma ANOVA e um teste de médias, por exemplo) ou recorrer a um PCA (seguido de uma análise de cluster por distância Euclidiana, por exemplo). O índice Desirability será de caráter confirmatório e a PCA+cluster será apenas de caráter exploratório (ou seja, sem validade para demonstrar diferenças confiáveis entre tratamentos).

9.6. Análises de cluster ou agrupamento

Simplificadamente, a análise de cluster consiste em identificar ou criar grupos de similaridade entre os indivíduos ou amostras (MANLY, 1995). Existem diversos métodos e algoritmos para a análise de cluster, sendo difícil estabelecer qual deles é exatamente o mais adequado para cada situação. Trata-se de um assunto bastante complexo, sendo apresentado aqui apenas noções da aplicação da técnica. Para mais detalhes consulte Gotelli & Ellison (2011), Hair et al. (2009) e Ferreira (2018).

Um dos métodos mais amplamente utilizados é o agrupamento hierárquico usando método de "Ligação média" e distância Euclidiana. Outros métodos usuais são o método de agregação por "Ligação Completa", o método de agregação por "Ligação Simples" e o método de Ward. A distância Euclidiana é o tipo mais comum de distância ou algoritmo para estimativa de similaridade entre dois pontos num plano Euclidiano, calculada como a raiz quadrada da soma dos quadrados da diferença aritmética das "coordenadas" correspondentes de dois pontos "a" e "b":

$$d_{ab} = \left[\sum_{j=1}^{p} (X_{aj} - X_{bj})^2 \right]^{1/2}$$, em que p = 1, 2, ⋯, j; X_{aj} = valor da variável j para o indivíduo a; X_{bj} = valor da variável j para o indivíduo b.

A distância Euclidiana pode ser entendida como uma expansão do teorema de Pitágoras para quando há mais de duas variáveis. O cálculo pode ser aplicado a várias variáveis gerando um conceito complexo de distância multivariada (ou distância multidimensional), que indica o quão distinto são dois ou mais indivíduos/amostras/UEs quaisquer sob uma perspectiva multivariada. Assim como a maioria das demais técnicas multivariadas, as distâncias poderão ser muito influenciadas por diferenças na escala das variáveis em questão. Essa influência deve ser minimizada pela padronização prévia da escala, geralmente sendo realizada por Z-scores (0 , 1). É importante considerar também que, tal como na análise de componentes principais, deve haver um nível seguro de independência entre as variáveis (deve-se evitar variáveis redundantes na análise). Esta exigência é particularmente importante

239

para a distância Euclidiana, razão pela qual é mais indicado aplicá-la sobre os escores dos componentes principais (que são independentes entre si) do que diretamente sobre os dados padronizados.

A distância Euclidiana, assim como a grande maioria dos demais procedimentos para este fim, gerará subdivisões ou agrupamentos sucessivos no conjunto inicial até que todos os indivíduos/amostras estejam separados em seu próprio grupo. A dificuldade óbvia, portanto, passa a ser definir um ponto de parada ou um número máximo de grupos que deveriam ser criados a partir de um conjunto de dados. Um bom ponto final da clusterização é onde o número de grupos formados aumenta consideravelmente num curto incremento de distância euclidiana relativa, mas pode haver alguma subjetividade na identificação desse ponto. Entre os critérios não subjetivos para se definir este "ponto de corte" ou parada do agrupamento, estão os métodos de Mojena, máxima curvatura (*elbow point*), entre outros ou, indiretamente, pelo método de Tocher (que permite estabelecer previamente o número de grupos que devem ser discriminados). O critério de Mojena estabelece que o ponto de corte pode ser calculado a partir dos valores de fusão (a): $\bar{a} + k.s(a)$, ou seja, a média dos valores de fusão somado ao produto entre a constante "k" e o desvio padrão dos valores de "a". Não há um consenso sobre os valores mais adequados para k, desde os que possivelmente controlam o erro tipo I (como k = 3) até valores que provavelmente não controlam o erro tipo I adequadamente (como k = 1.25 ou 1.5).

O teste de Scott-Knott é uma análise de agrupamento hierárquico univariado de dados experimentais. Geralmente, o método de agrupamento deste teste assemelha-se mais ao método "Ligação completa" da análise de cluster multivariada. No entanto, na análise de Scott-Knott, as distâncias entre os grupos não são preservadas, ou seja, não é estabelecido um dendrograma a partir do agrupamento final gerado. Além disso, no dendrograma obtido pela análise de cluster multivariada é possível visualizar não apenas o agrupamento final, mas também o nível de proximidade entre estes grupos.

A análise de cluster pode ser empregada tanto para as variáveis em si (em escala padronizada) quanto para variáveis latentes multicategóricas, como os componentes principais. Sua aplicação é mais recomendável sobre os componentes principais pois estes são seguramente ortogonais entre si, diferentemente das variáveis originais, que quase sempre apresentam alguma estrutura de covariâncias. Nesse sentido, análises de cluster são frequentemente empregadas como complementares à análise de componentes principais, com agrupamento dos indivíduos de acordo com os índices CP1 e CP2 ou mais CPs. Rencher (2002) recomenda que o número de componentes principais a serem incluídos na análise de agrupamento deve permitir que 70% ou mais da variância total esteja incluída nestes componentes. É comum, no entanto, a recomendação de percentagens maiores, como 80 ou até 90%.

9.6.1. Um exemplo resolvido no BioEstat 5.3.

No caso do exemplo anterior (dados da Tabela 9.1, excluindo-se a variável ARG-A que é redundante em relação à ARG-B) a análise de cluster poderá ser utilizada para agregar informações à análise de componentes principais, gerando um dendrograma para definir agrupamentos para os pontos da análise de componentes principais. O primeiro passo é abrir o *BioEstat* 5.3. e "copiar" e "colar" os valores dos CPs (quantos forem necessários para contemplar > 70% da variação total) para a planilha do programa (atenção, a análise de cluster é mais interessante se realizada com os CPs, ou seja, os mesmos que foram usados para gerar o gráfico da análise de componentes principais do exemplo anterior). No *BioEstat* vá na aba "Estatísticas / Análise Multivariada / Análise de Conglomerados". Selecione as variáveis que serão utilizadas usando o botão ">>" e escolha o método de agrupamento e o tipo de distância (Figura 9.3). Execute o teste e obtenha os clusters.

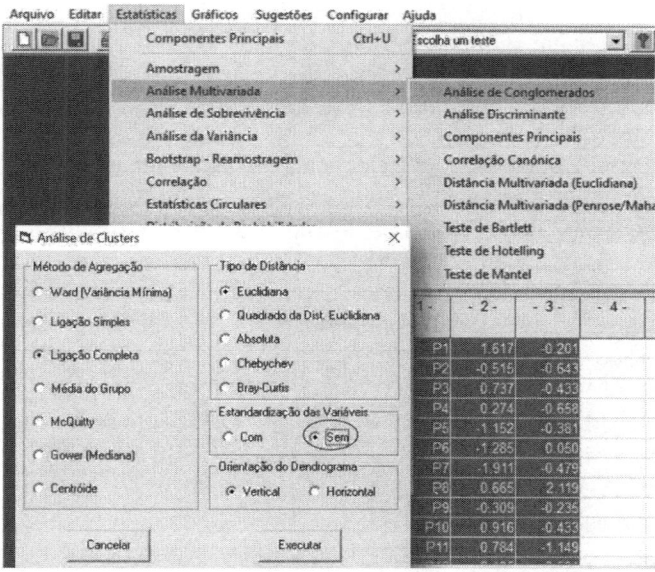

Figura 9.3 - Interface do BioEstat indicando os comandos de acesso para análise de cluster a partir dos CPs da Figura 9.2. Importante lembrar que como a clusterização está sendo realizada sobre os CPs não é necessário fazer nova padronização/estandartização das variáveis. Muito importante que a primeira coluna de dados seja o nome das amostras (caracteres com texto) e não apenas números.

9.7. Índices multivariados baseados em ACP

Além dos índices multivariados já vistos, como os índices de seleção por postos e o índice Desirability, é possível utilizar índices multivariados mais complexos baseados em ACP. Estes índices podem prestar um bom serviço na tarefa de discriminar grupos de tratamentos de forma confirmatória, substituindo a MANOVA. É possível, por exemplo, utilizar os autovalores e autovetores da ACP para gerar variáveis latentes a partir dos dados originais, num procedimento análogo ao cálculo dos CP's. Do mesmo modo, variáveis latentes multicategóricas podem ser geradas a partir da análise discriminante, sendo estes índices submetidos à procedimentos simples como ANOVA e TCMs (BARETTA et al., 2006; BARETTA et al., 2008). Estes procedimentos são mais simples do que a tradicional MANOVA, além de mais flexíveis e aplicáveis à uma ampla gama de delineamentos e esquemas experimentais.

No caso da ACP, o próprio CP1 pode ser usado diretamente como um índice multicategórico a ser submetido à análise de variância e testes de médias (PRIMPAS et al., 2010). Cada CP da análise de componentes principais é uma variável latente independente ou, ao menos, não correlacionada. Dessa forma, é possível também combinar mais de um CP para gerar um índice multicategórico com maior capacidade explicativa dos dados (ZHIYUAN et al., 2011). A forma desta combinação, no entanto, requer o menor nível de sobreposição de informação. Nesse sentido, vários índices PCA já foram propostos, com diferentes formas de ponderação pelos autovalores obtidos, com diferentes níveis de complexidade de cálculo. Entre as opções mais simples, um índice PCA pode ser construído, conforme Zhiyuan et al. (2011), pela média ponderada entre os valores dos CPs que explicam ao menos 70% ou 80% da variação total dos dados. Estas médias são calculadas para cada amostra/UE e devem ser médias ponderadas pela raiz quadrada dos respectivos autovalores de cada CP. Os índices obtidos são, por fim, submetidos aos procedimentos usuais de ANOVA e testes posteriores. Importante lembrar que estes índices, diferentemente da análise de cluster tradicional, são técnicas confirmatórias se os testes posteriores aplicados controlarem adequadamente a FWER/EWER.

9.8. Análises multivariadas para controle da MFWER: considerações adicionais

A análise de variância multivariada (MANOVA) tem sido apresentada como uma técnica multivariada útil para controle da MFWER, que é a taxa máxima de erro tipo I familiar que irá ocorrer quando várias famílias de comparações são realizadas, ou seja, uma família de comparações para cada variável resposta. No exemplo abaixo é apresentado três situações comuns de variação multivariada (Tabela 9.4). O exemplo permite melhor esclarecer quando, de fato, a MANOVA realmente será mais útil que os índices de seleção (como o MM ou o Desirability) ou que índices baseados em PCA.

Tabela 9.4. Três padrões comuns hipotéticos de variação multivariada (A, B e C) presente em experimentos. Para facilitar a visualização dos efeitos reais nas 3 variáveis resposta (Var I, Var II e Var III) nenhuma variação devido ao erro foi inserida (exceto na situação C).

Modelo		... Situação A ...			... Situação B ...			... Situação C ...		
Trat	Rep	Var I	Var II	Var III	Var I	Var II	Var III	Var I	Var II	Var III
1	1	20	10	0	20	10	0	4	4	0.1
1	2	20	10	0	20	10	0	5	5	0
1	3	20	10	0	20	10	0	6	6	0
1	4	20	10	0	20	10	0	7	7	0
1	5	20	10	0	20	10	0	8	8	0
1	6	20	10	0	20	10	0	9	9	0
2	1	20	0	0	0	10	20	4	4	0.1
2	2	20	0	0	0	10	20	5	6	0
2	3	20	0	0	0	10	20	6	8	0
2	4	20	0	0	0	10	20	7	10	0
2	5	20	0	0	0	10	20	8	12	0
2	6	20	0	0	0	10	20	9	14	0
3	1	20	0	0	20	0	0	4	4	0.1
3	2	20	0	0	20	0	0	5	5	0
3	3	20	0	0	20	0	0	6	6	0
3	4	20	0	0	20	0	0	7	7	0
3	5	20	0	0	20	0	0	8	8	0
3	6	20	0	0	20	0	0	9	9	0

Em ambas as situações a MANOVA é capaz de identificar a existência de diferenças entre os tratamentos, ainda que com menor poder em relação aos índices multivariados. A MANOVA, no entanto, será incapaz de informar que o tratamento 2 não difere do 3 na situação A ou que o tratamento 1 não difere do 3 na situação C. Na situação A, tanto índices de seleção quanto os índices baseados em PCA também detectam as diferenças reais. Além disso, ambos permitirão identificar quais tratamentos diferem entre si, sendo os índices multivariados geralmente mais poderosos que os índices PCA.

Na situação B, no entanto, os índices de seleção não conseguem discriminar todos os tratamentos, enquanto que os índices multivariados baseados em PCA conseguem. Note que as diferenças (se considerarmos uma média ou uma soma das 3 variáveis) não convergem em favor de um tratamento específico, e por isso, os índices de seleção não são capazes de distinguir o tratamento 1 do 2 nesses casos. Conseguirão distinguir apenas o tratamento 3 dos demais.

Na situação C, tanto os índices seleção quanto os índices PCA não conseguirão perceber a distinção entre os tratamentos. Uma ANOVA univariada das variáveis também não terá sensibilidade suficiente para detectar a diferença real existente no tratamento 2. Nesse caso, apenas a MANOVA conseguirá perceber que há diferenças entre os tratamentos, embora ela não conseguirá informar em qual tratamento a diferença está. Esse exemplo ilustra que em uma situação experimental, embora a MANOVA possa detectar uma diferença, sua limitação em evidenciar onde está a diferença acaba impossibilitando uma discussão útil sobre os dados. Portanto, na prática a MANOVA não tem grande utilidade, já que acaba nem controlando a MFWER adequadamente (pois quase sempre os experimentos estão sob nulidade parcial) e nem auxiliando na discussão sobre as diferenças entre os tratamentos.

E como resolver esse problema? A solução simples para casos como a situação C é buscar padrões de correlação entre as variáveis. Note que na situação C, a correlação de Pearson entre as variáveis I e II é de 0.847. No entanto, o padrão de correlação entre estas variáveis é distinto entre os tratamentos (conforme evidenciado na Figura 9.4, abaixo). O coeficiente angular da correlação entre I e II no tratamento 2 é de 2.00, enquanto o coeficiente angular desta mesma correlação no tratamento 1 é de apenas 1.00. Note que o R de Pearson para ambos é igual. Esse tipo de diferença entre dois tratamentos poderia ser evidenciado pela simples razão entre a variável I e II. A nova variável (I/II) permitiria facilmente a ANOVA individual ou qualquer índice multivariado evidenciar a diferença entre o tratamento 2 e os demais.

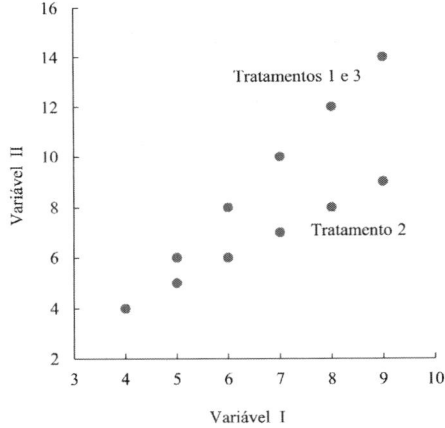

Figura 9.4. Dados das variáveis I e II da situação "C" da Tabela 9.4. Note que graficamente é perceptível a diferença de inclinação da reta no tratamento 2 em relação aos demais. Este é o tipo de estrutura de correlação entre variáveis que a MANOVA consegue distinguir com facilidade. Mas este mesmo padrão de diferenças poderia também ser facilmente percebido pela ANOVA univariada se calculássemos a razão I/II.

244

9.9. Síntese das principais recomendações e entendimentos

i. As análises multivariadas exploratórias mais famosas são a análise de componentes principais e a análise de cluster. Ambas, em suas formas tradicionais, não permitem confirmar hipóteses de maneira segura, apenas sugerir diferenças possivelmente existentes entre grupos do ponto de vista multivariado ou sugerir agrupamento de amostras do ponto de vista de múltiplas variáveis de interesse.

ii. Dentre as análises multivariadas confirmatórias merece destaque a MANOVA, os índices de seleção e os índices baseados em PCA. A principal utilidade destas técnicas não é fornecer uma análise mais poderosa que as análises univariadas, mas sim fornecer uma perspectiva multivariada com controle da MFWER. Ou seja, a principal utilidade destas técnicas é controlar a taxa de erro tipo I familiar acumulada quando um estudo possui comparações entre grupos em várias variáveis respostas. Embora controlar a MFWER não seja uma exigência usual, informar quais diferenças significativas encontradas numa pesquisa são também significativas numa perspectiva multivariada poderá inspirar confiança inequívoca.

iii. A MANOVA é limitada em relação aos índices de seleção e aos índices PCA pois não permite distinguir qual(is) tratamento(s) difere(m) dos demais. Os índices de seleção possuem excelente equilíbrio entre poder e simplicidade, mas em alguns casos, não conseguem superar o poder dos índices PCA. O índice de seleção "Desirability modificado" (sem zeros e com Di final modificado) destaca-se em relação aos demais índices de seleção.

iv. Um índice PCA, como o CP médio ou o próprio CP1, é um índice obtido a partir da análise de componentes principais que pode ser submetido à uma análise univariada usual com a finalidade de comparar grupos ou tratamentos. Se o CP1 isoladamente é capaz de explicar a maior parte da variância total dos dados ele pode ser considerado uma variável latente que resume os dados. Se dois ou três componentes principais são necessários para explicar a maior parte da variância total dos dados, estes CPs podem ser combinados em um CP médio obtido por média ponderada (pesos de acordo com a raiz dos autovalores de cada CP).

v. A análise de componentes principais permite sintetizar diversas variáveis respostas em um conjunto menor e não-correlacionado de variáveis, chamados componentes principais. Este "resumo multivariado" da informação pode facilitar a identificação de padrões de agrupamento entre amostras ou de agrupamento entre tratamentos, pode facilitar a identificação de variáveis redundantes e pode facilitar a identificação de estruturas de correlação entre as variáveis.

10. DICAS PARA APRESENTAÇÃO DE RESULTADOS E PARA A FORMATAÇÃO DE GRÁFICOS E TABELAS

Neste capítulo serão abordadas algumas dicas para formatação de gráficos e tabelas, em sua maioria apoiando-se nas saídas geradas pelo software SPEED Stat (speedstatsoftware.wordpress.com). No entanto, nem todas as dicas se restringem a ele, sendo boa parte delas úteis aos usuários do Microsoft Office em geral ou outros softwares.

Primeiramente, é importante ficar atento à correta descrição, no item "Materiais e Métodos", do desenho experimental e das análises estatísticas realizadas. Embora não haja um formato padrão, a dica geral é estruturar o "Materiais e Métodos" em quatro subitens básicos:

i. Caracterização geral do estudo, onde geralmente se descreve brevemente o local do estudo, a natureza do estudo (se foi um experimento a campo, em casa de vegetação ou se foi um estudo observacional) e outras informações gerais;

ii. Desenho experimental/observacional, onde se descreve quais foram os tratamentos/preditores impostos ou observados e dá-se detalhes do delineamento, da estrutura e/ou do esquema experimental. Informa-se também sobre a duração dos experimentos, sobre a natureza do estudo (exploratório ou confirmatório) e até pode-se listar as variáveis-resposta avaliadas (apenas listar, sem detalhar), entre outras informações. Em geral, não há espaço e nem necessidade de se o descrever o delineamento experimental nos resumos dos artigos;

iii. Avaliações, onde detalha-se os materiais e métodos envolvidos na amostragem e/ou determinação de cada variável resposta que foi avaliada;

iv. Análises estatísticas, onde detalha-se quais procedimentos de análises foram utilizados. Aqui, é importante frisar que a prioridade está na listagem dos testes aplicados e não nas ferramentas (softwares) usadas para aplicá-los (VOLPATO, 2010). Citar o software utilizado, portanto, é de importância secundária, não sendo obrigatório. Em geral, não há espaço e nem necessidade de se descrever quais foram os testes realizados nos resumos dos artigos. No corpo do trabalho, no entanto, é interessante que os procedimentos sejam citados numa ordem lógica e com uma curta descrição da utilidade de cada procedimento. Não é um espaço para uma "aula de estatística", mas é importante que o pesquisador não simplifique demasiadamente, até para dar valor aos cuidados tomados. Afinal, num contexto de graves e frequentes falhas nas análises estatísticas (TAVARES et al., 2016), estes cuidados podem ser um dos diferenciais do seu trabalho.

Vejamos alguns exemplos desta descrição. Uma descrição muito comum na estatística experimental é do tipo: "... os dados foram submetidos à análise de variância e as médias foram comparadas pelo teste de Tukey a 5 % com auxílio do software "tal"...". Embora seja sucinta, ela é muito incompleta. Primeiramente, ela dá a entender que os pressupostos não foram sequer verificados, quanto menos cumpridos. Em segundo lugar, sabendo-se que existem vários testes diferentes para os pressupostos (exceto para aditividade que só tem um usual), é importante citar quais deles foram utilizados para que um leitor experiente estabeleça um nível de confiança nos critérios que foram utilizados. Em terceiro lugar, se houve necessidade de transformação na escala de alguma variável resposta, pelo não atendimento de algum pressuposto, essa transformação deve ser mencionada, seja na metodologia ou no rodapé da figura ou tabela onde a variável é apresentada.

Dessa forma, uma descrição que reflete um maior nível de cuidado e qualidade nas análises estatísticas paramétricas de experimentos poderia ser:

"...Os dados foram submetidos à análise de variância e as comparações de interesse principal foram testadas pelo teste de Holm a 5 % de probabilidade de erro α familiar. Os resíduos do modelo foram submetidos aos testes de Cochran e Jarque-Bera para avaliação das condições de homocedasticidade e normalidade. Por fim, verificou-se a aditividade do modelo e aplicou-se o teste ESD não-reduzido para identificação de outliers".

Uma dica útil para saber o quão detalhado estas informações devem ser, é pensar na familiaridade do público alvo do seu trabalho, o quão rotineiras suas análises são para os demais pesquisadores nesta área do conhecimento. Note que, neste exemplo, não se mencionou o nível de significância considerado para a ANOVA pois, como visto no capítulo 5, a ANOVA não precisa ser utilizada como um critério de proteção para testes de médias.

Outro exemplo de uma descrição mais cuidadosa poderia ser:

"... os dados foram submetidos à análise de variância segundo o modelo linear geral (GLM) em DBC com estrutura fatorial. As pressuposições foram avaliadas pelos testes de Bartlett, Jarque-Bera e teste F para aditividade. Quando necessário, os dados foram submetidos às transformações Box-Cox ou rank com método ART para estimativa da interação. O comportamento das doses foi avaliado por meio de análise de regressão, considerando-se a significância dos modelos e a não-significância da falta de ajuste pelo teste F apenas para os modelos linear, quadrático, raiz quadrada e Mitscherlich. Por se tratar de uma pesquisa confirmatória com estrutura fatorial, o erro experimental total (EWER) foi controlado pelo método de Benjamini-Hochberg aplicado à significância dos valores de F do desdobramento".

Pode ser útil também frisar, nessa descrição, se foram ou não tomados cuidados para manter a MFWER sob controle (veja capítulos 5 e 9). Evidentemente, estes exemplos não devem ser simplesmente copiados. Uma descrição específica de particularidades e procedimentos adicionais pode ser

248

necessária para cada pesquisa. Por fim, a depender da popularidade do procedimento, pode-se inserir uma referência para o teste estatístico, preferencialmente do trabalho que apresentou o teste ou daquele que o validou.

Importante lembrar também que, devido ao mal uso da expressão "estatisticamente significativo" pode ser mais interessante evitá-la e expressar diferenças ou correlações observadas em termos de maior ou menor nível de incerteza (WASSERSTEIN et al., 2019). Para tal, pode ser muito útil informar previamente também que os p-valores reportados no trabalho se referem às estimativas nominais de FWER, EWER, MFWER ou outra ou simplesmente reportar o número k de hipóteses simultaneamente testadas. Assim, pode-se, por exemplo reportar que "foram encontradas, com baixo nível de incerteza, diferenças entre os tratamentos ..." ou "foram encontradas evidências confiáveis ($p = 0.041$, $k = 4$) de que o tratamento tal difere do tal..." em lugar de "foram encontras diferenças significativas entre os tratamentos ...". Por fim, em algumas revistas científicas pode ser importante justificar porque os autores da sua pesquisa ainda optaram por reportar p-valores, ou reportar p-valores não-contínuos e explicitar adequadamente o contexto em que eles serão mostrados.

10.1. A escolha do software para análises estatísticas

Em geral, para estudantes e profissionais não diretamente ligados à docência ou à pesquisa em estatística, o uso do R não representa uma opção simples e intuitiva para a realização de procedimentos clássicos de análises (DULLER, 2008; CADIMA, 2021). Afinal, a curva de aprendizagem neste ambiente é conhecidamente desfavorável comparativamente à softwares mais simples como SPEED Stat, SISVAR, Minitab, BioEstat, Jamovi, JASP, PAST, entre outros. Aos poucos, no entanto, pacotes e ferramentas de acessibilidade ao ambiente R vem sendo desenvolvidos visando reduzir a necessidade de conhecimentos prévios em linguagem de programação, instalação de pacotes ou edição de scripts (como, por exemplo, o Rbio, a interface GExpDes (gexpdes.ufba.br:3838/gexpdes/), o próprio Jamovi, entre outros). Evidentemente, o software ou ferramenta mais simples pode variar com a área do conhecimento, já que os procedimentos mais comumente empregados podem variar. Novamente, é preciso frisar que o mais importante é conhecer os procedimentos realizados e não apenas operar a ferramenta para a execução dos cálculos (VOLPATO, 2010). Vale considerar também que a ciência valoriza o uso de métodos e modelos parcimoniosos, e não deveríamos optar por métodos complexos apenas para criar uma atmosfera de pseudo-erudição ou de refinamento estatístico.

Ferramentas simples como o SPEED Stat, Jamovi, GExpDes, entre outras, viabilizam a destinação de um maior tempo ao estudo da ciência estatística em si, tornando mais rápido o domínio conceitual sobre as técnicas clássicas mais importantes na estatística experimental. Naturalmente, à medida que procedimentos menos comuns se tornam necessários para os profissionais não-estatísticos, estes serão encorajados à buscarem outras ferramentas ou buscarem parcerias com profissionais especializados em estatística. É importante frisar que pós-graduandos e profissionais envolvidos com pesquisa quantitativa precisam ter um bom nível de autonomia no planejamento e análise da maioria de suas pesquisas. Infelizmente, muitas vezes investe-se um enorme tempo no uso da ferramenta e um tempo mínimo no entendimento sobre o procedimento, na revisão de literatura sobre os requisitos do procedimento escolhido ou na revisão sobre a validade do procedimento (especialmente para procedimentos para inferência confirmatória).

Por fim, é importante lembrar que planilhas eletrônicas de qualidade (como Excel, WPS Office, Calc – LibreOffice e PlanilhasGoogle) são as ferramentas mais comumente empregadas para organização e tabulação de dados. Considerando o fato de serem também as ferramentas de programação básica mais utilizadas no mundo (ABRAHAM et al., 2007), torna-se evidente que conhecimentos básicos em planilhas eletrônicas são essenciais, com ênfase nas operações básicas e nos principais erros que os usuários cometem que podem comprometer os dados.

10.2. Dicas para formatação de tabelas

Tabelas de resultados devem ser preparadas, preferencialmente, no Excel ou Calc-LibreOffice. Lá a formatação é mais fácil e existem mais opções de formatação que no Word ou outros editores de texto. Aprenda a utilizar as linhas de borda, as opções de centralização de células, mesclagem de células e quebras de texto dentro de células. Apenas as últimas etapas de formatação de uma tabela, se existirem, devem ser feitas no Word. Entre as falhas comuns na formatação de tabelas estão: o desalinhamento dos números e separadores decimais (vírgulas ou pontos que não ficam alinhadas na vertical); a falta de uma coluna específica para "as letras" dos TCMs ou notações de outros testes; o uso de fonte em tamanho igual ao texto; o uso excessivo de bordas entre as células; o espaçamento entre linhas excessivo; entre outras.

Quando existem muitas variáveis analisadas e todas ou quase todas estão sob a mesma estrutura experimental, pode ser útil apresentar uma tabela que contenha uma síntese das principais informações de cada variável resposta. Geralmente esta tabela aparece como a primeira tabela de resultados, sendo interessante informar: i. média geral da variável; ii. se houve algum contraste significativo naquela variável (seja via TCM ou contrastes planejados); iii. o coeficiente de variação (CV) ou uma medida de dispersão do experimento, como o erro padrão do experimento, o IV, ou o desvio padrão do experimento.

Na Tabela 10.1 é apresentado um exemplo simples deste tipo de tabela para um experimento sem estrutura fatorial. A Tabela 10.1 foi integralmente

250

formatada no Excel, incluindo a mesclagem das células referentes às unidades das variáveis. Note que, na grande maioria dos casos, as Tabelas podem ser construídas com um tamanho de fonte um pouco menor e em espaçamento simples (afinal as normas de formatação geralmente se restringem ao texto). Após concluída e salva num arquivo do Excel, ela foi selecionada e copiada para o Word. A única etapa de formatação no Word foi: i. clicar sob o canto superior esquerdo da tabela (para selecioná-la no ícone "+"); ii. na aba Layout, selecionar "Ajuste automático/AutoAjuste de Janela". Pode-se escolher "AutoAjuste de Janela" ou "AutoAjuste de Conteúdo". Se as linhas ficarem muito largas pode-se reduzi-las na aba Layout em "Altura da Linha da Tabela".

Num experimento fatorial, este tipo de tabela poderia incluir linhas para alguns valores de F da ANOVA (como F da interação, que será útil para justificar o uso de médias marginais em algumas variáveis). Mas lembrando que, conforme visto no capítulo 5, os testes de médias posteriores não precisam ser protegidos pela ANOVA. Este tipo de tabela é útil para reduzir o número total de figuras ou tabelas a serem apresentadas, pois ela exibe todas as variáveis avaliadas e esclarece quais sofreram efeito dos tratamentos. Ela fornece, portanto, uma visão geral rápida de quais variáveis foram afetadas pelos tratamentos.

Tabela 10.1 - Médias, presença de diferenças significativas e coeficientes de variação (C.V.) dos parâmetros de solo e da produtividade da cultura "tal" submetida à ... (descrição sucinta dos tratamentos aplicados). Pode ser informado também, embora não seja estritamente necessário, os GL das fontes de variação dos quadros de ANOVA, assim: "Fontes de variação: blocos (4 GL), tratamentos (5 GL), resíduo (20 GL) e total (29 GL)

Variáveis	Prod.	pH	Ca^{2+}	Mg^{2+}	P	K	S
	kg ha^{-1}	(H_2O)	... cmol$_c$ dm^{-3} ...		...... mg dm^{-3}		
Média	2350	5.5	2.14	0.85	12.2	75	22.5
Algum contraste significativo?[1]	sim	não	não	não	não	sim	não
C.V. (%)	12.1	3.1	20.5	26.1	18.7	9.4	24.1

[1]Esta informação é útil para o leitor ter clareza de quais variáveis apresentaram diferenças significativas segundo o modelo considerado e no conjunto das hipóteses testadas. Pode ser apresentada como "significância de ao menos um dos contrastes testados" e "sim ou não" podem ser substituídos por "$P<0.05$ ou $P>0.05$". No rodapé pode-se informar detalhes sobre algumas variáveis, como extratores utilizados na avaliação dos parâmetros de solo e o significado dos símbolos *, ** e ^{Ns}. Aqui também podem aparecer informações sobre transformações nas variáveis (se alguma variável foi transformada deve-se informar nesta tabela apenas as conclusões estatísticas obtidas da variável transformada). Notas de rodapé geralmente são inseridas em fonte igual ou menor que a fonte da Tabela.

Uma dúvida comum na apresentação de tabelas como a Tabela 10.1 é como informar a existência de variáveis-resposta desbalanceadas, ou seja, com unidades experimentais perdidas. Se necessário, esta informação poderá ser informada como a inclusão de mais uma linha à tabela, que deverá informar os GL do resíduo da ANOVA de cada variável resposta.

Outra dúvida comum é como agrupar variáveis resposta numa mesma tabela de resultados, de modo a economizar espaço ou simplesmente facilitar a interpretação de resultados relacionados. Na Tabela 10.2 é apresentado um exemplo de tabela de resultados para duas variáveis resposta de um experimento fatorial 3x4 hipotético. Note que as médias marginais (mm) são apresentadas e que ora o teste de médias foi aplicado somente a elas (interação não-significativa na variável resposta Y) e ora foi aplicado somente ao desdobramento (interação significativa na variável Z). Pode-se pensar que apresentar as mm seja um desperdício de espaço, mas deve-se lembrar que quando a interação é não-significativa o uso das mm aumenta o poder dos testes de médias (veja capítulo 6).

Algumas dicas úteis foram usadas na formatação da Tabela 10.2. A primeira delas é que existe uma coluna própria só para as letras do teste de médias. Nessas colunas a letra aparece alinhada à esquerda, enquanto as médias aparecem alinhadas à direita. As colunas extras só para as letras ainda servirão para acomodar os nomes dos tratamentos (Composto org., Esterco bov., etc.). O alinhamento à direita das médias (e não centralizado) vai permitir que o separador decimal (vírgula, nesse caso) fique perfeitamente alinhado ("vírgula embaixo de vírgula") mesmo havendo valores maiores e menores que dez. Na primeira coluna da Tabela 10.2 é interessante notar que há espaço livre (abaixo do nome da variável) para inserir informações adicionais, como o CV ou mesmo a significância da interação (caso estas informações ainda não tenham sido informadas numa tabela análoga à Tabela 10.1). Por fim, note que apenas poucos algarismos significativos foram apresentados (os valores da terceira casa decimal foram arredondados e não aparecem). Em geral, não há necessidade de apresentar médias com mais de quatro algarismos (considerando os antes e os depois da vírgula, se houver), gerando uma sobrecarga visual na tabela. Não tenha medo de arredondar valores para poder "despoluir" ou "descarregar" uma tabela, dando a ela um aspecto mais limpo e objetivo.

Dados que foram submetidos à análise de regressão também podem ser apresentados na forma de tabelas, especialmente quando as comparações de maior interesse não são entre os níveis quantitativos, mas sim entre os níveis qualitativos. Na Tabela 10.3 é apresentado um resultado hipotético para um experimento fatorial (3x4)+1 com 3 fontes de um nutriente aplicadas em 4 doses mais um controle adicional (dose zero). Note que essa tabela substitui, com economia de espaço, a apresentação de um gráfico com 3 modelos de regressão plotados. A opção por uma tabela, nesses casos, privilegia a comparação entre os níveis qualitativos por permitir a rápida visualização das letras do teste de médias aplicados somente "na coluna", pois "na linha" a comparação é feita através da análise de regressão. A análise de regressão apresentada na Tabela 10.3, embora não mostrada graficamente, permite que um leitor experiente visualize o comportamento das fontes testadas (A_1 cresce exponencialmente e estabiliza no patamar de Y_0+a (veja item 7.1.5), A_2 e A_3 crescem linearmente com uma inclinação mais pronunciada para A_3). O tratamento extra poderia, alternativamente, não fazer parte dos modelos de regressão e ser comparado com outro(s) tratamento(s) por um contraste isolado testado pelo teste de Holm ou outro.

Tabela 10.2 - Um modelo de tabela para apresentação de resultados de um fatorial duplo 3x4 hipotético com níveis qualitativos para ambos os fatores. Nesse exemplo, duas variáveis resposta são apresentadas, sendo uma delas transformada e com interação significativa entre os fatores

		Comp. org.		Est. bov.		Est. de fr.		mm	
Variável Y	**Solo A**	3.20		5.50		3.66		4.12	d
($mg\ dm^{-3}$)	**Solo B**	6.00		10.98		5.60		7.53	c
	Solo C	10.20		14.05		8.90		11.05	a
	Solo D	8.26		13.93		7.26		9.81	b
P(AxB): 0.290	**mm**	6.91	B	11.12	A	6.28	B	CV: ...	
Variável Z *	**Solo A**	2.05	Ba	3.04	Ab	1.37	Bc	2.20	
($cmol_c\ dm^{-3}$)	**Solo B**	1.58	Bbc	3.40	Aa	1.60	Bbc	2.50	
	Solo C	1.38	Bc	3.56	Aa	2.01	Ba	2.78	
	Solo D	1.80	Bab	3.63	Aa	1.78	Bab	2.71	
P(AxB): 0.042	**mm**	1.70		3.41		1.69		CV: ...	

Médias seguidas por letras distintas maiúsculas, na linha, e minúsculas, na coluna, diferem entre si pelo teste de Tukey (com ou sem controle da EWER) a 5 % de probabilidade de erro α familiar. *: a análise estatística para esta variável foi realizada após transformação Box-Cox, mas as médias aqui apresentadas estão na escala original. Neste exemplo apenas duas variáveis foram inseridas, mas poderiam ser várias.

Na Tabela 10.3 poderia existir dados que não se ajustassem a nenhum modelo de regressão testado (veja item 7.3). Quando isso ocorre, não há uma equação para ser informada, podendo-se apenas escrever "nenhum modelo testado foi estatisticamente adequado" ou "nenhum modelo ajustou" ou "n.a." Importante lembrar que isso pode ocorrer (e é relativamente frequente) mesmo quando a ANOVA do desdobramento acusa que existem diferenças significativas entre os níveis de B para aquele nível do fator A. Ou seja, as doses aplicadas resultaram em diferenças, mas não foi possível modelar o comportamento da variável resposta. Outra situação possível é quando a ANOVA do desdobramento não acusa diferenças entre as doses (níveis de B) para um determinado nível do fator A. Nesses casos, deve-se informar apenas que o modelo é: $\hat{y} = $ (constante).

Tabela 10.3 - Um modelo de tabela para apresentação de resultados de um fatorial duplo (3x4)+1 hipotético com 3 níveis qualitativos combinados com 4 níveis quantitativos (0 a 7 t ha^{-1}, nesse caso) mais um tratamento extra (dose zero) que também foi usado no ajuste dos modelos de regressão

	0	1	2	3	7	Modelo	R^2
A_1	60	62 a	73 a	81 a	87 b	$\hat{y} = 57.8 + 34.64(1-e^{-0.2868x})$	0.93*
A_2		59 a	66 ab	69 b	81 b	$\hat{y} = 58.8 + 3.151x$	0.96*
A_3		59 a	63 b	73 b	99 a	$\hat{y} = 54.8 + 6.101x$	0.95*

$F_{interação} = 4.32**$. Médias seguidas por uma mesma letra minúscula, na coluna, não diferem entre si pelo teste de Holm (k = 12 comparações) a 5 % de probabilidade de erro α familiar. *: modelos de regressão significativos associados à falta de ajuste não-significativa pelo teste F a 5 % de probabilidade. Neste exemplo, o tratamento extra foi usado na análise de regressão das três fontes testadas (A_1, A_2 e A_3). Para aproximar os números das suas respectivas letras, as margens das células foram editadas em: "Layout/Margens das células".

Dados de experimentos fatoriais comparados pelo teste de Dunnett ou por contrastes também podem ser facilmente representados em tabelas (Tabela 10.4). Note que no caso do exemplo hipotético da Tabela 10.4 o teste de Dunnett foi aplicado somente para comparar os níveis do fator "Fonte", mas poderia ser usado para comparações entre os níveis do outro fator (a depender dos objetivos da pesquisa, mas nunca ambos). Note também que o significado dos contrastes, neste exemplo hipotético, é explicitado no rodapé da tabela. Veja outras dicas para apresentação de dados analisados por contrastes em Alvarez & Alvarez (2006).

Tabela 10.4 - Um modelo de tabela para apresentação de resultados de um fatorial duplo 4x2 hipotético (por exemplo, 4 fontes de nitrogênio combinadas com 2 doses cada) com médias comparadas apenas por um teste Dunnett entre as fontes e por dois contrastes. Nesse exemplo, duas variáveis-resposta são apresentadas.

	.... Variável 1		.... Variável 2	
	Baixo N	Alto N	Baixo N	Alto N
Fonte A (controle)	1.12	3.27	0.55	1.03
Fonte B	1.87 *	3.82 *	0.44 ns	0.49 *
Fonte C	1.66 *	4.10 *	0.98 ns	1.37 ns
Fonte D	1.48 ns	2.72 *	1.29 *	2.76 *
$\hat{C}_1$ e $\hat{C}_2$	-0.58 ns	0.83 *	-1.73 ns	4.95 **

Informar CV (%) ou erro padrão do experimento de cada variável. Médias seguidas por um * na coluna diferem do tratamento controle, em cada nível de N, pelo teste de Dunnett (sem controle da EWER) a 5 % de probabilidade de erro α. $\hat{C}_1$ e $\hat{C}_2$: estimativas dos contrastes 1 (para baixo N) e 2 (para alto N) e significância dos mesmos pelo teste de Holm (P<0.05). $\hat{C}_1$ e $\hat{C}_2$ = (Fonte B + Fonte C) *vs* (Fonte D).

10.2.1. O problema dos separadores decimal e de milhar

O fato de haver dois padrões distintos para uso de separadores decimal e de milhar pode gerar confusão na hora de preparar gráficos, tabelas ou mesmo no momento de interpretá-los. Na maioria dos países de língua latina, o padrão é usar "vírgula" como separador decimal e "ponto" como separador de milhar. Na maioria dos países com línguas germânicas e suas derivações o padrão é, no entanto, o inverso. O Excel tende a seguir estes padrões de acordo com a configuração original de idioma. Para evitar o trabalho dobrado (considerando que a maioria das revistas aceita somente artigos em inglês) pode-se alterar as configurações do Excel para que ele utilize o padrão inglês de "ponto no lugar de vírgula". Idealmente esta mudança de configuração do Excel deve ser feita antes de se proceder às análises estatísticas.

Para reconfigurar a notação dos separadores do Excel, que pode inclusive ter vindo de fábrica com a mesma notação tanto para o separador de milhar quanto para o decimal (ou esta configuração pode ter sido alterada por outro software que interage com o Excel), siga os seguintes passos: i. na janela do Excel vá em "Arquivo/Opções/Avançado" e desmarque a opção "Usar separadores de sistema"; ii. altere a notação do separador decimal para "." e do separador de milhar para "," sem as aspas.

10.3. Dicas, passo-a-passo, para formatação de gráficos

i. Primeiramente, defina como as figuras serão agrupadas em seu trabalho. Ou seja, se cada uma vai aparecer sozinha ou se serão agrupadas duas a duas horizontalmente ou agrupamentos maiores (painéis). Em geral, numa folha de A4, a visualização ficará em bom tamanho com seis figuras agrupadas (três fileiras horizontais com duas figuras lado a lado cada), embora seja possível atingir até 20 figuras agrupadas se estas forem de pequeno tamanho (5 fileiras com 4 figuras cada). Como uma folha de A4 possui ~21 x 30 cm e as margens consomem ~5 cm restarão ~ 16 x 23 cm de área útil. Nessa área deverá caber 6 gráficos de 7 x 7 cm mais o título da figura (que no espaçamento simples consomem ~ 3 cm). Em função destes números, para facilitar, o SPEED Stat apresenta as opções de gráficos de regressão na dimensão padrão 6 x 6.5 cm (área interna). Mantenha-a ou reduza-a! Lembre-se que na maioria das revistas não há espaço para gráficos muito grandes.

ii. Formate o melhor possível suas figuras na própria planilha de "Saída" do SPEED Stat. Faça isso antes mesmo de rodar as análises de todas as variáveis resposta pois, assim, todas serão salvas já igualmente formatadas. É muito importante ver as instruções para salvamento da planilha "Saída" do SPEED Stat na aba "Sobre" do programa (link para acessá-las na célula G6 da "Saída"). Formate a "Saída" apenas o "melhor possível", pois alguns ajustes finais (títulos de eixos, legendas, etc.) quase sempre serão mais facilmente inseridos posteriormente, quando os agrupamentos de figuras forem montados no Power Point. Lá é mais fácil formatar os textos que porventura aparecem na figura. No SPEED, a fonte dos gráficos está em Times New Roman tamanho 9 e as linhas em 0.5 pt, dimensões suficientes para uma boa visualização. Lembre-se que os tamanhos de caracteres, em figuras e tabelas, não precisam seguir as normas do texto, pois não fazem parte do texto. Na quase totalidade dos artigos as figuras possuem caracteres um pouco menores que o texto. Deve-se evitar tamanhos menores que o correspondente ao tamanho 9 da fonte Times New Roman, embora os tamanhos 7 e 8 também sejam aceitos em muitos casos.

iii. No SPEED stat, os gráficos de barras já indicam as letras dos testes de médias aplicados quando opta-se por TCMs. No entanto, quando opta-se por contrastes planejados, asteriscos ou letras (quando houver) podem ser mais facilmente inseridos e formatados posteriormente (quando a figura for colada no Power Point). Nos fatoriais triplos, o SPEED stat não fornece gráficos pré-formatados para todas as combinações de tratamentos, mas é fácil obtê-los copiando o gráfico de interesse e re-selecionando a tabela fonte destes gráficos (veja células a partir de AA49 na "Saída").

iv. Crie um arquivo em branco no Power Point e personalize o tamanho do slide para 16 x 23 cm (orientação "retrato" ou "em pé"). Este tamanho corresponde, aproximadamente, à área útil de uma página A4 considerando margens e algum espaço para o título da figura. Caso planeje inserir 15 pequenos gráficos em uma única figura (três na horizontal e cinco na vertical, por exemplo) você pode personalizar a folha/slide para 25 x 30 cm e depois "reduzir" o painel/figura final para inseri-lo numa folha de A4. Evite tamanhos maiores que este pois exigirá redução posterior muito grande para adequá-lo à uma folha de A4.

v. Copie e cole sua figura do Excel para este arquivo em branco do Power Point (copie da planilha de "saída" salva do SPEED Stat, por exemplo). Importante: não use as opções de "colar especial" ou "colar como imagem", pois estas colagens podem gerar perdas de qualidade de resolução. Não altere o tamanho do seu gráfico nessa etapa pois isso irá dificultar a padronização dos tamanhos das demais figuras do seu trabalho.

vi. Faça o arranjo do seu interesse (dois a dois, quatro a quatro, seis a seis). Clique sobre uma lateral do gráfico e arraste. Fique atento às linhas de referência que o Office mostra para facilitar o alinhamento perfeito dos eixos. Lembre-se que, como o slide está formatado para o tamanho 16 x 23 cm, pode-se usar toda a área do slide, sem precisar deixar bordas.

vii. Títulos de eixo de gráficos internos não precisam aparecer repetidos. Muitas vezes nem os números que aparecem nesses eixos. Apague-os ou formate-os para cor branca para que fiquem ocultos.

viii. Formate a legenda (geralmente fica melhor se apresentada na parte superior ou inferior) e, se necessário, identifique cada gráfico do seu arranjo com um "A", "B", "C" ... usando "inserir/caixa de texto". Muitas vezes, a legenda ficará melhor se for recriada no próprio Power Point desenhando caixas ou outras formas.

ix. Salve o arquivo Power Point nomeando-o de forma organizada para futuras alterações, traduções, etc.

x. Gere um arquivo em formato/extensão de figura. Para isso, vá em "Arquivo/Salvar Como" do Power Point. Na janela de salvamento que se abrirá, altere o tipo do arquivo para "Formato TIFF" (preferencialmente) ou JPEG (se a revista exigir). Clique em salvar. Pronto! Um arquivo em formato de imagem (.tif ou .jpg) será criado na pasta indicada. Esse arquivo de imagem, e até mesmo o arquivo em Power Point, podem ser requeridos na submissão de artigos. Clicando com o botão direito sobre o arquivo ".tif" pode-se acessar "Propriedades" e depois na aba "Detalhes" consultar em qual resolução o arquivo foi salvo (resolução em "dpi"). Para alterar as configurações padrão do Office e aumentar essa resolução veja item 10.3.1.

xi. Copie e cole a imagem ".tif" criada para dentro do seu trabalho (relatório, TCC, tese, etc). Se ainda precisar alterar o tamanho, tome o cuidado de não arrastar pelas bordas e sim pelas arestas pois, reduzindo não proporcionalmente as dimensões da imagem, os caracteres (letras e números) dentro do gráfico irão ficar com aspecto distorcido ("esticado" ou "esmagado"). Importante lembrar que antes de colar as figuras de alta resolução no Word, seu Word deve estar configurado para não compactar as imagens automaticamente (vá em Arquivo/Opções/Avançado e marque a opção "não compactar imagens no arquivo"). E, por fim, para evitar que a conversão para o formato PDF também resulte em redução da qualidade das figuras deve-se recorrer à conversores de qualidade (como PDF Creator ou o Microsoft Print to PDF).

10.3.1. Como alterar a resolução "dpi" do seu Office

1. Feche todos os programas do Microsoft Office.
2. Clique em Iniciar e no campo de pesquisa digite "regedit" (Windows 7 ou posterior) e clique "enter" (ou simplesmente tecle Windows+R).
3. Abra o regedit (Editor de Registro).
4. Expanda o registro até a subchave "Options" de acordo com a versão do PowerPoint que você está usando:
PowerPoint 2010:
HKEY_CURRENT_USER\Software\Microsoft\Office\14.0\PowerPoint\Options
PowerPoint 2013:
HKEY_CURRENT_USER\Software\Microsoft\Office\15.0\PowerPoint\Options
PowerPoint 2016 ou posterior:
HKEY_CURRENT_USER\Software\Microsoft\Office\16.0\PowerPoint\Options
5. Clique para selecionar a subchave "Options", clique com o botão direito sobre a área livre à direita e selecione "Novo" e escolha "Valor DWORD" (para

Office 32 bits) ou "Valor QWORD" (para Office 64 bits) de acordo com a sua versão do Office. Lembre-se que a maior parte dos Office são 32 bits, mesmo que seu Windows seja 64 bits.
6. Nomeie o novo arquivo com o nome ExportBitmapResolution e pressione Enter.
7. Clique com o botão direito sobre o novo arquivo criado e depois em "Modificar".
8. Na pequena janela que abrir, no quadro "Base" selecione "Decimal" e ao lado (em "Dados do valor") digite 300 ou 600 (ou outra resolução dpi que desejar). Dependendo da versão do Office, valores maiores que 600 dpi poderão não ser aceitas. Feche o Regedit. Essas etapas de configuração serão permanentes no seu Office, mas podem ser desfeitas quando quiser.

Considerando as dicas para a formatação de gráficos aqui apresentada, a qualidade das figuras passará da "sofrível" resolução da Figura 10.1 para a boa qualidade da Figura 10.2.

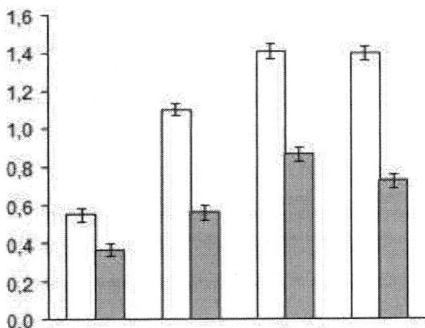

Figura 10.1 - Gráfico de barras formatado no Excel, migrado para o Power Point usando a opção "colar especial/metarquivo avançado" e finalmente exportado em jpg (96 dpi). Note que essa formatação é distinta da recomendada aqui e a diferença na resolução e nitidez é clara se comparado à Figura 10.2.

10.3.2. Dicas para apresentação de gráficos submetidos à análise de regressão

Análises de regressão ainda geram muitas dúvidas quanto à forma de apresentação dos resultados. Como dica geral, para dados experimentais sugere-se plotar apenas os pontos médios. Isso é importante para não sobrecarregar excessivamente os gráficos e por evitar interpretações errôneas em experimentos com grande efeito de blocos. Se o efeito de blocos for grande, as repetições que compõe uma média parecerão excessivamente dispersas, quando na realidade parte desta aparente dispersão é efeito de bloco. Dessa

258

forma, plotando apenas os pontos médios pode-se indicar também uma medida de dispersão apropriada, preferencialmente a margem de erro do experimento ou o erro padrão do experimento (veja capitulo 4). Por fim, plotando-se os pontos médios e uma medida de dispersão associada, será fácil para o leitor comparar graficamente as curvas plotadas e compreender as regiões onde os modelos se sobrepõem.

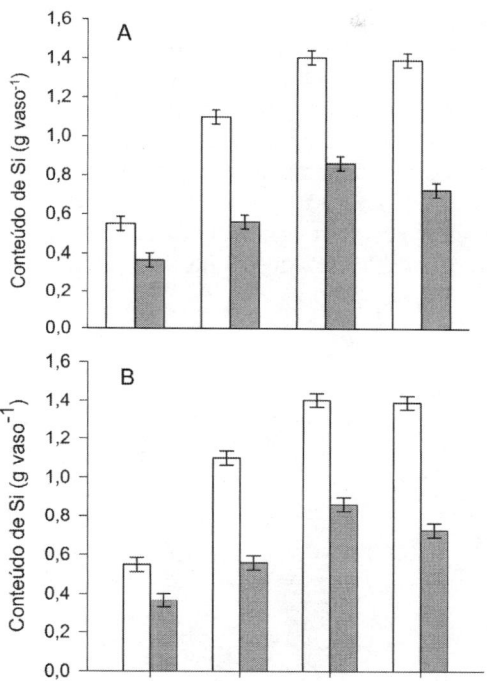

Figura 10.2 - Gráfico de barras formatado e exportado em formato jpg (600 dpi) no Excel + Power Point 2016 (Figura A) ou exportado em 600 dpi no software SigmaPlot 10.0 (Figura B). Note que seguindo as recomendações de edição aqui apresentadas as diferenças de resolução entre "A" e "B" são praticamente imperceptíveis após a impressão, mesmo em impressoras de alta resolução. A identificação dos tratamentos no eixo x foi omitida.

As equações ajustadas podem ser apresentadas sobre o próprio gráfico ou abaixo dele (como se fosse parte da legenda). Deve-se evitar usar caracteres como "EXP" nas equações por terem significado confuso e não consensual. É importante também não exagerar no número de casas decimais dos parâmetros. Pode-se apresentar o R^2 ou o R^2 ajustado, preferencialmente com apenas 2 ou 3 casas decimais. A significância do modelo e a não-significância da falta de ajuste do modelo podem ser indicados no rodapé da figura ou logo após o valor de R^2 do modelo.

Nos fatoriais "quali x quanti", uma dúvida frequente é: apresentar cada uma das regressões ajustadas em planos cartesianos separados ou todas num mesmo gráfico? Não há uma resposta definitiva para esta questão, mas deve-se considerar que, num mesmo gráfico, as informações poderão ficar sobrepostas e dificultar a visualização de cada curva e dos pontos médios que deram origem a cada uma delas (Figura 10.3). Além disso, quando parte dos dados não se ajustam a nenhum modelo, será mais difícil visualizar alguma tendência das médias "sem modelo", pois haverá muitas médias plotadas. Dessa forma, é simples imaginar que quando existir mais que três curvas de regressão, num mesmo plano, será mais difícil a visualização das informações. Por outro lado, em gráficos separados, cada um deles deverá ser apresentado em tamanho mais reduzido (caso contrário será gasto muito espaço para apresentar todos) e deve-se tomar o cuidado de colocá-los todos com o mesmo tamanho e com a mesma escala para facilitar a comparação entre eles (Figura 10.4).

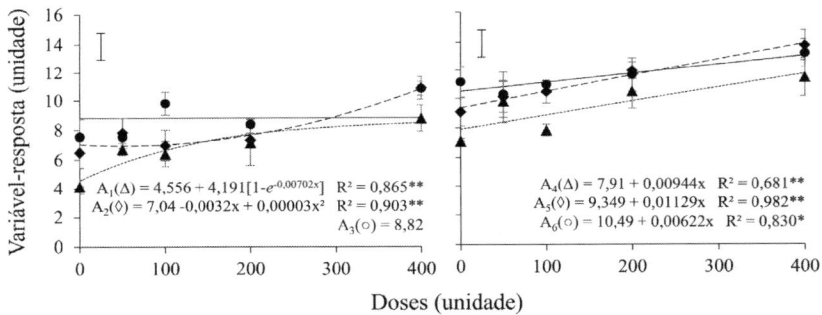

Figura 10.3 - Um exemplo hipotético de apresentação gráfica de resultados submetidos à análise de regressão (fatorial 6x5 com níveis quantitativos no fator B). Note que, nesse exemplo, os níveis de "A" foram agrupados três-a-três, resultando em muita sobreposição de informações. Estes mesmos dados são apresentados de outra forma na Figura 10.4. Modelos seguidos de * ou ** são significativos ao nível de 5 e 1 % de probabilidade pelo teste F e possuem desvio da regressão não-significativo. Barras representam o erro padrão das médias e barra isolada representa o erro padrão do experimento.

10.3.3. Dicas para apresentação de gráficos de fatoriais com tratamentos adicionais e comparações por contrastes

Contrastes permitem tanto comparações mais complexas que as comparações duas-a-duas quanto permitem a utilização de testes unilaterais mais sensíveis que os demais. No entanto, devido a menor popularidade deste procedimento, existem muitas dúvidas sobre como representar graficamente os resultados de um contraste. Quando são poucos contrastes, os gráficos de barras tradicionais podem conter "chaves" que abrangem as médias comparadas por contrastes (Figura 10.5). Opcionalmente, as chaves poderiam ser substituídas por traços horizontais que abrangem as médias comparadas.

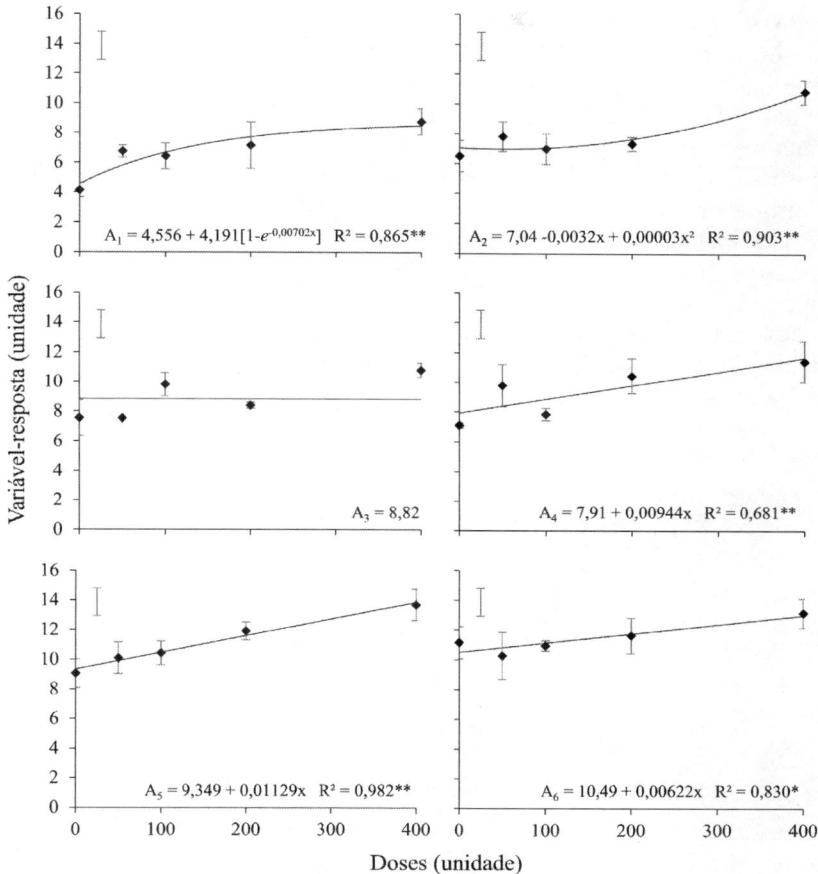

Figura 10.4 - Um exemplo hipotético de apresentação gráfica de resultados submetidos à análise de regressão (fatorial 6x5 com níveis quantitativos no fator B). Note que, nesse exemplo, os níveis de "A" não foram agrupados num mesmo plano cartesiano como na Figura 10.3. É importante que as figuras que compõem o arranjo estejam na mesma escala. Modelos seguidos de * ou ** são significativos ao nível de 5 e 1 % de probabilidade pelo teste F e possuem

desvio da regressão não-significativo. Barras representam o erro padrão das médias e barra isolada representa o erro padrão do experimento.

No SPEED Stat a formatação de um gráfico como o da Figura 10.5 é relativamente simples. Nas opções gráficas da planilha de "Saída" basta clicar sobre a área do gráfico pré-pronto do programa para conhecer o campo de onde o programa seleciona os dados (ficará contornado em azul). No canto inferior direito do quadro contornado, clique e arraste para selecionar apenas a porção onde os seus dados se encontram. Os tratamentos extras aparecem algumas linhas distantes dos demais dados do fatorial. O usuário poderá simplesmente vincular estas células para que elas fiquem na sequência das demais. Mais à direita nesta mesma planilha de "Saída" estão as medidas de dispersão que alimentam o gráfico. Poderá ser necessário editá-las também para que o gráfico as busque/vincule corretamente a partir da significância dos contrastes. Uma vez formatada a figura na própria planilha de "Saída" do SPEED Stat, salve este arquivo personalizado do SPEED. Em seguida, realize as análises estatísticas para as demais variáveis resposta avaliadas, salvando as "Saídas" de cada variável resposta (veja na aba "Sobre" do programa as instruções sobre como salvar apenas a planilha de "Saída" do SPEED, sem perder a formatação nem carregar os vínculos).

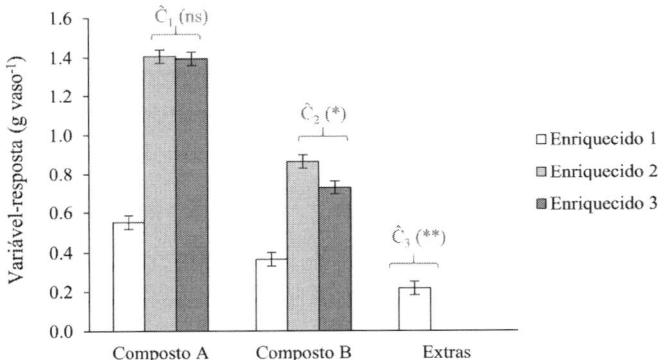

Figura 10.5 - Um exemplo hipotético de apresentação de gráfico de barras para um experimento fatorial (2x3)+1 cujas médias foram comparadas por contrastes. $\hat{C}_1$ = Enriquecido 2 – Enriquecido 3 (d/ Composto A); $\hat{C}_2$ = Enriquecido 2 – Enriquecido 3 (d/ Composto B) e $\hat{C}_3$ = demais tratamentos – extra. Contrates seguidos por "*" diferem de zero ao nível de 5 % de probabilidade de erro α pelo teste de Holm. Medidas de dispersão correspondem ao erro padrão do experimento.

Importante lembrar que, como em qualquer gráfico, informações adicionais podem ser inseridas num mesmo plano cartesiano. Por exemplo, pode-se inserir uma linha tracejada, paralela ao eixo x, que informa um valor de referência para aquela variável em questão (como um nível crítico de nutriente no solo ou outro valor útil para a discussão daquele resultado). Pode-se inserir, por exemplo, uma seta sobre uma barra para dar ênfase a um determinado resultado ou mesmo plotar sobre uma chave uma medida de *effect size* (como d de Cohen, veja capitulo 4, para destacar um efeito de grande magnitude). Todos os elementos adicionais à figura, incluindo títulos de eixo, caixas de texto, etc., podem ser inseridos quando a figura for colada num arquivo do Power Point. Afinal, como explicado no item 10.3, lá é que a figura poderá ser exportada em formato de figura e em alta resolução.

10.4. Síntese das principais recomendações e entendimentos

i. De maneira geral, não há necessidade de informar detalhes sobre o desenho experimental ou sobre os procedimentos estatísticos nos resumos dos artigos científicos. No item "Material e Métodos", no entanto, deve-se atentar para uma adequada descrição de quais procedimentos foram realizados, valorizando os cuidados tomados. Lembre-se que o importante é listar os procedimentos de análise realizados e não simplesmente informar em qual software as análises foram realizadas.

ii. Para a maioria dos editores, as normas de formatação de texto (tamanho de fonte e espaçamento) não se aplicam ao interior de figuras e tabelas. Logo, na maioria dos trabalhos acadêmicos, as figuras e tabelas poderão conter caracteres e espaçamentos entre linhas um pouco menores que o texto. Evite, no entanto, tipos de fontes distintas do texto e tamanhos de fontes excessivamente pequenas (evite ao máximo, por exemplo, um tamanho de fonte dentro de figuras e tabelas < 7 pts). Lembre-se, no entanto, que os títulos de figuras e tabelas "pertencem ao texto" e seguem as normas de formatação do texto.

iii. Nas tabelas, mantenha o mesmo número de casas decimais para as médias dos tratamentos e evite número excessivo de casas decimais. Entre variáveis-resposta distintas pode-se, evidentemente, utilizar um número de casas decimais diferentes. Procure manter as casas decimais alinhadas (ou seja, "ponto" exatamente embaixo de "ponto"). Informações estatísticas como letras, asteriscos ou outras devem ser inseridas numa coluna à parte. Tabelas de qualidade geralmente são criadas no Excel ou Calc e migradas para o Word apenas depois de prontas.

iv. Tente agrupar variáveis respostas relacionadas em uma mesma figura ou tabela de modo a economizar espaço nas publicações. Além disso, buscando estes agrupamentos evita-se que cada variável resposta seja apresentada numa figura individual muito grande. Como recomendação geral, num mesmo trabalho, resultados apresentados em figuras não devem ser apresentados novamente na forma de tabelas e vice-versa.

v. Conforme visto no capítulo 5, utilizar comparações planejadas em lugar de comparações múltiplas é muito desejável. No entanto, comparações planejadas exigirão mais criatividade na forma de apresentar os resultados estatísticos pois revisores e leitores já estão acostumados com as "letrinhas" das comparações múltiplas. Dessa forma, utilizando comparações planejadas deve-se conduzir melhor o leitor à interpretação dos resultados estatísticos.

vi. A ciência geralmente está pautada por objetividade e parcimônia. Estes princípios também deveriam se estender à forma de apresentação dos resultados. Dessa forma, deve-se ficar atento para que figuras e tabelas mantenham-se simples e facilmente compreensíveis. Deve-se, portanto, evitar complexidades desnecessárias ou "enfeites" que não facilitam a compreensão dos dados.

vii. Em fatoriais quali x quanti os gráficos de regressão podem tornar-se muito carregados de informação se muitas curvas forem apresentadas num mesmo plano cartesiano. Dessa forma, em fatoriais com muitos níveis qualitativos é recomendável apresentar parte dos níveis em um plano cartesiano e outra parte em outro gráfico.

viii. O Microsoft Office e outros pacotes office permitem gerar figuras e tabelas em alta resolução (inclusive em formato tiff, jpeg ou png em 300 ou 600 dpi) embora não sejam as configurações padrões destes pacotes.

ix. Para evitar que o editor de texto (como o Word) reduza a qualidade das figuras inseridas nele, deve-se configurá-lo previamente para que não "compactem" as figuras automaticamente (vá em Arquivo/Opções/Avançado e marque a opção "não compactar imagens no arquivo"). E para evitar que a conversão para o formato PDF também resulte em redução da qualidade das figuras deve-se recorrer à conversores de qualidade (como PDF Creator, Microsoft Print to PDF, Adobe Acrobat Pro, entre outros).

11. ÍNDICE REMISSIVO

A

aditividade, 61

AIQ, 105

aligned rank, 76

ambiguidade, 130

amplitude interquartil, 104

análise de cluster, 231

Análise de Deviance (ANODEV), 81

análise de regressão, 260

análise multivariada, 223

análise não-paramétrica, 69

ANCOVA, 159

Anderson-Darling, 49

anos sucessivos de avaliação, 64

ANOVA, 121

ANOVA da regressão, 168

ANOVA de efeitos fixos, 22

ANOVA de réplicas, 156

ANOVA do desdobramento, 168, 190

ANOVA *on block ranks* (RT-2), 75

ANOVA *on ranks*, 75

antes e depois, 19

assimetria, 52

assíntota, 178, 181

auto correlação espacial, 162

autovalores e autovetores, 235

B

Bartlett, 56

Benjamini-Hochberg, 117, 190

Bertalanffy, 180

blocagem, 36

blocos com mais de uma repetição, 89

blocos completos, 36

blocos incompletos, 89

blocos no tempo, 36

blocos operacionais, 36

bootstrap, 75, 130

bordadura, 24

Box-Andersen, 56

Box-Cox, 69

Box-plots, 31

Brow Forsythe, 56

C

calculadoras de poder, 31

Calinski & Corsten, 130

Cochran, 56

coeficiente de determinação (R^2), 174, 183

coeficiente de eficácia, 179

coeficiente de excesso de curtose, 54

coeficiente de variação, 31, 97, 99

Cohen, 102

comparação de novos métodos, 44

confiança, 26, 91

contagens, 16, 48

contrastes, 254

contrastes ortogonais, 125, 133

controle do erro tipo I, 131

controle local, 23, 36

correção de Bonferroni, 101

correlação de Pearson, 160, 206, 234

covariável, 159

Cramér-von Mises, 49

critério de Akaike (AIC), 167, 184

critério de Chauvenet, 212

critério de proteção de Fisher, 131

266

variável resposta, 18
variável resposta qualitativa, 18
vértice de um modelo, 176
viés de publicação, 116

W

Wilcoxon, 75

Z

12. REFERÊNCIAS BIBLIOGRÁFICAS

ABRAHAM, R., BURNETT, M., & ERWIG, M. Spreadsheet programming. Wiley Encyclopedia of Computer Science and Engineering, 2804-2810. 2007.

AKRITAS, M.G. The rank transform method in some two-factor designs. **Journal of the American Statistical Association**, v. 85, n. 409, p.73-78, 1990.

AKRITAS, M.G. Limitations of the rank transform procedure: a study of repeated measures designs - part I. **Journal of the American Statistical Association**, v. 86, n. 414, p. 457-460, 1991.

ALVAREZ, V. H.; ALVAREZ, G. A. M. Apresentação de equações de regressão e suas interpretações. **Boletim da Sociedade Brasileira de Ciência do Solo**, v. 28, n.3, p. 28-32, 2003.

ALVAREZ, V. H.; ALVAREZ, G. A. M. Comparação de médias ou teste de hipóteses? Contrastes! **Boletim Informativo da Sociedade Brasileira de Ciência do Solo**, v. 31, n. 2, p. 24-34, 2006.

ALVAREZ, V. H.; ALVAREZ, G. A. M. Reflexões sobre a utilização de estatística para pesquisa em ciência do solo. **Boletim Informativo da Sociedade Brasileira de Ciência do Solo**, v. 38, n. 1, p. 28-35, 2013.

AUGUSTINE, R. L. **Heterogeneous catalysis for the synthetic chemist**. New York: Marcel Dekker, 1996. 638p.

AYRES, M., AYRES, M.J., AYRES, D.L., SANTOS, S.A. **BioEstat - aplicações estatísticas nas áreas das ciências biológicas e médicas**. Belém: MCT; IDSM; CNPq, 2007. 364p.

BANZATTO, D. A.; KRONKA, S. N. **Experimentação agrícola**. 4ª ed. Jaboticabal: Funep, 2006. 237p.

BARBIN D. **Planejamento e análise estatística de experimentos agronômicos**. 2ed. Londrina: Mecenas, 2013. 215p.

BARETTA, D.; MAFRA, A.L.; SANTOS, J.C.P.; AMARANTE, C.V.T.; BERTOL, I. Análise multivariada da fauna edáfica em diferentes sistemas de preparo e cultivo do solo. **Pesquisa Agropecuária Brasileira**, 41: 1675-1679, 2006.

BARETTA, D.; BARETTA, C.R.D.M.; CARDOSO, E.J.B.N. Análise multivariada de atributos microbiológicos e químicos do solo em florestas com *Araucaria angustifolia*. **Revista Brasileira de Ciência do Solo**, 32: 2683-2691, 2008.

BARNETT, V.; LEWIS, T. **Outliers in statistical data**. 3rd Ed. New York: John Wiley & Sons, 1996. 584p.

BELLO, L.H.A. Modelagem em experimentos mistura-processo para otimização de processos industriais. Tese PUC-Rio, 2018, 155p.

BENJAMINI, Y.; HOCHBERG, Y. Controlling the false discovery rate: A practical and powerful approach to multiple testing. **Journal of the Royal Statistical Society: Series B**, v. 57, p.289–300, 1995.

BERTOTTI, M. Resenha crítica da obra: Um discurso sobre as ciências. **Direito em Debate**, 41:280-292, 2014.

BORGES, L. C.; FERREIRA, D. F. Power and type I error rates of Scott-Knott, Tukey and Student-Newman-Keuls's tests under residual normal and non-normal distributions. **Revista Matemática e Estatística**, v. 21, n. 2, p. 67-83, 2003.

BROWN, M. B.; FORSYTHE, A. B. Robust tests for the equality of variances. **Journal of the American Statistical Association**, v. 69, n. 346, p. 364-367, 1974.

CADIMA, J. Ensino da estatística e software: experiências, interrogações e preocupações. In.: MILHEIRO et al. (eds). Estatística: Desafios Transversais à Ciências com Dados. Lisboa: Sociedade Portuguesa de Estatística/XIVCSPE-2019. 2021. 182p.

CALBO, A. G. Ajuste de funções não lineares de crescimento. **Revista Brasileira de Fisiologia Vegetal**, v. 1, n. 1, p. 9-18, 1989.

CALIN-JAGEMAN, R.; CUMMING, G. The New Statistics for BetterScience: Ask How Much, How Uncertain, and What Else Is Known. **The American Statistician**, 73 (Sup 1), 271-280, 2019.

CALZADA-BENZA, J. **Métodos estadísticos para la investigación**. 2ed. Lima, J.C. Benza, 1964, 432p.

CANDIOTI, L. V.; ZAN, M. M.; CAMARA, M. S.; GOICOECHEA, H. C. Experimental design and multiple response optimization - using the desirability function in analytical methods development. **Talanta**, v. 124, n. 2, p. 123-138, 2014.

CASLER, M. D. Fundamentals of experimental design: guidelines for designing successful experiments. **Agronomy Journal**, v. 107, n. 2, p. 692-706, 2015.

CARGNELUTTI FILHO, A.; STORK, L.; LÚCIO, A.D. Ajustes de quadrado médio do erro em ensaios de competição de cultivares de milho pelo método de Papadakis. **Pesquisa Agropecuária Brasileira**, v. 38, n. 4, p. 467-473, 2003.

CARMER, S. G.; SWANSON, M. R. An evaluation of ten pairwise multiple comparison procedures by Monte Carlo methods. **Journal of the American Statistical Association**, v. 68, n. 2, p. 66-74, 1973.

CARVALHO, A.M.X.; MATSUO, E.; MAIA, M.S. Avaliação da normalidade, validade dos testes de médias e opções não-paramétricas: contribuições para um debate necessário. **Ciência e Natura**, v. 45, e9, 2023c.

CARVALHO, A.M.X.; MENDES, F.Q.; BORGES, P.H.C.; KRAMER, M. A brief review of the classic methods of experimental statistics. **Acta Scientiarum - Agronomy**, v. 45, e56882, 2023b.

CARVALHO, A.M.X.; MENDES, F.Q.; MENDES, F.Q.; TAVARES, L.F. SPEED Stat: a free, intuitive, and minimalist spreadsheet program for statistical analyses of experiments. **Crop Breeding and Applied Biotechnology**, v. 20, n. 3, e327420312, 2020.

CARVALHO, A.M.X.; MENDES, F.Q.; MENDES, F.Q.; MAIA, M.S. SPEED stat: un paquete Calc/Excel para enseñar estadística experimental y realizar análisis. **Información Tecnológica**, v. 35, n. 4, *en prensa*, 2024.

CARVALHO, A.M.X.; SOUZA, M.R.; MARQUES, T.B.; SOUZA, D.L.; SOUZA, E.F.M. Familywise type I error of ANOVA and ANOVA on ranks in factorial experiments. **Ciência Rural**, v. 53, n. 7, e20220146, 2023a.

CARVALHO, I.C.M.; CARVALHO, A.M.X.; SOUZA, D.L.; SILVA, E.C.C. Dados longitudinais na experimentação em ciência do solo: inovação na ANOVA para medidas repetidas. In: Anais do XXIII Congresso Latino-Americano de Ciência do Solo, 23, Epagri, Florianópolis, Brasil, 2023d.

CECON, P. R.; SILVA, A. R.; NASCIMENTO, M.; FERREIRA, A. **Métodos estatísticos**. Viçosa: Editora da UFV, 2012. 229p. (Série Didática).

CHIMUNGU, J. G.; MALIRO, M. F. A.; NALIVATA, P. C.; KANYAMA-PHIRI, G.; BROWN, K. M.; LYNCH, J. P. Utility of root cortical aerenchyma under water limited conditions in tropical maize (*Zea mays* L.). **Field Crops Research**, v. 171, n. 2, p. 86-98, 2015.

COCHRAN, W.; COX, G. M. **Experimental designs**. New York: John Wiley & Sons. 1957. 336p.

COHEN, J. **Statistical power analysis for the behavioral sciences**. 2nd Ed. New York: Academic Press, 1988. 474p.

CONAGIN, A. Tables for the calculation of the probability to be used in the modified Bonferroni's test. **Revista de Agricultura**, v. 76, n. 1, p. 71-83, 2001.

CONAGIN, A.; AMBROSANO, G. M. B.; NAGAI, V. Poder discriminativo da posição de classificação e dos testes estatísticos na seleção de genótipos. **Bragantia**, v. 56, n. 4, p. 403-417, 1997.

CONAGIN, A.; PIMENTEL-GOMES, F. Escolha adequada dos testes estatísticos para comparações múltiplas. **Brazilian Journal of Agriculture**, v. 79, n. 3, p. 288-295, 2004.

CONAGIN, A.; BARBIN, D. Bonferroni's and Sidak's modified tests. **Scientia Agricola**, v. 63, n. 1, p. 70-76, 2006.

CONBOY, J. Algumas medidas típicas univariadas da magnitude do efeito. **Análise Psicológica**, v 21, n. 2, p. 145-158, 2003.

CONOVER, W. J.; IMAN, R. L. Rank transformation as a bridge between parametric and nonparametric statistics. **The American Statistician**, v. 35, n. 3, p. 124-134, 1981.

CONOVER, W. J. The rank transformation - an easy and intuitive way to connect many nonparametric methods to their parametric counterparts for seamless teaching introductory statistics courses. **WIREs Computational Statistics**, v. 4, n. 5, p. 432-438, 2012.

CONRADO, T. V.; FERREIRA, D. F.; SCAPIM, C. A.; MALUF, W. R. Adjusting the Scott-Knott cluster analyses for unbalanced designs. **Crop Breeding and Applied Biotechnology**, v. 17, 1-9, 2017.

COOK, R. D. Detection of Influential Observation in Linear Regression. **Technometrics**, v. 19, n. 1, p. 15-18, 1977.

COSTA, J. R. **Técnicas experimentais aplicadas às ciências agrárias**. Seropédia: Embrapa Agrobiologia, 2003. 102p. (Série Documentos, 163).

CRAMER, A.O.J. et al. Hidden multiplicity in exploratory multiway ANOVA: prevalence and remedies. **Psychonomic Bulletin & Review**, v.23, p. 640–647, 2016.

CURRAN-EVERETT, D. Multiple comparisons: philosophies and illustrations. **American Journal of Physiological and Regulatory Integrative Comparative Physiology**, v. 279, n. 1, p. 1-8, 2000.

DANCEY, C. P.; REIDY, J. G.; ROWE, R. **Estatística sem matemática para as ciências da saúde**. Porto Alegre: Penso, 2017. 502p.

DERRINGER, G., SUICH, R. Simultaneous optimization of several response variables. **Journal of Quality Technology**, v. 12, n. 4, p.214-219, 1980.

DIXON, W.J. Rations involving extreme values. **The Annals of Mathematical Statistics**, v. 21, n. 4, p. 488-506, 1950

DULLER, C. Teaching Statistics with Excel: A Big Challenge for Students and Lecturers. **Austrian Journal of Statistics**, v. 37, n.2, p. 195-206, 2008.

DURNER, E. Effective Analysis of Interactive Effects with Non-Normal Data Using the Aligned Rank Transform, ARTool and SAS® University Edition. **Horticulturae**, v.5, p.57-70, 2019.

EINOT, I.; GABRIEL, K. R. A study of the powers of several methods of multiple comparisons. **Journal of the American Statistical Association**, v. 70, n. 5, p. 70: 574-583, 1975.

FERREIRA, D. F. **Estatística Multivariada**. 3ª ed. Lavras: Ed. UFLA, 2018. 624p.

FERREIRA, D. F. Sisvar: a computer analysis system to fixed effects split plot type designs. **Revista Brasileira de Biometria**, v. 37, n. 4, p. 529-535, 2019.

FERREIRA, P. V. **Estatística Experimental Aplicada à Agronomia**. Maceió: EDUFAL, 2000. 440p.

FERREIRA, P. V. **Estatística Experimental Aplicada às Ciências Agrárias**. Viçosa: Ed UFV, 2018. 588p.

FERREIRA, D. F.; CARGNELUTTI FILHO, A.; LÚCIO, A. D. Procedimentos estatísticos em planejamentos experimentais com restrições na casualização. **Boletim Informativo da Sociedade Brasileira de Ciência do Solo**, v. 37, n. 1, p. 1-35, 2012.

FLIGNER, M. A. Comment on "Rank Transformations". **The American Statistician**, v. 35, n. 2, p. 131–132, 1981.

FLORIANO, E. P.; MULLER, I.; FINGER, C. A. G.; SCHNEIDER, P. R. Ajuste e seleção de modelos tradicionais para série temporal de dados de altura de árvores. **Ciência Florestal**, v. 16, n. 2, p. 177-199, 2006.

FRANE, A.V. Are Per-Family type I error rates relevant in social and behavioral science? **Journal of Modern Applied Statistical Methods**, 14: 12-23, 2015a.

FRANE, A.V. Planned hypothesis tests are not necessarily exempt from multiplicity adjustment. **Journal of Research Practice**, 11: P2, 2015b.

FRANE, A.V. Experiment-Wise Type I Error Control: A Focus on 2 × 2 Designs. **Advances in Methods and Practices in Psychological Science**, 4: 1-20, 2021.

FREITAS, A. R. Curvas de crescimento na produção animal. **Revista Brasileira de Zootecnia**, v.34, n.3, p.786-795, 2005.

GAETANO J. Holm-Bonferroni Sequential Correction: An Excel Calculator (1.3). 2018. doi: http://dx.doi.org/10.13140/RG.2.2.28346.49604

GARCIA-MARQUES, T.; AZEVEDO, M. A inferência estatística múltipla e o problema da inflação do nível de alfa: a ANOVA como exemplo. **Psicologia**, v. 10, n. 1, 195-220, 1995.

GONÇALVES, B. O.; RAMOS, P. S.; AVELAR, F. G. Teste de Student-Newman-Keuls Bootstrap: proposta, avaliação e aplicação em dados de produtividade de graviola. **Revista Brasileira de Biometria**, v. 33, 445-470, 2015.

GOTELLI, N. J.; ELLISON, A. M. **Princípios de estatística em ecologia**. Porto Alegre: Artmed, 2011. 528p.

GREENHOUSE, S. W., & GEISSER, S. On methods in the analysis of profile data. **Psychometrika**, 24(2), 95-112, 1959.

GRUBBS, F. E.; BECK, G. Extension of Sample Sizes and Percentage Points for Significance Tests of Outlying Observations. **Technnometrics**, v. 14, n. 4, p. 847-854, 1972.

GUEDES, R.E.; RUMJANEK, N.G.; XAVIER, G.R.; GUERA, J.G.M.; RIBEIRO, R.L.D. Consórcios de caupi e milho em cultivo orgânico para produção de grãos e espigas verdes. **Horticultura Brasileira**, v. 28, n. 2, p. 174-177, 2010.

HAIR, J. F.; BLACK, W. C.; BABIN, B. J.; ANDERSON, R. E., TATHAM, R. L. **Análise multivariada de dados**. 6ª ed. Porto Alegre: Bookman, 2009. 688p.

HARRIS, D.; RASHID, A.; MIRAJ, G.; ARIF, M.; SHAH, H. On-farm seed priming with zinc sulphate solution - a cost-effective way to increase the maize yields of resource-poor farmers. **Field Crops Research**, v. 102, n. 2, p. 119-127, 2007.

HARRINGTON, E. C. The Desirability function. **Industrial Quality Control**, v. 21, n. 3, p. 494-498, 1965.

HAYTER, A. J. The maximum familywise error rate of Fisher's least significant difference test. **Journal of the American Statistical Association**, v. 81, n. 6, p. 1001-1004, 1986.

HINES, W. G. S.; O'HARA HINES, R. J. Increased power with modified forms of the Levene (med) test for heterogeneity of variance. **Biometrics**, v. 56, n. 4, p. 451–454, 2000.

HOCHBERG, Y.; TAMHANE, A. C. **Multiple comparison procedures**. New York: John Wiley & Sons, 1987. 486p.

HOLM, S. A simple sequentially rejective multiple test procedure. **Scandinavian Journal of Statistics**, v. 6, p.65–70, 1979.

HURLBERT, S. H. Pseudoreplication and the design of ecological field experiments. **Ecological Monographs**, v. 54, n. 2, p. 187-211, 1984.

HUYNH, H., & FELDT, L. S. Estimation of the Box correction for degrees of freedom from sample data in randomized block and split-plot designs. **Journal of Educational Statistics**, 1(1), 69-82, 1976.

INKSON, R. H. E. The precision of estimates of the soil content of phosphate using the Mitscherlich response equation. **Biometrics**, v. 20, n. 4, p. 873-882, 1964.

JAEGER, R. G.; HALLIDAY, T.R. On confirmatory versus exploratory research. **Herpetologica**, v. 54, p. s64-s66, 1998.

JARQUE, C. M.; BERA, A. K. Efficient tests for normality, homoscedasticity and serial independence of regression residuals. **Economics Letters**, v. 6, n. 3. p. 255-259, 1980.

JOHNSON, N. J. Systems of frequency curves generated by methods of translation. **Biometrika**, v. 36, n. ½, p. 149-176, 1949.

JOHNSON, V. E. Evidence From Marginally Significant t Statistics. **The American Statistician**, v. 73, p. 129-134, 2019.

KANJI, G. K. **100 Statistical Tests**. 3rd Ed. London: SAGE Publications. 2006. 256p.

KARPEN, S. C. Misuses of regression and Ancova in educational research. **American Journal of Pharmaceutical Education**, 81: e6501, 2017.

KENNEY, J. F.; KEEPING, E. S. **Mathematics of Statistics I**, 3rd ed. Princeton, NJ: Van Nostrand, 1962. 348p.

KESELMAN, H. J. Per Family or Familywise Type I Error Control: "Eether, Eyether, Neether, Nyther, Let's Call the Whole Thing Off!". **Journal of Modern Applied Statistical Methods**, 14(1): 24-37, 2015.

KIM, H. Y. Statistical notes for clinical researchers: assessing normal distribution using skewness and kurtosis. **Restorative Dentistry and Endodontics**, v. 38, n. 1, p. 52-54, 2013.

KRAMER, M. H.; PAPAROZZI, E. T.; STROUP, W. W. Statistics in a horticultural journal: problems and solutions. **Journal of the American Society for Horticultural Science**, v. 26, n. 5, p. 558-564, 2016.

KRAMER, M. H.; PAPAROZZI, E. T.; STROUP, W. W. Best Practices for Presenting Statistical Information in a Research Article. **HortScience**, v. 54, n. 9, 1605-1609, 2019.

KRZYWINSKI, M; ALTMAN, N. Visualizing samples with box plots. **Nature Methods**, v. 11, n. 2, p. 119-121, 2014.

LINDENAU, J. D.; GUIMARÃES, L. S. P. Calculating the Effect Size in SPSS. **Revista HCPA**, v. 32, n. 3, p. 363-381, 2012.

LUCENA, C.; LOPEZ, J. M.; PULGAR, R.; ABALOS, C.; VALDERRAMA, M. J. Potential errors and misuse of statistics in studies on leakage in endodontics. **International Endodontic Journal**, v. 46, n. 4, p. 323-31, 2013.

LIRA JÚNIOR, A. M.; FERREIRA, R. L. C.; SOUSA, E. R. Uso da estatística em trabalhos baseados em amostragem na ciência do solo. **Boletim da Sociedade Brasileira de Ciência do Solo**, v. 37, n. 1, p. 1-35, 2012.

LÚCIO, A. D.; LOPES, S. J.; STORCK, L.; CARPES, R. H.; LIEBERKNECHT, D.; NICOLA, M. C. Características experimentais das publicações da Ciência Rural de 1971 a 2000. **Ciência Rural**, v. 33, n. 2, p. 161-164, 2003.

MAIA, M.S. Produção de biomassa, ciclagem de nutrientes e capacidade biointempérica de consórcios com capim mombaça e índices multivariados para dados experimentais: uma avaliação comparada. Dissertação de Mestrado – Universidade Federal de Viçosa, 2023, 48p.

MANIKANDAN, S. Data transformation. **Journal of Pharmacology and Pharmacotherapeutics**; v. 1, 126-127, 2010.

MANLY, B. F. J. **Multivariate statistical methods – a primer**. 2nd Ed. London: Chapman & Hall, 1995. 215p.

MANN, P. S. **Introdução à estatística**. 8ª Ed. Rio de Janeiro: LTC, 2015. 765p.

MANOJ. K.; SENTHAMARAI-KANNAN, K. Comparison of methods for detecting outlier. **International Journal of Science and Engineering Research**, v. 4, n. 5, p. 709-714, 2013.

MANSOURI, H.; CHANG, G. H. A comparative study of some rank tests for interaction. **Computational Statistics and Data Analysis**, v. 19, n.2, p. 85-96, 1995.

MARQUES, T.B. Métodos alternativos de análise de covariância: uma avaliação comparada sob nulidade total em condições não ideais. Universidade Federal de Viçosa - Campus Rio Paranaíba, 2022. 19p.

MASON, R. L.; GUNST, R. F.; HESS, J. L. **Statistical design and analysis of experiments**. 2nd ed. New York: John Wiley & Sons, 2003, 752p.

MAZUCHELI, J.; ACHCAR, J. A. Algumas considerações em regressão não linear. **Acta Scientiarum**, v. 24, n. 6, p. 1761-1770, 2002.

MCCANN, L. C.; BETHKE, P. C.; CASLER, M. D.; SIMON, P. W. Allocation of experimental resources used in potato breeding to minimize the variance of genotype mean chip color and tuber composition. **Crop Science**, v. 52, n. 6, p. 1475–1481, 2012.

MINITAB. Basic statistics – support. Disponível em: https://support.minitab.com/ pt-br/minitab/18/help-and-how-to/statistics/basic-statistics/supporting-topics /basics/what-is-a-confidence-interval/. Acesso em 07 de maio de 2018.

MONTGOMERY, D.C. **Design and Analysis of Experiments**. 9th Ed. Danvers: Wiley, 2017.

MULAMBA, N. N.; MOCK, J. J. Improvement of yield potential of the Eto Blanco maize (*Zea mays* L.) population by breeding for plant traits. **Egyptian Journal of Genetics and Cytology**, v. 7, n. 1, p. 40-57, 1978.

NILSEN, E.B.; BOWLER, D.E.; LINNELL, J.D.C. Exploratory and confirmatory research in the open science era. **Journal of Applied Ecology**, 57: 842-847, 2020.

NUNES, R. P. **Métodos para a pesquisa agronômica**. Fortaleza: Ed. UFC, 1998. 564p.

OSBORNE, J.W. Improving your data transformations: Applying the Box-Cox transformation. **Practical Assessment, Research & Evaluation**, v. 15, 1-9, 2010.

PAUL, S. R.; FUNG, K. Y. A Generalized extreme Studentized residual multiple outlier detection procedure in linear regression. **Technometrics**, v. 33, n. 3, p. 339-48, 1991.

PEARCE, S. C. Data analysis in agricultural experimentation. III - Multiple comparisons. **Experimental Agriculture**, v. 29, n. 1, p. 1-8, 1993.

PENG, R. The reproducibility crisis in science: A statistical counterattack. **Significance**, v. 12, p. 30–32, 2015.

PERDONÁ, M. J.; SORATTO, R. P.; ESPERANCINI, M. S. T. Desempenho produtivo e econômico do consórcio de cafeeiro arábica e nogueira-macadâmia. **Pesquisa Agropecuária Brasileira**, v. 50, n. 1, p. 12-23, 2015.

PERECIN, D.; BARBOSA, J. C. Uma avaliação de seis procedimentos para comparações múltiplas. **Revista Matemática e Estatística**, v. 6, n. 1, p. 95-103, 1988.

PERECIN, D.; CARGNELUTTI FILHO, A. Efeitos por comparações e por experimento em interações de experimentos fatoriais. **Ciência e Agrotecnologia**, v. 32, n. 1, p. 68-72, 2008.

PETERSEN, R. G.; CALVIN, L. D. Sampling. In: KLUTE, A. (Ed). **Methods of Soil Analysis - Physical and Mineralogical Methods**. 2nd Ed. SSSA: Madison, pp. 33-35, 1986.

PIEPHO, H.P.; EDMONDSON, R.N. A tutorial on the statistical analysis of factorial experiments with qualitative and quantitative treatment factor levels. **Journal of Agronomy and Crop Science**, v. 204, n. 5, p. 429-455, 2018.

PIMENTEL-GOMES F. **A Estatística moderna na pesquisa agropecuária**. 3ª. ed. Piracicaba: Potafós; 1987.

PIMENTEL-GOMES, F. O índice de variação, um substituto vantajoso do coeficiente de variação. **Brazilian Journal of Agriculture**, v. 66, n. 2, 1991.

PIMENTEL-GOMES, F. **Curso de estatística experimental**. Piracicaba: FEALQ, 2009. 451p.

PIMENTEL-GOMES, F.; CONAGIN, A. Experimentos de adubação: planejamento e análise estatística. In: OLIVEIRA, A.J.; GARRIDO, W.E.; ARAUJO. J.D.; LOURENÇO, S. (Coord.). **Métodos de pesquisa em fertilidade do solo**. Brasília: EMBRAPA-SEA, 1991. p. 103-188.

PIMENTEL-GOMES, F.; GARCIA, C. H. **Estatística aplicada a experimentos agronômicos e florestais: exposição com exemplos e orientações para uso de aplicativos**. Piracicaba: FEALQ, 2002. 309p.

PRIMPAS, I.; TSIRTSIS, G.; KARYDIS, M.; KOKKORIS, G.D. Principal component analysis: Development of a multivariate index for assessing eutrophication according to the European water framework directive. **Ecological Indicators**, 10: 178-183, 2010.

PROSCHAN, M.A.; WACLAWIW, M.A. Practical Guidelines for Multiplicity Adjustment in Clinical Trials. **Controlled Clinical Trials**, v. 21, n. 6, p.527-539, 2000.

QUINN, G. P.; KEOUGH, M. J. **Experimental design and data analysis for biologists**. New York, NY: Cambridge University Press, 2002.

RAMALHO, M.A.P.; FERREIRA, D.F.; OLIVEIRA, A.C. **Experimentação em Genética e Melhoramento de Plantas**. 2a Ed. Lavras: Ed UFLA, 2005.

RAMOS, P.S.; VIEIRA, M.T. Bootstrap multiple comparison procedure based on the F distribution. **Revista Brasileira de Biometria**, 31(4): 529-546, 2014.

RAZALI, N. M.; WAH, Y. B. Power comparisons of Shapiro-Wilk, Kolmogorov-Smirnov, Lilliefors and Anderson-Darling tests. **Journal of Statistical Modeling and Analytics**, v. 2, n. 1, p. 21-33, 2011.

REGAZZI, A. J. Teste para verificar a identidade de modelos de regressão e a igualdade de parâmetros no caso de dados de delineamentos experimentais. **Revista Ceres**, v. 46, n. 266, p. 383-409, 1999.

REGAZZI, A. J.; SILVA, C. H. O. Teste para verificar a igualdade de parâmetros e a identidade de modelos de regressão não-linear. I - Dados no delineamento inteiramente casualizado. **Revista Matemática e Estatística**, v. 22, n. 3, p.33-45, 2004.

RENCHER, A. C. **Methods of multivariate analysis**. 2nd ed. London: John Wiley & Sons, 2002. 727p.

RODRIGUES, J., PIEDADE, S.M.S., LARA, I.A.R., HENRIQUE, F.H. Type I error in multiple comparison tests in analysis of variance. **Acta Scientiarum-Agronomy**, v. 45, e57742, 2023.

RODRIGUES, M. I.; IEMMA, A. F. **Planejamento de experimentos e otimização de processos**. 2ª ed. Campinas: Cárita, 2009. 358p.

RORABACHER, D. B. Statistical treatment for rejection of deviant values: critical values of Dixon's "Q" parameter and related subrange ratios at the 95 % confidence level. **Analytical Chemistry**, v. 63, n. 2, p. 139-146, 1991.

ROSNER B. Percentage points for a generalized ESD many-outlier procedure. **Technometrics**, v. 25, n. 2, p. 165-72, 1983.

SANTOS, A. C.; FERREIRA, D. F. Definição do tamanho amostral usando simulação Monte Carlo para o teste de normalidade baseado em assimetria e curtose - I - abordagem univariada. **Ciência e Agrotecnologia**, v. 27, n. 2, p. 432-437, 2003.

SANTOS, B.S. **Um discurso sobre as ciências**. 16ª Ed. Porto: B. Sousa Santos e Edições Afrontamento, 2010. 59p.

SAVILLE, D. J. Multiple comparison procedures: the practical solution. **The American Statistician**, 44: 174-180, 1990.

SCHMIDER, E.; ZIEGLER, M.; DANAY, E.; BEYER, L.; BÜHNER, M. Is it really robust? Reinvestigating the robustness of ANOVA against violations of the normal distribution assumption. **Methodology: European Journal of Research Methods for the Behavioral and Social Sciences**, v. 6, n. 4, 147–151, 2010.

SCHMILDT, E. R.; CRUZ, C. D.; ZANUNCIO, J. C.; PEREIRA, P. R. G.; FERRÃO, R. G. Avaliação de métodos de correção do estande para estimar a produtividade em milho. **Pesquisa Agropecuária Brasileira**, v. 36, n. 8, p. 1011-1018, 2001.

SCOTT, A.J.; KNOTT, M. A Cluster Analysis Method for Grouping Means in the Analysis of Variance. **Biometrics**, v. 30, p. 507-512, 1974.

SHIEH, G. Power analysis and sample size planning in ANCOVA designs. **Psychometrika**, v. 85, p. 101–120, 2020.

SILVA, E. C.; FERREIRA, D.F.; BEARZOTTI, E. Avaliação do poder e taxas de erro tipo I do teste de Scott-Knott por meio do método de Monte Carlo. **Ciência e Agrotecnologia**, v. 23, n. 4, p. 687-696, 1999.

SOUSA, C. A.; LIRA JÚNIOR, M. A.; FERREIRA, R. L. C. Avaliação de testes estatísticos de comparações múltiplas de médias. **Revista Ceres**, v. 59, n. 3, p. 350-354, 2012.

SOUZA, A. P.; FERREIRA, F. A.; SILVA, A. A.; CARDOSO, A. A.; RUIZ, H. A. Uso da equação logística no estudo de dose-resposta de glyphosate e imazapyr por meio de bioensaios. **Planta Daninha**, v. 18, n. 1, 17-29, 2000.

ST-PIERRE, A.P.; SHIKON, V.; SCHNEIDER, D.C. Count data in biology—Data transformation or model reformation? **Ecology and Evolution**, v. 8, 3077-3085, 2018.

STROUP, W. W. Rethinking the Analysis of Non-Normal Data in Plant and Soil Science. **Agronomy Journal**, v. 107, n. 2, 811-827, 2015.

TAVARES, L. F.; CARVALHO, A. M. X.; MACHADO, L. G. An evaluation of the use of statistical procedures in soil science. **Revista Brasileira de Ciência do Solo**, v. 40: e0150246, 2016.

TORMAN, V. B. L.; COSTER, R.; RIBOLDI, J. Normalidade de variáveis: métodos de verificação e comparação de alguns testes não-paramétricos por simulação. **Revista HCPA**, v. 32, n. 2, p. 227-235. 2012.

TUKEY, J. W. One degree of freedom for non-additivity. **Biometrics**, v. 5, n. 1, p. 232-242, 1949.

VALLE, P.O.; REBELO, E. Dualidades entre análise de covariância e análise de regressão com variáveis dummy. **Revista de Estatística**, v. 2, p. 1-22, 2002.

VIANA, G. V. R. Métodos iterativos para resolução de sistemas de equações não lineares. **Revista Científica da Faculdade Lourenço Filho**, v. 1, n. 1, p. 21-36, 2001.

VIEIRA, S. **Análise de variância: Anova**. São Paulo: Atlas, 2006. 204p.

VIVALDI, L. J. **Análise de experimentos com dados repetidos ao longo do tempo ou espaço**. Planaltina: Embrapa Cerrados; 1999. 52p. (Série Documentos, 8).

VOLPATO G. L. **Dicas para redação científica**. 3ª ed. São Paulo: Cultura Acadêmica, 2010. 118p.

VOLPATO, G. L.; BARRETO, R. **Estatística sem dor**. Botucatu: Best Writing, 2011. 59p.

WALFISH, S. A review of statistical outlier methods. **Pharmaceutical Technology**, v. 30, n. 11, p. 1-5; 2006.

WARE, G.O.; OHKI, K.; MOON, L.C. The Mitscherlich plant growth model for determining critical nutrient deficiency levels. **Agronomy Journal**, v. 74, n. 1, p. 88-91, 1982.

WASSERSTEIN, R.L.; LAZAR, N.A. The ASA statement on p-values: context, process, and purpose. **The American Statistician**, v. 70, p. 129-133, 2016.

281

WASSERSTEIN, R.L.; SCHIRM, A.L.; LAZAR, N.A. Moving to a World Beyond "p<0.05". **The American Statistician**, v. 73 (Sup 1), p. 1-19, 2019.

WECHSLER, F. S. Fatoriais fixos desbalanceados: Uma análise mal compreendida. **Pesquisa Agropecuária Brasileira.**, v. 33, n. 2, p. 231- 262, 1998.

WILLMOTT, C.J.; ACKLESON, S.G.; DAVIS, R.E.; FEDDEMA, J.J.; KLINK, K.M.; LEGATES, D.R.; ODONNELL, J.; ROWE, C.M. Statistics for evaluation and comparison of models. **Journal of Geophysical Research**, 90, 8995-9005, 1985.

YATES, F. The analysis of multiple classifications with unequal numbers in the different classes. **Journal of the American Statistical Association**, v. 29, n. 185, p. 51-66, 1934.

YAZICI, B.; YOLACAN, S. A comparison of various tests of normality. **Journal of Statistical Computation and Simulation**, v. 77, n. 1, p. 175-183, 2007.

ZHIYUAN, W., WANG, D., ZHOU, H., QI, Z. Assessment of soil heavy metal pollution with principal component analysis and Geoaccumulation Index. **Procedia Environmental Sciences**, 10, 1946–1952, 2011.

ZIMMERMANN, F. J. P. **Estatística Aplicada à Pesquisa Agrícola**. Santo Antônio de Goiás: Embrapa Arroz e Feijão, 2004. 402p.

ZIMMERMAN, D. W. A note on consistence of non-parametric rank tests and related rank transformations. **British Journal of Mathematical and Statistical Psychology**, v. 65, n. 1, p. 122-144, 2012.

ZIMMERMAN, D. W.; ZUMBO, B. D. Relative power of the Wilcoxon test, the Friedman test, and repeated-measures ANOVA on ranks. **Journal of Experimental Education**, v. 62, n. 1, p. 75-86, 2004.

56552350R00155